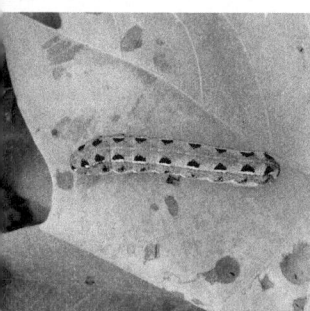

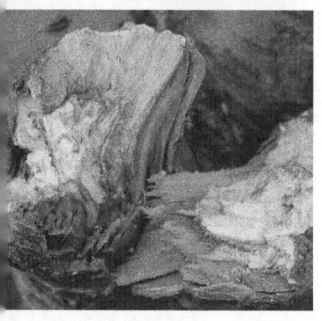

常见园林植物病虫害识别与防治

（灌木、草本、藤本、竹类）

王　敏　魏春生　邢家仲　陈在伟　吕鹏升　吴辰光　主编

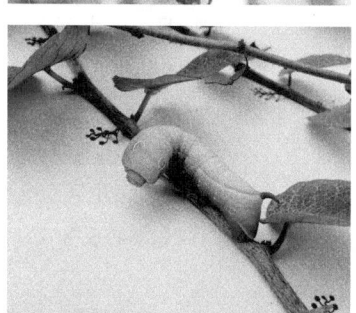

中国农业科学技术出版社

图书在版编目(CIP)数据

常见园林植物病虫害识别与防治. 灌木、草本、藤本、竹类 / 王敏等主编. --北京：中国农业科学技术出版社，2023.8
ISBN 978-7-5116-6381-8

Ⅰ.①常… Ⅱ.①王… Ⅲ.①园林植物-灌木-病虫害防治②园林植物-草本-病虫害防治③园林植物-藤属-病虫害防治④园林植物-竹-病虫害防治 Ⅳ.①S436.8

中国国家版本馆CIP数据核字(2023)第142585号

责任编辑	姚 欢
责任校对	王 彦
责任印制	姜义伟　王思文

出 版 者	中国农业科学技术出版社
	北京市中关村南大街12号　邮编：100081
电　　话	(010) 82106631 (编辑室)　(010) 82109702 (发行部)
	(010) 82109709 (读者服务部)
网　　址	https://castp.caas.cn
经 销 者	各地新华书店
印 刷 者	北京建宏印刷有限公司
开　　本	185 mm×260 mm　1/16
印　　张	19.5
字　　数	450千字
版　　次	2023年8月第1版　2023年8月第1次印刷
定　　价	88.00元

━━◀ 版权所有·翻印必究 ▶━━

《常见园林植物病虫害识别与防治（灌木、草本、藤本、竹类）》编者委员会

主　编： 王　敏　魏春生　邢家仲　陈在伟　吕鹏升
　　　　　吴辰光

副主编： 吕　拓　王德才　陈雷杰　王　静　李鑫燕
　　　　　段　琼　刘白璐　陈国豪　童　玲　陈红福
　　　　　张合成　邱　莉　张　越　杨　贺　孔令营
　　　　　葛瑞琼　张艳红　毛银亮　牛弯弯　刘　蓬
　　　　　王沈阳　孙　磊　王新瑞　曹娇娇　马　瑞
　　　　　刘方圆　郑小亮　杨彦芳　陈　妍　蔡临夏
　　　　　黄惠芳　张　涛　叶　松　王玉杰　王治法
　　　　　孙　琨　高晓亚　段　虎　巩文忠　李颖瑞

编　者： 刘瑞娟　贺　杰　赵天航　于海燕　王美娥
　　　　　韩美丽　孙洋洋　陈　旭　李　坦　李默涵
　　　　　王继东　杨　威　陶继祖　侯文广　陈好好
　　　　　林　萌　陈存彬　郭振东　张树森　梁　冬
　　　　　安冀宏　罗　鸿

前言

根据园林植物保护的需要，结合园林植物的管理现状和当前园林绿化行业的养护标准，为提高园林植物的品质、观赏性及管理养护水平，保证园林绿化的连续性、生态效应及园林绿化事业的可持续发展，我们编著出版了这本《常见园林植物病虫害识别与防治（灌木、草本、藤本、竹类）》。

本书收录了常见的灌木、草本、藤本及竹类的病虫为害情况、病害症状及发病规律、虫害形态特征及发生规律以及病虫害防治措施等。为了重点突出病虫害防治的实用性、无公害化和可选择性，书中详细列出了生产上切实可行的防治方法，介绍了常用农药的种类、剂型、使用原理、使用范围及使用方法。本书便于读者根据病虫害的表现症状来识别病虫害的种类，并找出相应病虫害的防治方法。本书可供从事植物生产、养护、植保的技术人员，以及从事园林相关科研、教学的科技工作者参考使用。

本书在编写过程中得到了全国园林植保界从业多年的专家、教授、学者的大力支持，特别感谢湖南应用技术学院农林科技学院的桂炳中副教授为本书审稿，并提出宝贵意见和建议。

园林植物病虫害的分布及表现症状受地理环境影响较大，园林植物的长势也不尽相同，本书中介绍的防治措施是编者根据多年的园林防治工作经验总结出来的，读者应根据本地病虫害发生发展规律，参考本书防治方法，但切勿盲目照搬照抄本书防治方法，应结合实际，灵活运用，因死搬硬套本书防治方法而造成的损失，恕不负责。

由于编者自身水平有限，书中难免有疏漏不足之处，敬请读者批评指正，以便修订时进一步改正和完善。

编 者

2023 年 6 月

目 录

第一篇 灌 木

一、碧 桃 ··· 3
  1. 桃褐斑穿孔病 ··· 3
  2. 桃炭疽病 ··· 4
  3. 桃缩叶病 ··· 4
  4. 桃流胶病 ··· 5
  5. 碧桃根癌病 ··· 6
  6. 桃瘤蚜 ··· 7
  7. 朝鲜球坚蚧 ··· 8
  8. 苹掌舟蛾 ··· 9
  9. 桃红颈天牛 ··· 9

二、紫 薇 ··· 11
  1. 紫薇白粉病 ··· 11
  2. 紫薇煤污病 ··· 11
  3. 紫薇褐斑病 ··· 12
  4. 紫薇长斑蚜 ··· 13
  5. 紫薇绒蚧 ··· 13
  6. 黄刺蛾 ··· 14
  7. 绿尾大蚕蛾 ··· 15
  8. 星天牛 ··· 16

三、蜡 梅 ··· 17
  1. 蜡梅黑斑病 ··· 17
  2. 蜡梅叶斑病 ··· 17
  3. 蜡梅炭疽病 ··· 18
  4. 日本龟蜡蚧 ··· 18
  5. 黄刺蛾 ··· 19
  6. 八点广翅蜡蝉 ··· 19
  7. 黑蚱蝉 ··· 20

四、木 槿 ··· 22
  1. 木槿白粉病 ··· 22

2. 木槿炭疽病 ·· 22
3. 糠片盾蚧 ·· 23
4. 棉蚜 ·· 24
5. 朱砂叶螨 ·· 24
6. 棉大卷叶螟 ·· 25
7. 梨纹丽夜蛾 ·· 26
8. 咖啡木蠹蛾 ·· 27

五、夹竹桃
1. 夹竹桃褐斑病 ·· 28
2. 夹竹桃炭疽病 ·· 28
3. 夹竹桃蚜 ·· 29
4. 绿粉白腰天蛾 ·· 30
5. 黑褐圆盾蚧 ·· 30
6. 铜绿丽金龟 ·· 31

六、石 榴
1. 石榴干腐病 ·· 33
2. 石榴疮痂病 ·· 33
3. 石榴角斑病 ·· 34
4. 桃蚜 ·· 34
5. 绿盲蝽 ··· 35
6. 乌桕大蚕蛾 ·· 36

七、紫 荆
1. 紫荆角斑病 ·· 38
2. 紫荆叶枯病 ·· 38
3. 迹斑绿刺蛾 ·· 39
4. 无斑弧丽金龟 ·· 39

八、丁 香
1. 丁香黑斑病 ·· 41
2. 丁香斑枯病 ·· 41
3. 霜天蛾 ··· 42
4. 小黄卷叶蛾 ·· 43
5. 小线角木蠹蛾 ·· 43
6. 考氏白盾蚧 ·· 44
7. 大青叶蝉 ·· 45
8. 丁香饰棍蓟马 ·· 45

九、山 楂
1. 山楂枯梢病 ·· 47
2. 山楂花腐病 ·· 47
3. 白纹羽病 ·· 48
4. 梨桧锈病 ·· 49
5. 桃蛀螟 ··· 49

6. 黄缘绿刺蛾 ·· 50
7. 紫薇绒蚧 ·· 51
8. 伪角蜡蚧 ·· 51
9. 柑橘粉虱 ·· 51
10. 梨虎象 ·· 52
11. 山楂叶螨 ··· 53
12. 桃蛀果蛾 ··· 54
13. 麻皮蝽 ·· 54
14. 斑喙丽金龟 ··· 55

十、法国冬青（珊瑚树） ·· 57
1. 法国冬青叶斑病 ··· 57
2. 日本壶链蚧 ·· 57

十一、棣　棠 ·· 59
1. 棣棠缺铁黄化病 ··· 59
2. 苹果褐斑病 ·· 59
3. 红袖灯蛾 ·· 60

十二、榆叶梅 ·· 61
1. 榆叶梅黑斑病 ·· 61
2. 桃流胶病 ·· 61
3. 桃粉蚜 ··· 62
4. 莲缢管蚜 ·· 62
5. 山楂叶螨 ·· 63

十三、枸　骨 ·· 64
1. 枸骨煤污病 ·· 64
2. 红蜡蚧 ··· 64
3. 日本龟蜡蚧 ·· 65

十四、山　茶 ·· 66
1. 山茶炭疽病 ·· 66
2. 山茶花腐病 ·· 66
3. 山茶花网饼病 ·· 67
4. 山茶煤污病 ·· 67
5. 山茶锈壁虱 ·· 68
6. 棉蚜 ·· 68
7. 介壳虫 ··· 68
8. 侧多食跗线螨 ·· 69

十五、红叶石楠 ··· 70
1. 红叶石楠缺铁黄化病 ··· 70
2. 石楠白粉病 ·· 70
3. 石楠轮纹病 ·· 71
4. 石楠木虱 ·· 71
5. 长尾粉蚧 ·· 72

6. 棉蚜 ··· 73
　　7. 梨眼天牛 ·· 73
十六、南天竹 ··· 74
　　1. 南天竹红斑病 ·· 74
　　2. 刘氏短须螨 ·· 74
　　3. 茶蓑蛾 ··· 75
　　4. 红蜡蚧 ··· 76
十七、海　桐 ··· 77
　　1. 海桐白星病 ·· 77
　　2. 吹绵蚧 ··· 77
　　3. 黑蜕白轮蚧 ·· 78
　　4. 柳瘤大蚜 ·· 79
　　5. 褐带卷叶蛾 ·· 79
十八、蚊　母 ··· 81
　　蚊母瘿蚜 ··· 81
十九、火　棘 ··· 83
　　1. 枫杨白粉病 ·· 83
　　2. 梨冠网蝽 ·· 83
　　3. 日本龟蜡蚧 ·· 84
　　4. 黑刺粉虱 ·· 84
　　5. 朱砂叶螨 ·· 85
　　6. 舟形毛虫 ·· 85
二十、杜鹃花 ··· 87
　　1. 杜鹃花褐斑病 ··· 87
　　2. 杜鹃花缺铁黄化病 ··· 87
　　3. 杜鹃花腐病 ·· 88
　　4. 杜鹃花叶肿病 ··· 88
　　5. 梨冠网蝽 ·· 89
　　6. 六点始叶螨 ·· 89
二十一、大叶黄杨 ·· 90
　　1. 大叶黄杨白粉病 ·· 90
　　2. 大叶黄杨炭疽病 ·· 90
　　3. 天竺葵轮纹病 ··· 91
　　4. 卫矛矢尖盾蚧 ··· 91
　　5. 日本龟蜡蚧 ·· 92
　　6. 大叶黄杨长毛斑蛾 ··· 92
　　7. 黄刺蛾 ··· 93
　　8. 黄杨绢野螟 ·· 93
　　9. 星天牛 ··· 94
二十二、栀子花 ··· 95
　　1. 栀子花缺铁黄化病 ··· 95

2. 栀子花煤污病 · 95
3. 扁刺蛾 · 95
4. 中国绿刺蛾 · 96
5. 柑橘粉虱 · 97

二十三、八角金盘 · 98
1. 八角金盘疮痂型炭疽病 · 98
2. 褐软蜡蚧 · 98

二十四、红花檵木 · 100
1. 山茶花叶病毒病 · 100
2. 红花檵木立枯病 · 100
3. 康氏粉蚧 · 101

二十五、牡　丹 · 103
1. 芍药灰霉病 · 103
2. 芍药轮纹斑点病 · 103
3. 芍药炭疽病 · 104
4. 牡丹花叶病毒病 · 104
5. 牡丹疫病 · 105
6. 牡丹白纹羽病 · 105
7. 牡丹根结线虫病 · 106
8. 牡丹褐斑病 · 106
9. 大蓑蛾 · 107
10. 桑褐刺蛾 · 108
11. 吹绵蚧 · 108
12. 大黑鳃金龟 · 108

二十六、绣线菊 · 110
1. 绣线菊白粉病 · 110
2. 绣线菊蚜 · 110
3. 大红蛱蝶 · 111
4. 褐带卷叶蛾 · 112

二十七、小叶女贞 · 113
1. 小叶女贞缺铁黄化病 · 113
2. 小叶女贞煤污病 · 113
3. 小叶女贞炭疽病 · 114
4. 女贞尺蠖 · 114
5. 棉大卷叶螟 · 114
6. 白蜡绵粉蚧 · 115
7. 灰纹带蛾 · 116
8. 白星花金龟 · 116

二十八、洒金珊瑚 · 118
1. 洒金珊瑚炭疽病 · 118
2. 刺圆盾蚧 · 118

二十九、月　季 120
1. 月季黑斑病 120
2. 月季锈病 120
3. 月季白粉病 121
4. 月季根癌病 121
5. 月季长管蚜 122
6. 玫瑰巾夜蛾 122
7. 月季茎蜂 123
8. 月季白轮盾蚧 124
9. 史氏始叶螨 124
10. 绿盲蝽 124
11. 黄刺蛾 125
12. 黑刺粉虱 125
13. 桃一点斑叶蝉 126

三十、木芙蓉 127
1. 木芙蓉白粉病 127
2. 木芙蓉褐斑病 127
3. 犁纹丽夜蛾 127
4. 小绿叶蝉 128
5. 棉大卷叶螟 128
6. 小青花金龟 129
7. 桑白盾蚧 130
8. 朱砂叶螨 130

三十一、狭叶十大功劳 131
1. 十大功劳白粉病 131
2. 十大功劳叶斑病 131
3. 十大功劳炭疽病 132
4. 糠片盾蚧 132

第二篇　草　本

一、葱　兰 135
1. 葱兰炭疽病 135
2. 葱兰夜蛾 135
3. 小地老虎 136

二、麦　冬 138
1. 麦冬黑斑病 138
2. 蛴螬 138
3. 沟金针虫 139

三、萱　草 141
1. 萱草根腐病 141

2. 萱草叶枯病 …………………………………… 141
   3. 木橑尺蛾 ……………………………………… 142
   4. 棉大造桥虫 …………………………………… 143
   5. 人纹污灯蛾 …………………………………… 144
   6. 小青花金龟 …………………………………… 144

四、鸢　尾 ………………………………………… 145
   1. 鸢尾轮纹病 …………………………………… 145
   2. 鸢尾细菌性软腐病 …………………………… 145
   3. 唐菖蒲枯萎病 ………………………………… 146
   4. 幼苗猝倒病 …………………………………… 147
   5. 木橑尺蛾 ……………………………………… 147
   6. 卫矛矢尖盾蚧 ………………………………… 147
   7. 短额负蝗 ……………………………………… 147
   8. 神泽氏叶螨 …………………………………… 148
   9. 无斑弧丽金龟 ………………………………… 148

五、玉　簪 ………………………………………… 149
   1. 玉簪炭疽病 …………………………………… 149
   2. 玉簪斑点病 …………………………………… 149
   3. 玉簪灰霉病 …………………………………… 150
   4. 玉簪白绢病 …………………………………… 150

六、石　竹 ………………………………………… 152
   1. 石竹炭疽病 …………………………………… 152
   2. 石竹灰霉病 …………………………………… 152
   3. 石竹枯萎病 …………………………………… 153
   4. 小青花金龟 …………………………………… 153
   5. 银纹夜蛾 ……………………………………… 154

七、大丽花 ………………………………………… 155
   1. 大丽花灰霉病 ………………………………… 155
   2. 大丽花黄萎病 ………………………………… 155
   3. 大丽花褐斑病 ………………………………… 156
   4. 大丽花茎枯病 ………………………………… 156
   5. 菊花叶枯线虫病 ……………………………… 157
   6. 大丽菊螟 ……………………………………… 157
   7. 棉蝗 …………………………………………… 158
   8. 银纹夜蛾 ……………………………………… 158
   9. 桃赤蚜 ………………………………………… 159
   10. 侧多食跗线螨 ………………………………… 159
   11. 温室白粉虱 …………………………………… 159

八、凤仙花 ………………………………………… 161
   1. 凤仙花立枯病 ………………………………… 161
   2. 红天蛾 ………………………………………… 161

九、菊 花

1. 菊花花腐病 ... 163
2. 菊花黑斑病 ... 163
3. 菊花脉斑驳病 ... 164
4. 菊花枯萎病 ... 164
5. 一品红灰霉病 ... 164
6. 菊姬长管蚜 ... 165
7. 褐足角胸叶甲 ... 166
8. 黑绒鳃金龟 ... 166
9. 黄体鹿蛾 ... 167
10. 菊小筒天牛 ... 168
11. 大地老虎 ... 168
12. 朱砂叶螨 ... 169

3. 毛胫豆芫菁 ... 162
4. 朱砂叶螨 ... 162

十、金鱼草

1. 金鱼草叶枯病 ... 170
2. 金鱼草炭疽病 ... 170
3. 金鱼草疫病 ... 171
4. 金鱼草灰霉病 ... 171
5. 金鱼草花叶病 ... 171
6. 神泽氏叶螨 ... 172
7. 棉蚜 ... 172
8. 曲带弧丽金龟 ... 172

十一、万寿菊

1. 万寿菊叶斑病 ... 174
2. 牧草盲蝽 ... 174
3. 棉大造桥虫 ... 175
4. 菊瘿蚊 ... 175
5. 温室白粉虱 ... 175

十二、一串红

1. 一串红叶斑病 ... 176
2. 一串红花叶病 ... 176
3. 大红蛱蝶 ... 176
4. 绿盲蝽 ... 177
5. 温室白粉虱 ... 177
6. 银纹夜蛾 ... 177
7. 大灰象甲 ... 177

十三、百 合

1. 百合炭疽病 ... 179
2. 百合叶枯病 ... 179

3. 百合灰霉病 ……………………………………………………………… 180
4. 百合叶线虫病 …………………………………………………………… 180
5. 细菌性软腐病 …………………………………………………………… 180

十四、郁金香 …………………………………………………………… 181
1. 百合花叶病 ……………………………………………………………… 181
2. 郁金香炭疽病 …………………………………………………………… 181
3. 郁金香褐斑病 …………………………………………………………… 182
4. 郁金香灰霉病 …………………………………………………………… 182
5. 郁金香碎色病 …………………………………………………………… 182
6. 郁金香细菌性软腐病 …………………………………………………… 183
7. 桃蚜 ……………………………………………………………………… 183

十五、芍 药 …………………………………………………………… 184
1. 芍药炭疽病 ……………………………………………………………… 184
2. 芍药轮纹病 ……………………………………………………………… 184
3. 芍药红斑病 ……………………………………………………………… 184
4. 牡丹根结线虫病 ………………………………………………………… 185
5. 桃蚜 ……………………………………………………………………… 185
6. 日本龟蜡蚧 ……………………………………………………………… 185
7. 二星叶蝉 ………………………………………………………………… 185
8. 人纹污灯蛾 ……………………………………………………………… 186

十六、酢浆草 …………………………………………………………… 187
1. 酢浆草根腐病 …………………………………………………………… 187
2. 酢浆草岩螨 ……………………………………………………………… 188
3. 灰巴蜗牛 ………………………………………………………………… 188
4. 野蛞蝓 …………………………………………………………………… 189

十七、百日草 …………………………………………………………… 191
1. 百日草黑斑病 …………………………………………………………… 191
2. 百日草白星病 …………………………………………………………… 191
3. 百日草白粉病 …………………………………………………………… 192
4. 百日草花叶病 …………………………………………………………… 192
5. 百日草花腐病 …………………………………………………………… 193
6. 桃蚜 ……………………………………………………………………… 193
7. 神泽氏叶螨 ……………………………………………………………… 193

十八、美人蕉 …………………………………………………………… 194
1. 美人蕉芽腐病 …………………………………………………………… 194
2. 美人蕉花叶病 …………………………………………………………… 194
3. 美人蕉青枯病 …………………………………………………………… 195
4. 美人蕉叶斑病 …………………………………………………………… 196
5. 美人蕉黑斑病 …………………………………………………………… 196
6. 红脚绿丽金龟 …………………………………………………………… 196
7. 蕉弄蝶 …………………………………………………………………… 197

8. 棉叶蝉 ... 198
9. 神泽氏叶螨 ... 198

十九、一叶兰 ... 199
1. 一叶兰叶斑病 ... 199
2. 玉簪炭疽病 ... 199
3. 藤圆盾蚧 ... 199

二十、草 莓 ... 201
1. 草莓根腐病 ... 201
2. 草莓芽枯病 ... 202
3. 草莓白粉病 ... 202
4. 草莓褐斑病 ... 203
5. 草莓病毒病 ... 203
6. 草莓黄萎病 ... 204
7. 二斑叶螨 ... 205
8. 梨二叉蚜 ... 206

二十一、草 坪 ... 207
1. 草坪币斑病 ... 207
2. 草坪炭疽病 ... 207
3. 草坪黑粉病 ... 208
4. 草坪白粉病 ... 209
5. 早熟禾草锈病 ... 209
6. 草坪褐斑病 ... 210
7. 草坪白绢病 ... 210
8. 草坪腐霉枯萎病 ... 211
9. 黏虫 ... 212
10. 黑绒鳃金龟 ... 213
11. 东方蝼蛄 ... 213

二十二、荷 花 ... 214
1. 荷花褐斑病 ... 214
2. 荷花黑斑病 ... 214
3. 荷花腐烂病 ... 215
4. 斜纹夜蛾 ... 215
5. 肾毒蛾 ... 216
6. 考氏白盾蚧 ... 217
7. 莲缢管蚜 ... 218
8. 莲藕叶甲 ... 218

第三篇 藤 本

一、紫 藤 ... 221
1. 紫藤脉花叶病 ... 221

2. 根癌病 ……………………………………………………………… 221
　　3. 变色夜蛾 …………………………………………………………… 221
　　4. 扁刺蛾 ……………………………………………………………… 222
　　5. 豆毒蛾 ……………………………………………………………… 222
　　6. 紫藤潜叶细蛾 ……………………………………………………… 222
　　7. 中国绿刺蛾 ………………………………………………………… 223
　　8. 紫藤蚜 ……………………………………………………………… 224
　　9. 刘氏短须螨 ………………………………………………………… 224
　　10. 紫藤叶甲 ………………………………………………………… 224
二、葡　萄 ………………………………………………………………… 226
　　1. 葡萄灰霉病 ………………………………………………………… 226
　　2. 葡萄黑痘病 ………………………………………………………… 227
　　3. 葡萄炭疽病 ………………………………………………………… 227
　　4. 葡萄天蛾 …………………………………………………………… 228
　　5. 嘴壶夜蛾 …………………………………………………………… 229
　　6. 桃六点天蛾 ………………………………………………………… 229
　　7. 葡萄透翅蛾 ………………………………………………………… 230
　　8. 葡萄十星叶甲 ……………………………………………………… 231
　　9. 二星叶蝉 …………………………………………………………… 231
　　10. 大青叶蝉 ………………………………………………………… 232
　　11. 康氏粉蚧 ………………………………………………………… 232
　　12. 刘氏短须螨 ……………………………………………………… 232
　　13. 绿盲蝽 …………………………………………………………… 232
　　14. 斑喙丽金龟 ……………………………………………………… 232
三、木香花 ………………………………………………………………… 233
　　1. 木香花根腐病 ……………………………………………………… 233
　　2. 月季白轮盾蚧 ……………………………………………………… 233
　　3. 棉蚜 ………………………………………………………………… 233
四、常春藤 ………………………………………………………………… 234
　　1. 常春藤炭疽病 ……………………………………………………… 234
　　2. 膝圆盾蚧 …………………………………………………………… 234
　　3. 棉蚜 ………………………………………………………………… 234
　　4. 桑褐刺蛾 …………………………………………………………… 234
五、爬山虎 ………………………………………………………………… 235
　　1. 爬山虎白粉病 ……………………………………………………… 235
　　2. 爬山虎炭疽病 ……………………………………………………… 235
　　3. 爬山虎叶斑病 ……………………………………………………… 236
　　4. 雀纹双线天蛾 ……………………………………………………… 236
　　5. 葡萄天蛾 …………………………………………………………… 237
六、金银花 ………………………………………………………………… 238
　　1. 忍冬白粉病 ………………………………………………………… 238

2. 金银花褐斑病 ·· 238
　　3. 咖啡木蠹蛾 ·· 239
七、扶芳藤 ·· 240
　　1. 扶芳藤叶斑病 ·· 240
　　2. 稠李巢蛾 ··· 240
　　3. 斜纹夜蛾 ··· 241
　　4. 黑绒鳃金龟 ·· 241
　　5. 八点广翅蜡蝉 ·· 241
　　6. 斑须蝽 ·· 241
　　7. 灰巴蜗牛 ··· 242

第四篇　竹　类

　　1. 竹丛枝病 ··· 245
　　2. 竹黑粉病 ··· 245
　　3. 竹赤团子病 ·· 246
　　4. 竹黑痣病 ··· 246
　　5. 竹煤污病 ··· 246
　　6. 毛竹基腐病 ·· 247
　　7. 竹水枯病 ··· 247
　　8. 竹叶锈病 ··· 248
　　9. 竹秆锈病 ··· 248
　　10. 淡竹根腐病 ··· 249
　　11. 竹黛蚜 ··· 249
　　12. 竹纵斑蚜 ·· 250
　　13. 竹梢凸唇斑蚜 ··· 251
　　14. 两色绿刺蛾 ··· 251
　　15. 竹笋禾夜蛾 ··· 252
　　16. 竹小斑蛾 ·· 253
　　17. 竹白尾粉蚧 ··· 254
　　18. 竹织叶野螟 ··· 255
　　19. 竹红天牛 ·· 255
　　20. 竹虎天牛 ·· 256
　　21. 竹象鼻虫 ·· 257

第五篇　园林植物病虫害常用农药概述

第一节　杀虫剂 ·· 261
　　一、杀虫剂的种类 ·· 261
　　二、杀虫剂的常见剂型 ·· 262
　　三、杀虫剂使用技术原理 ··· 263

四、杀虫剂的安全使用 …………………………………………………… 265
　　五、常用杀虫剂 …………………………………………………………… 266
　第二节　杀菌剂 ………………………………………………………………… 279
　　一、杀菌剂的种类 ………………………………………………………… 279
　　二、杀菌剂的剂型 ………………………………………………………… 279
　　三、常用杀菌剂 …………………………………………………………… 280
参考文献 ………………………………………………………………………… 289

第一篇

灌 木

一、碧 桃

碧桃（*Amygdalus persica*），蔷薇科桃属；落叶灌木或小乔木植物。桃的变种，属观赏桃花类的半重瓣及重瓣品种，统称为碧桃。花期是3—4月，花朵丰腴，色彩鲜艳丰富，花型多。常见的品种有红花绿叶碧桃、红花红叶碧桃、白红双色洒金碧桃等多个变种。

1. 桃褐斑穿孔病

【寄主】碧桃、桃、樱花、梅、李、杏等多种园林植物。

【症状】主要为害碧桃的叶片，也为害新梢。常造成叶片上出现不同大小近似圆形或不规则孔洞。病株叶片首先出现红褐色小斑，随后逐渐扩展为圆形或近圆形褐色病斑，直径1~4cm，边缘清晰，有时呈紫色或红褐色，略带环纹；后期病斑两面出现灰褐色霉状物（以叶正面为多），即分生孢子梗和分生孢子；病斑中部干枯脱落，形成穿孔，病害严重时，全叶布满穿孔，引起落叶。

【病原】无性态真菌，核果尾孢菌（*Cercospora circumscissa*）。

【发病规律】病菌以菌丝体在病落叶上越冬，也可在枝梢病组织内越冬。翌年春季在气温升高和降雨时，形成分生孢子，并借风雨传播，侵染叶片、新梢和果实。该病的发生与气候、栽植密度等有关，一般多雨的年份或梅雨季节期间，发病较重；栽培密度过大，通风透光不良，或夏季浇水过多，也是该病发生的有利条件。

【防治方法】

（1）农业防治　加强栽培管理，合理施肥，避免偏施氮肥，宜多施农家肥；注意排水，避免土壤表面积水。对黏重土壤要进行改良。适时修剪整形，剪除病枝、瘦弱枝、枯死枝，确保树冠通透良好。

（2）化学防治　春季萌发前，用3~5°Bé的石硫合剂进行树体杀菌。发病初期，用全络合态产品85%代森锰锌可湿性粉剂600~800倍液，或50%的多菌灵可湿性粉剂800~1 000倍液，或50%苯菌灵可湿性粉剂1 000~2 000倍液，或70%的甲基硫菌灵可湿性粉剂800~1 000倍液喷施病株，每15天喷施1次，连续2~3次。

2. 桃炭疽病

【寄主】碧桃、桃、李、杏、樱桃等核果类果树。

【症状】该病菌为害果实、叶片、枝梢,为害时间长,在整个生长期都可为害。花器侵染病菌后,开花雌蕊柱头首先发病变成灰褐色或褐色,其后雄蕊、花瓣相继感染发病,导致花腐、落花枯死。果实侵染病菌后,以果顶受害为主,少数果面受害。果顶受害初期呈淡黄褐色或绿色小斑,后扩大呈黑褐色或黑色并凹陷,大多数被害果呈圆扁形,天气潮湿时,在病斑上长出橘红色小粒点即病菌分生孢子盘和分生孢子。果梗侵染病菌后,初期褪绿呈淡黄绿色,后变成橘黄褐色,枯蒂,果实随之脱落或变成僵果。叶片受害后,病斑呈灰白色或灰绿色近圆形病斑,病斑周围暗紫褐色,后期病斑中部产生黑色小粒点,略呈同心轮纹排列,叶片病健交界明显。枝梢受害后,新梢被害后病梢多向一侧弯曲,病梢上的叶片萎蔫下垂,叶片纵卷呈筒状。受害幼苗呈热水烫伤状,枯萎死亡。

【病原】无性态真菌,悦色盘长孢菌(*Gloeosporium laeticolor*)。

【发病规律】病菌主要以菌丝体在病梢组织和树上僵果中越冬。病菌发育最适温度为24~26℃。翌年春3月上中旬至4月中下旬,分生孢子随风雨、昆虫传播,侵害新梢和幼果,引起初次侵染,5月底至6月再次侵染,7月中下旬为发病高峰,该病在整个生育期都可侵染为害。

【防治方法】

(1) 农业防治 ①消灭越冬菌源,结合冬季整枝修剪,彻底清除树上的枯枝、僵果、落果,集中销毁,以减少越冬病源。芽萌动至开花前后及时剪除陆续出现的卷叶、病梢及病果,防止病部产生的孢子进行再次侵染。②园地注意排水,通风透光,降低湿度,增施磷钾肥料,提高植株抗病能力。

(2) 化学防治 芽萌动期,喷施1:1:100波尔多液,或喷施3~4°Bé石硫合剂,落花后喷施70%甲基硫菌灵可湿性粉剂800~1 000倍液,或80%炭疽福美可湿性粉剂500~800倍液,每隔10天喷药1次,连续喷施3~4次。

3. 桃缩叶病

【寄主】碧桃、桃、樱花、李、梅等核果类植物。

【症状】主要为害叶片。发病严重时,嫩梢、花、果也受侵害。感病叶片病初呈波纹状皱缩并卷曲,颜色变黄色至红色。发病后期,叶片加厚,质地变脆,颜色变为红褐色。发病严重病株全株多数叶片变形,病叶逐渐干枯、脱落。感病嫩梢节间短,有些肿胀,颜色变为灰绿色或黄色,病枝上的叶片多呈丛生状、卷曲,严重时病枝梢枯萎死亡。

【病原】畸形外囊菌(*Taphrina deformans*),属子囊菌门半子囊菌纲外囊菌目外囊菌科外囊菌属。

【发病规律】病原菌在树皮、芽鳞上以芽孢子越冬或越夏，翌年春季萌发产生芽管，穿透叶表皮或经气孔侵入嫩叶进行侵染。孢子借助风力传播。侵入叶片的病原菌菌丝体在寄主表皮下，或在组织的细胞间隙中蔓延，刺激寄主组织细胞加速分裂；胞壁加厚，使病叶呈现皱缩卷曲症状。早春温暖干旱病害则发病轻。

【防治方法】

(1) **农业防治** ①发病初期，在子实层未产生前及时摘除病叶、剪除被害枝条并集中销毁，减少侵染来源。②做好土肥水管理，改善通风透光条件，增强树体的抗病性。

(2) **化学防治** ①早春桃芽膨大抽叶前，喷施3~5°Bé的石硫合剂，或1∶1∶100的波尔多液预防侵染。②发病期可喷施10%苯醚甲环唑水分散粒剂2 000倍液，或65%代森锌可湿性粉剂500~600倍液，或75%百菌清可湿性粉剂600~800倍液，或50%多菌灵可湿性粉剂600~800倍液，每隔10~15天喷施1次，连续喷施2~3次。

4. 桃流胶病

【寄主】碧桃、桃、红叶李、梅、樱花、合欢、柳、椴树等多种园林植物。

【症状】主要发生于树干和主枝，枝条和果实上也可发生。枝条发病时，初在病部肿起，随后溢出淡黄色半透明的柔软树脂。树脂硬化后，呈红褐色晶莹、柔软的胶块，最后变成茶褐色硬质胶块。病部皮层褐腐朽，易为腐生菌侵害。随着流胶量的增加，树势日趋衰弱，叶片变黄，严重时甚至枯死。

【病原】一种是非侵染性的生理病害；一种是由子囊菌门葡萄座腔菌属（*Botryosphaeria* sp.）真菌侵染所致。

【发病规律】诱发此病的因素比较复杂，受霜冻危害、冰雹伤害、机械外伤或由于土肥水管理不当导致树势衰弱等非生物因素而引起的生理性流胶。感染了葡萄座腔菌后引起的病理性流胶。由于树势衰弱或虫害原因造成伤口，一些真菌趁机侵入而导致的复合型流胶。病菌以菌丝体和分生孢子器在被害干、枝或病残体上越冬，翌年春季3—4月间产生大量分生孢子，借风雨传播，从枝、干、皮孔侵入造成新的侵染。当气温达到15℃左右时，病部即开始渗出胶液，随气温上升，流胶点和流出的胶液量均增多。每年4月上旬至5月期间以及9月下旬为病害发生高峰。至10月底，病害逐渐停止蔓延。

【防治方法】

(1) **农业防治** ①选择抗逆性强的碧桃品种进行栽植。种植于沙质壤土、透气性好，排水良好向阳的地方，可减少发病。②加强栽培管理，施用有机肥料，改善土壤性状。酸性土壤，可适当增加石灰和过磷酸钙，以中和土壤酸性，使植株生长健壮；冬、夏季注意防寒、防冻和防日灼，可采用涂白或束草等措施。③冬季12月至翌年1月刮除流胶硬块及其下部的腐烂皮层及木质层，剪除枯枝、病叶，集中销毁。

(2) **化学防治** ①冬季修剪后喷施5°Bé石硫合剂杀灭病菌，减少侵染源。②可对准发病部位涂抹2.12%腐殖酸·铜水剂，或喷施50%多菌灵可湿性粉剂800~1 000倍液，或45%咪鲜胺水乳剂1 200~1 500倍液，每隔10天喷施1次，连续喷施3次。

③刮除涂抹法：每年春秋季节，把流胶部位的胶状物、病斑进行刮除，或沿主干在病部纵刮数刀，深达木质部（操作时先用消毒后的刀在胶体周围切下带病组织，切口菱形齐茬不留死角），胶体刮除干净后，选择 2.12%腐殖酸·铜水剂，或 1.8%辛菌胺醋酸盐水剂 50~100 倍液，涂抹病疤。每隔 15 天涂抹 1 次，涂抹 2~3 次。

5. 碧桃根癌病

【寄主】碧桃、月季、桃、榆叶梅、李、紫藤、夹竹桃、罗汉松、印度橡皮树、大丽花、菊花、金钟花等 60 科 140 个属的木本和草本植物。

【症状】主要发生在根颈部，也发生在侧根和支根。根部被害后形成癌瘤。病害发生处发生圆形瘤状物，初为灰白色，表面光滑，质地软，随瘤体增大，颜色逐渐加深至黄褐色、黑褐色，表面粗糙以致龟裂、破损，质地逐渐变坚硬。瘤体多近似球形、扁球形，或不规则形，大小不等，小的仅 1~2cm，一般 3~5cm，个别达 20~30cm。导致根系发育不良，地上部分的发育显著受到阻碍，叶片黄化，早落；生长缓慢，植株矮小。病株长势衰弱，花少，花期短，严重时全株死亡。

【病原】真细菌界薄壁细菌门，根癌土壤杆菌（*Agrobacterium tumefaciens*）。

【发病规律】病菌在癌瘤组织的皮层内及土壤中越冬。通过雨水、灌溉和昆虫进行传播。远距离传播主要靠病苗的长途调运，病菌由伤口侵入，刺激寄主细胞过度分裂和生长形成癌瘤。潜育期 2~3 个月或 1 年以上。中性至碱性土壤有利于发病，各种创伤有利于病害的发生，病菌通常是从裂口或伤口侵入，断根处是病菌集结的主要部位。一般切接、枝接比芽接发病重、土壤黏重、排水不良的果园发病较重。

【防治方法】

（1）农业防治 ①严格检疫：苗木出圃严格检查，发现病株要及时销毁，对与病株同一苗床但未表现症状的可疑苗，用 1%硫酸铜液浸泡 5 分钟再用清水冲洗干净，然后栽植。②加强园艺措施：选用排水良好、肥沃、中性或微酸性没有被病原菌污染的土壤育苗。如土壤已感染病菌，要用非寄主植物轮作 3 年以上再进行育苗。盆栽土壤也要选用上述适宜的土壤。嫁接最好采用芽接法、枝接法，不宜采用劈接法、切接法，以避免与土壤接触，减少感染机会。注意防治地下害虫，田间作业时避免伤根、伤干。

（2）化学防治 ①苗木消毒：病苗要彻底刮除病瘤，刮下的病瘤应集中销毁。对外来苗木应在未抽芽前将嫁接口以下部位，用 1%硫酸铜溶液浸泡 5 分钟，再用 2%的石灰水浸泡 1 分钟。②病瘤处理：在定植后的苗木上发现病瘤时，可用消毒利刀切除，然后涂抹甲冰碘液消毒，其配比为甲醇 50：冰醋酸 25：碘片 12 混合均匀。或涂抹 5°Bé石硫合剂、1%硫酸铜液或 1：1：100 波尔多液，切下的病瘤应立即销毁。③土壤处理：用硫磺降低中性土和碱性土的碱性，病株根际浇灌乙蒜素进行消毒处理，对减轻为害都有一定作用。用 80%二硝基邻甲酚钠盐 100 倍液涂抹根颈部病瘤，可防止其扩大绕围根颈。细菌素（含有甲苯酚和甲酚的碳氢化合物）处理根瘤有良好效果，可以在 3 年生以内的植株上使用。处理后 4 个月内病瘤枯死还可防止病瘤的再次生长或形成新病瘤。

（3）生物防治 将放射土壤杆菌 K84 制剂施于土壤中，可产生对该病原菌有特殊抗性的抗菌素。将该抗菌素制剂用水稀释为 $1×10^6$ 单位/mL 的浓度，用于浸根、浸条或涂抹伤口。

6. 桃瘤蚜

【学名】*Tuberocephalus momonis*，半翅目蚜科。

【寄主】碧桃、桃、樱桃、梅、梨等。

【为害状】桃瘤蚜以成虫、若虫群集在叶背上吸食汁液，以嫩叶受害为重，受害叶片的边缘向背后纵向卷曲，卷曲处组织肥厚，似虫瘿，凸凹不平，初呈淡绿色，后变红色；严重时大部分叶片卷成细绳状，最后干枯脱落，严重影响碧桃的生长发育。

【形态特征】

成虫 成虫有无翅胎生蚜和有翅胎生蚜之分。无翅胎生蚜体长约2.0mm，长椭圆形，较肥大，体色多变，有深绿色、黄绿色、黄褐色，头部黑色；额瘤显著，向内倾斜；触角丝状6节，基部2节短粗；复眼赤褐色；中胸两侧有瘤状突起，腹背有黑色斑纹，腹管圆柱形，有覆瓦状纹，尾片短小，末端尖。有翅胎生蚜体长约1.8mm，翅展约5mm，淡黄褐色，额瘤显著，向内倾斜，触角丝状6节，节上有多个感觉孔；翅透明脉黄色。腹管圆筒形，中部稍膨大，有黑色覆瓦状纹，尾片圆锥形，中部缢缩。

卵 椭圆形，黑色。

若虫 与无翅胎生蚜相似，体比无翅胎生蚜小，有翅芽，淡黄色或浅绿色，头部和腹管深绿色。

【发生规律】1年发生10余代，有世代重叠现象。以卵在碧桃、桃、樱桃等植物的枝条、芽腋处越冬；翌年寄主发芽后孵化为干母。群集在叶背面取食为害，形成上述为害状，大量成虫和若虫藏在似虫瘿里为害，给防治增加了难度。5—7月是桃瘤蚜的繁殖、为害盛期，此时产生有翅胎生蚜迁飞到艾草等菊科植物上为害，晚秋10月又迁回到碧桃、桃、樱桃等多种植物上，产生有性蚜，交尾产卵越冬。

【防治方法】

(1) **农业防治** ①冬季修剪虫卵枝，早春应对被害较重的虫枝进行修剪，夏季桃瘤蚜迁移后，应对碧桃周围的菊科寄主植物等进行清除，并将虫枝、虫卵枝和杂草集中销毁。②置放黄色粘虫板或黄色灯光诱杀有翅蚜。

(2) **化学防治** 可用3%啶虫脒可湿性粉剂2 500~3 000倍液，或22.4%螺虫乙酯悬浮剂3 500~4 000倍液，或10%吡虫啉可湿性粉剂1 000~1 500倍液，或40%啶虫·毒死蜱乳油1 500~2 000倍液喷雾防治。由于蚜虫繁殖快、世代多，用药易产生抗性，选药时建议用复配药剂或轮换用药，在常规用药基础上缩短用药间隔期，连用2~3次，间隔7~10天。

(3) **生物防治** 保护和利用天敌瓢虫、草蛉、食蚜蝇、蚜茧蜂等。

7. 朝鲜球坚蚧

【学名】 *Didesmococcus koreanus*，半翅目蚧科。

【寄主】 碧桃、红叶李、海棠、三角枫、杜鹃花、梅花、桃、苹果、杏、榆叶梅等多种植物。

【为害状】 以成虫、若虫固定在枝干上吸食汁液，用刺吸式口器为害枝条。受害枝条长势减弱，芽瘦小，叶小而少。常和桑白蚧、杏球坚蚧混合发生，即在一个枝段上几种介壳虫同时存在并为害。随着若虫的生长，虫体逐渐膨大，并产生介壳，排泄蜜露常诱发煤污病，影响光合作用，造成树势衰弱，生长缓慢，甚至枝条枯死，降低观赏价值。

【形态特征】

雌成虫 体近球形，长约6.7mm，宽约6mm，高约5mm。雌成虫性成熟期体壁较软，黄褐色，体表布白色蜡粉，并有深褐色斑纹；体背后侧分泌水滴状蜜露珠，招引雄虫交尾，中后期体色逐渐加深，变赤褐色或暗枣红色，背中央有两纵行凹陷形成的刻点，每行5~6个，形成3条纵隆起。

雄成虫 有翅会飞，头黑色，眼黑色，触角10节，前翅近卵圆形白色，虫体红褐色；腹部8节，腹末生淡紫色性刺，基部两侧各有1条白色蜡毛。雄虫羽化前介壳长扁圆形，由蜡质层和蜡毛组成，表面呈毛毡状。

卵 橘红色，卵圆形，背面隆起，腹面凹陷。

若虫 刚从卵壳孵出的若虫橘红色，有足，会爬行，从雌虫壳下爬行分散，此阶段为仔虫期；过后即变若虫，定位为害取食，此期背中央纵轴稍隆起，体周缘有若干细横皱纹，体表覆一层白色蜡质壳，并有少量白色蜡丝。

【发生规律】 1年发生1代，以2龄若虫在枝条上越冬，常几个或几十个群集一起。在枝条上或芽腋间固定为害一段时间即越冬，一般不再转移。芽萌动期吸食树体汁液进行为害。雌性若虫发育时将越冬蜡壳胀裂，但仍附在体背上，4月上旬再蜕1次皮即变为成虫，虫体快速膨大，体表形成较软的红褐色蜡质，近球形。体背后侧分泌出水珠状透明的黏液，招引雄虫来交配。雄虫交尾后即死亡。4月下旬雌虫体壁硬化，体色加深渐变暗紫红色，雌虫在壳下产卵，边产卵虫体渐变小变瘪。5月中旬开始孵化，雌虫体和枝条间开一小缝，刚孵化的仔虫即可爬出扩散，先在叶背为害，9—10月间爬到枝条上选适当位置固定为害。蜕1次皮后即以2龄若虫越冬。

【防治方法】

(1) **农业防治** 冬季剪除有虫枝条和清扫落叶，或刮除枝条上越冬的虫体，并集中销毁。

(2) **化学防治** ①冬季或早春在寄主植物发芽前，可用3~5°Bé石硫合剂液喷雾防治。②若虫孵化初期介壳尚未形成或增厚时，对药物敏感，可用40%啶虫·毒死蜱乳油1 000~2 000倍液，或22.4%螺虫乙酯悬浮剂4 000~5 000倍液等内吸性、渗透性强的药剂喷施。

（3）生物防治 保护和利用天敌瓢虫、草蛉等。

8. 苹掌舟蛾

【学名】*Phalera flavescens*，鳞翅目舟蛾科。

【寄主】碧桃、桃、山楂、苹果、梨、海棠、樱花、樱桃、李、杏、梅、枇杷、板栗、柳、榆等园林植物。

【为害状】幼虫啃食叶片，啃食叶肉呈网状，发生严重时，仅留叶柄或全被吃光，影响树势。

【形态特征】

成虫 体长约25mm，翅展约50mm。前翅银白稍黄色，近基部中央有1个灰色圆形，斑外侧有赤褐色线及黑色新月斑，近外缘有灰色圆形斑1行，斑内侧有赤褐色线及黑色新月斑，翅面中央有3条或4条不清晰的黄褐色波状横纹，后翅淡黄色，外缘杂有黑褐色斑。

卵 球形，直径约1mm，初产时淡绿色，近孵化变为灰色。卵粒排列成块。

幼虫 低龄幼虫紫红色，静止不动时头尾两端翘起似舟形，故称舟形毛虫。

老熟幼虫 体长约50mm。头黑色，有光泽，胴部背面紫褐色，腹面紫红色，体侧有稍带黄色纵线纹，体上有白色长毛。

蛹 体长约23mm，暗红褐色。

【发生规律】1年发生1代，以蛹在根基部附近土层内越冬。翌年7月上旬至8月上旬为羽化盛期。8月中旬至9月中旬为幼虫期，幼虫5龄。卵期约7天，幼虫期平均40天。成虫昼伏夜出，趋光性较强，夜间取食和交尾，白天静伏叶缘整齐排列，头尾上翘，如同排列的小舟；受惊后即吐丝下垂，随风飘扬至邻近植株为害，老熟幼虫入土化蛹。

【防治方法】

（1）**农业防治** 苹掌舟蛾越冬蛹较为集中，春季春耕时刨树盘将蛹翻出；在7月中旬至8月上旬，幼虫尚未分散之前，及时剪除群居幼虫的枝叶；幼虫扩散后，利用其受惊吐丝下垂的习性，振动有虫树枝，收集消灭落地幼虫。

（2）**化学防治** ①老熟幼虫入土化蛹时，用5%辛硫磷颗粒剂500g与细土15~25kg充分混合，均匀撒在树干下地面，将药土与土壤混合、整平。②7—8月低龄幼虫期喷施25%灭幼脲悬浮剂1 000~2 000倍液，或20%甲氰菊酯乳油2 000~3 000倍液进行喷雾防治。

（3）**生物防治** 保护和利用天敌松毛虫赤眼蜂。

9. 桃红颈天牛

【学名】*Aromia bungii*，鞘翅目天牛科。

【寄主】碧桃、樱花、梅、红叶李、杏、郁李、垂柳等植物。

【为害状】桃红颈天牛以幼虫蛀食树干，喜于韧皮部与木质部间蛀食，并形成不规则隧道，蛀孔外排出大量红褐色虫粪及碎屑，堆满树干茎部地面，为害轻者树势衰弱，重者树干全部蛀空而死。

【形态特征】

成虫 体长24~37mm，除前胸背部棕红色外，其余部分均为黑色；头、鞘翅及腹面有黑色光泽，触角及足有蓝色光泽。雄虫触角约为体长的1.5倍；雌虫触角比身体稍长。前胸两侧各有1个短小锐利的刺状突起。

卵 长椭圆形，乳白色，长径约1.5mm。

幼虫 老熟时体长约35~42mm，黄白色，头部小，黑褐色，上颚发达，前胸背板呈宽阔扁平形，基部有暗褐色斑，胸足3对，不发达。

蛹 黄褐色，腹部各节背面均有刺毛1对，前胸背板上有刺毛2排，两侧各有一个刺状突起。

【发生规律】2~3年发生1代，以各龄幼虫在蛀食的虫道内越冬。6—7月成虫发生，成虫寿命10天左右，交尾后产卵于主干或主枝枝杈缝隙处。卵经8~12天孵化为幼虫。初孵幼虫在皮层下食害，成长后钻入木质部为害，并经常向外排出虫粪，被害处容易流胶。

【防治方法】

（1）**农业防治** ①6—7月成虫发生盛期，可进行人工捕捉。4—5月成虫羽化之前，可在树干和主枝上涂刷涂白剂（生石灰、硫磺、水按10∶1∶40的比例进行配制）。②春季检查枝干，一旦发现枝干有红褐色锯末状虫粪，立即用锋利的小刀刺杀在木质部中的幼虫。③灯光诱杀或糖醋诱杀。

（2）**化学防治** ①幼虫孵化期：在树干上喷施40%啶虫·毒死蜱乳油1 000~1 500倍液，或用50%辛硫磷乳油2 000~3 000倍液毒杀卵和孵化幼虫。②幼虫为害期：找新鲜虫孔，清理木屑，用注射器注入80%敌敌畏乳油50倍液，或按每1cm胸径注入3%啶虫脒乳油5倍液0.8~1mL进行注干防治，或塞入磷化铝片剂，使药剂进入孔道，施药后可用胶泥封住虫孔，或用3.2%甲维·啶虫脒微乳剂插瓶插于清理干净的新鲜排粪孔，毒杀其中幼虫。③成虫为害期：在成虫补充营养，啃食枝条上的树皮，可往树干、树冠上喷施2%噻虫啉微囊悬浮剂1 000~2 000倍液进行喷雾防治。

（3）**生物防治** 保护和利用天敌管氏肿腿蜂、花绒寄甲、红头茧蜂、白腹茧蜂、柄腹茧蜂、跳小蜂等。

二、紫　薇

紫薇（*Lagerstroemia indica*），千屈菜科紫薇属；落叶灌木或小乔木。高可达 7m。树皮淡褐色，薄片状剥落后树干特别光滑。枝干多扭曲，小枝纤细，叶互生或有时对生，纸质，椭圆形、阔矩圆形或倒卵形，幼时绿色至黄色，成熟时或干燥时呈紫黑色，室背开裂；种子有翅，长约 8mm。花期 6—9 月，果期 9—12 月。

1. 紫薇白粉病

【寄主】紫薇。

【症状】主要侵害嫩叶嫩梢，嫩叶比老叶容易被侵染；该病也为害枝条花芽及花蕾。发病初期，叶片上出现白色小粉斑，扩大后呈圆形或不规则形褪色斑块，上面覆盖一层白色粉状霉层，后期白粉状霉层会变为灰色。花受侵染后，表面被覆白粉层，花穗畸形，失去观赏价值。受白粉病侵害的植株会变矮小，嫩叶扭曲、畸形、枯萎，叶片不展开、变小，枝条畸形等，严重时整个植株都会死亡。

【病原】子囊菌门，南方小钩丝壳菌（*Uncinuliella australiana*）。

【发病规律】以菌丝体在病芽、病枝条或落叶上越冬，翌年春季温度适合时越冬菌丝开始生长发育，产生大量的分生孢子，并借助气流进行传播和侵染。病害一般在 4 月开始发生，6 月趋于严重，7—8 月会因为天气燥热而趋缓或停止，但 9—10 月又能再度复发。白粉病在雨季或相对湿度较高的条件下发生严重，偏施氮肥、植株栽植过密或通风透光不良均有利于发病。

【防治方法】

(1) **农业防治**　秋季结合清园清除落叶、病枯枝条并销毁，减少侵染来源。

(2) **化学防治**　发病初期，喷施 15% 三唑酮可湿性粉剂 800～1 000 倍液，或 12.5% 烯唑醇可湿性粉剂 2 000～2 500 倍液进行喷雾防治，或 45% 戊唑·咪鲜胺水乳剂 1 000 倍液，或 50% 多·锰锌可湿性粉剂 400～600 倍液，或 30% 苯甲·嘧菌酯悬浮剂 1 500 倍液进行均匀喷雾，每隔 10～15 天喷施 1 次，连续喷施 3～4 次。

2. 紫薇煤污病

【寄主】紫薇、金边瑞香、栀子花、瓜叶菊、桂花、山茶、米兰、茉莉、枸骨、柑橘等。

【症状】煤污病主要侵害叶片和枝条，病害先是在叶片正面沿主脉产生，后逐渐覆盖整个叶面，严重时叶片表面、枝条甚至叶柄上都会布满黑色煤粉状物；这些黑色粉状物会阻塞叶片气孔，妨碍正常的光合作用。

【病原】子囊菌门小煤炱属（*Meliola* sp.）。

【发病规律】煤污病的病原菌是以菌丝体或子囊壳的形式在病叶、病枝上越冬。紫薇长斑蚜和紫薇绒蚧排泄的黏液会为煤污病的病原菌提供营养，一般在这两种虫害发生后，煤污病都会大量发生。而6月下旬至9月上旬是紫薇绒蚧及紫薇长斑蚜的为害盛期，高温、高湿也有利于此病的发生，春季（越冬病菌引起）、秋季（绒蚧和长斑蚜引起）是紫薇煤污病的盛发期。

【防治方法】

（1）**农业防治**　加强栽培管理，及时修剪病枝和多余枝条，以利于通风、透光，从而增加树势，减少煤污病的发生。

（2）**化学防治**　①生长季节：蚜虫、介壳虫发生时，喷施10%吡虫啉可湿性粉剂1 000~1 500倍液，或50%啶虫脒水分散粒剂12 000~15 000倍液，或40%啶虫·毒死蜱乳油1 000~2 000倍液防治蚜虫和介壳虫。②休眠季节：喷施3~5°Bé的石硫合剂，杀灭越冬病原，减轻煤污病的发生。③煤污病盛发期：叶面喷施20%三唑酮乳油1 500~2 000倍液，50%甲基硫菌灵可湿性粉剂600~700倍液，或50%腐霉·福美双可湿性粉剂600~800倍液，或45%代森铵水剂1 000倍液。连用2次，间隔12~15天。

3. 紫薇褐斑病

【寄主】紫薇。

【症状】主要侵害叶片，并且通常是下部叶片开始发病，后逐渐向上部蔓延。发病初期病斑为大小不一的圆形或近圆形，少许呈不规则形；病斑为紫黑色至黑色，边缘颜色较淡。随后病斑颜色加深，呈现黑色或暗黑色，与健康部分分界明显。后期病斑中心颜色转淡，并着生灰黑色小霉点。发病严重时，病斑连接成片，整个叶片迅速变黄色，并提前脱落。

【病原】无性态真菌，假尾孢菌（*Pseudocercospora lythracearum*）。

【发病规律】病菌以菌核或在植物残体上的菌丝来度过不良环境。菌核有很强的耐高低温能力，侵染发病适温为21~32℃。发病盛期主要在夏季，当气温升至大约30℃，同时空气湿度很高（降雨、有露水或潮湿天气等），且夜间温度高于20℃时，造成病害迅速蔓延。低洼潮湿、排水不良、田间郁闭、气温高、偏施氮肥、植株旺长、组织柔嫩、冻害、灌水不当等因素都极有利于病害的发生及蔓延。

【防治方法】

（1）**农业防治**　秋末冬初，剪除病枝清扫落叶，集中销毁，减少侵染源。

（2）**化学防治**　①发病前，喷施1∶2∶200波尔多液，或0.3~0.5°Bé石硫合剂。②发病期，喷施80%代森锌可湿性粉剂600~800倍液，或50%多菌灵可湿性粉剂800~

1 000倍液，或50%嘧菌酯水分散剂1 500~2 000倍液，或75%肟菌·戊唑醇水分散粒剂4 000~6 000倍液，或30%苯甲·嘧菌酯悬浮剂1 500~2 000倍液，或80%多·锰锌可湿性粉剂700~800倍液等药剂进行均匀喷雾，每隔10~15天喷1次，交替使用，连续喷施3~4次。

4. 紫薇长斑蚜

【学名】*Sarucallis kahawaluokalani*，半翅目斑蚜科。

【寄主】紫薇。

【为害状】该虫对紫薇的为害严重，常常在嫩叶的背面布满害虫，被害植株新梢扭曲，嫩叶卷缩，凸凹不平，影响花芽形成，并使花序缩短，甚至无花，同时还会诱发煤污病，传播病毒病。

【形态特征】

有翅孤雌蚜 身体为黄色，斑纹黑色，体宽三角形，长约2.1mm，宽约1.1mm。腹部淡黄色，各节均有1对隆起的黑瘤，其中第2节的1对最大，且基部相连。体背有斑纹，触角顶端及鞭节黑色。

无翅孤雌蚜 身体黄绿色，体长约1.5mm，体形浑圆形，布有黑点，复眼橘黄色。有翅胎生雌蚜与无翅胎生雌蚜相似，虫体稍长。

【发生规律】1年发生10多代，紫薇长斑蚜以卵在芽腋、芽缝及枝杈等处越冬。翌年春季当紫薇萌发新梢抽长时，开始出现无翅胎生蚜，至6月以后虫口不断上升，并随着气温增高而不断产生有翅蚜，有翅蚜会迁飞扩散为害。

【防治方法】

（1）**农业防治** 采用黄色粘胶板诱杀有翅蚜。

（2）**化学防治** 可喷施50%啶虫脒水分散粒剂25 000~40 000倍液，或10%吡虫啉可湿性粉剂1 000~1 500倍液，或1.5%苦参碱可溶液剂800~1 000倍液，或22.4%螺虫乙酯悬浮剂4 000~5 000倍液，对叶背、叶面均匀喷雾交替使用，每隔5~7天喷施1次，连续喷施2~3次。

（3）**生物防治** 保护和利用天敌寄生大草蛉、食蚜蝇、捕食性瓢虫类等。

5. 紫薇绒蚧

【学名】*Eriococcus legerstroemiae*，半翅目毡蚧科。

【寄主】紫薇、石榴、桑树等。

【为害状】以若虫和雌成虫寄生于植株的枝、干和芽腋等处吸食汁液，其排泄物能诱发煤污病，影响花木的生长发育和观赏。虫口密度大时，枝叶发黑，叶子早落，开花不正常，甚至全株枯死。

【形态特征】

雌成虫 椭圆形，扁平，长2~3mm，暗紫红色，老熟时外包白色绒质介壳。

雄成虫 体长约0.3mm,翅展约1mm,紫红色。

卵 呈卵圆形,紫红色,长约0.25mm。

若虫 椭圆形,紫红色,虫体周缘有刺突。

雄蛹 紫褐色,长卵圆形,外包以袋状绒质白色茧。

【发生规律】发生代数因地而异,在山东、上海1年发生3~4代。绒蚧越冬虫态有受精雌虫、2龄若虫或卵等,各地不尽相同,通常是在枝干的裂缝内越冬。翌年3月中下旬为第1代若虫孵化盛期,6月上旬至7月中旬以及8中下旬至9月份为第2、3代若虫孵化盛期。绒蚧在温暖高湿环境下繁殖快,干热对它的发育不利。越冬卵在10月下旬产生。

【防治方法】

(1) 农业防治 冬季剪除有虫枝条和清扫落叶,或刮除枝条上越冬的虫体,并集中销毁。

(2) 化学防治 ①冬季或早春在树木发芽前,用3~5°Bé石硫合剂喷雾防治。②若虫孵化初期,介壳尚未形成或增厚时,对药物敏感,可使用22.4%螺虫乙酯悬浮剂3 000~4 000倍液,或用80%烯啶·吡蚜酮水分散粒剂(烯啶虫胺20%+吡蚜酮60%)2 500~3 000倍液,或40%啶虫·毒死蜱乳油2 000~3 000倍液等内吸性、渗透性强的药剂喷施。

(3) 生物防治 保护和利用天敌瓢虫、草蛉、寄生蜂、捕食性螨等。

6. 黄刺蛾

【学名】*Cnidocampa flavescens*,鳞翅目刺蛾科。

【寄主】紫薇、紫荆、梧桐、枫杨、乌桕、杨等多种植物。

【为害状】该虫为杂食性食叶害虫,初孵幼虫一般群集在叶片背面取食叶肉,使叶片呈筛网状;大龄幼虫会爬行扩散为害,并直接蚕食叶片,严重时叶片被吃光,只剩下叶柄及叶脉。

【形态特征】

成虫 雌蛾体长15~17 mm,翅展35~39mm;雄蛾体长13~15 mm,翅展30~32 mm;体橙黄色。前翅黄褐色,自顶角有1条细斜线伸向中室,斜线内方为黄色,外方为褐色;在褐色部分有1条深褐色细线自顶角伸至后缘中部,中室部分有1个黄褐色圆点。后翅灰黄色。

卵 扁椭圆形,一端略尖,长1.4~1.5mm,宽约0.9mm,淡黄色,卵膜上有龟状刻纹。

幼虫 老熟幼虫体长19~25mm,体粗大。头部黄褐色,隐藏于前胸下。胸部黄绿色,体自第2节起,各节背线两侧有1对肢刺,以第3、4、10节的为大,肢刺上长有黑色刺毛;体背有紫褐色大斑纹,前后宽大,中部狭细呈哑铃形,末节背面有4个褐色小斑;体两侧各有9个肢刺,体中部有2条蓝色纵纹,气门上线淡青色,气门下线淡黄色。幼虫体上有毒毛,易引起人的皮肤痛痒,幼虫又称麻叫子、痒辣子、毒毛虫等。

蛹 被蛹，椭圆形，粗大；体长13~15mm。淡黄褐色，头、胸部背面黄色，腹部各节背面有褐色背板。

茧 椭圆形，质坚硬，黑褐色；有灰白色不规则纵条纹，极似雀卵，与蓖麻子无论大小、颜色、纹路极相似。

【发生规律】1年发生2代，每年5—6月成虫羽化，交尾产卵后，6月下旬可以观察到第1代幼虫。幼虫有7龄，常常会出现世代交替的现象；为害盛期在7—9月。以老熟幼虫在受害枝干上结茧越冬。

【防治方法】

(1) **农业防治** ①秋、冬季，剪除虫茧，或敲碎树干上的虫茧，集中销毁。②初孵幼虫群集为害时，摘除虫叶，注意幼虫毒毛。在成虫发生期，设置黑光灯诱杀成虫。

(2) **化学防治** 幼虫发生期，喷施90%晶体敌百虫800~1 000倍液，或48%毒死蜱乳油1 000~1 200倍液，或45%丙溴·辛硫磷乳油1 000~1 500倍液。

(3) **生物防治** 保护和利用天敌紫姬蜂、螳螂、蠋蝽等。

7. 绿尾大蚕蛾

【学名】*Actias selene ningpoana*，鳞翅目大蚕蛾科。

【寄主】紫薇、棣棠等。

【为害状】以幼虫食叶为害，低龄幼虫将叶片吃成缺刻或孔洞，稍大后便把全叶吃光，仅残留叶柄或粗叶脉。

【形态特征】

成虫 体长35~40mm，翅展122mm左右；体表具有深厚白色绒毛，翅粉绿色，前翅经前胸紫褐色，翅中央有一眼状斑纹，后翅尾状突起，长约40mm。

卵 球形稍扁，长约2mm，灰褐色。

幼虫 长可达80mm，黄绿色，体节有瘤状突起，以中、后胸4个及第8腹节背上1个特大，瘤突上有褐色、白色长毛。

蛹 体长45~50mm，赤褐色，额区有1块浅色斑。

茧 长卵圆形，灰黄色或灰褐色。

【发生规律】1年发生2代，蛹在茧内越冬。越冬蛹于4月下旬至5月上中旬成虫羽化；幼虫共5龄，历期36~44天。老熟幼虫6月上旬开始化蛹，中旬达盛期。蛹历期15~20天。第1代成虫6月下旬至7月初羽化产卵；幼虫7月上旬孵化，至9月底老熟幼虫结茧化蛹。越冬蛹期6个月。

【防治方法】

(1) **农业防治** 在各代产卵期和化蛹期，人工摘除卵块和茧蛹，减少虫口基数。在成虫发生期，设置黑光灯或高压汞灯诱杀，效果明显。

(2) **化学防治** 抓住幼虫3龄前最佳防治期，在傍晚前后喷施6%阿维·氯苯酰悬浮剂2 000~3 000倍液，或3%高效氯氰菊酯微囊悬浮剂800~1 000倍液，或8 000IU/μL苏云金杆菌悬浮剂500~1 000倍液，或100g/L联苯菊酯乳油2 000~

3 000倍液，或20%氰戊菊酯乳油2 000~2 500倍液进行交替喷雾防治。

8. 星天牛

【学名】 *Anoplophora chinensis*，鞘翅目天牛科。

【寄主】 紫薇、杨、柳、榆、刺槐、苦楝、悬铃木、无花果、樱花、合欢、银桦、相思树、海棠、桑、大叶黄杨、枇杷、核桃、罗汉松等。

【为害状】 以幼虫为害紫薇，主要蛀食树干茎基或根颈部，可深入到木质部，隧道内充满虫粪或木屑；严重时会在蛀道孔外发现新排出木屑和虫粪。被害紫薇通常树势衰弱，茎干容易折断，严重时整个植株死亡。

【形态特征】

成虫 体长19~39mm，漆黑色，略有光泽；触角丝状，通常11节，头部中央有纵沟，鞭节各节基半部灰白色。前翅有大小不规则的白斑，鞘质坚硬；基部有黑色颗粒。后翅膜质。

卵 椭圆形，长约5mm，乳白色，具光泽，孵化前为黄褐色。

幼虫 体长45~65mm，乳白色，头大而扁平；前胸背板宽大，黄褐色，后半部有"凸"字形深褐色斑纹，斑上有2个飞鸟形纹；腹部各节分节明显；胸足退化。

蛹 裸蛹体形同成虫相似，长约30mm，乳白色，羽化前为褐色。

【发生规律】 1~2年发生1代，以幼虫在树干的木质部虫道内越冬。翌年3月幼虫开始活动，化蛹期在5月上中旬开始，6—7月进入羽化盛期；初期羽化成虫要经过数日才从羽化孔钻出来，并以寄主的嫩梢或树皮补充营养。成虫羽化后不久就会在紫薇树干茎基部未剥落的树皮内或基部蘖生枝与树干的缝隙内产卵，6—7月为产卵盛期，卵期9~15天，幼虫孵化后蛀入皮下，大多在干基部、根颈处迂回蛀食，粪屑积于隧道内，数月后方蛀入木质部，并向外蛀1个通气排粪孔，排出堆积于干基部的粪屑，隧道内亦充满粪屑，幼虫持续为害至12月，然后陆续越冬。

【防治方法】

参见碧桃中桃红颈天牛防治方法。

三、蜡 梅

蜡梅（*Chimonanthus praecox*），蜡梅科蜡梅属；落叶大灌木，高可达4m。小枝淡灰色。单叶对生，椭圆状卵形至卵状披针形，长7~15cm，宽2~8cm，全缘，上面粗糙，有硬毛。冬春先花后叶，花单生，鲜黄色，芳香，直径1.5~2.5cm，内层花被片有紫褐色条纹。花托壶形。聚合瘦果长，果托壶形。花期12月至翌年3月，先叶开放；果9—10月成熟。

1. 蜡梅黑斑病

【寄主】蜡梅。

【症状】病菌主要为害花和叶。从花蕾开始为害，感病后，在花瓣上出现针尖大小的黑色小斑点，后逐渐发展成米粒大小的近圆形斑，病斑间可相互连接成不规则形的大黑斑，叶上病斑黑褐色，近圆形，边缘明显，大小不一，直径一般在8mm左右，在病斑后期，中部黑褐色，并出现小黑点。病斑两面生稀疏的暗褐色霉丛，以表面为多。

【病原】无性态真菌，洋蜡链格孢（*Alternaria calycanthi*）。

【发病规律】病菌以菌丝体在蜡梅花上越冬。夏季为害叶片，产生病斑，在病斑后期产生子实体，分生孢子随风雨传播。此菌以病叶上的分生孢子及菌丝体度过夏季的高温。当冬季蜡梅开花时，叶片病斑上的分生孢子借风雨传播到花上，引起发病。此菌生长最适宜的温度为25℃左右，繁殖孢子最适宜温度为30℃左右，高温达40℃，低温在-6~5℃时，菌丝基本停止生长。

【防治方法】

（1）**农业防治** 在树叶脱落后，及时清除并销毁。对植株周围的土壤进行耕翻并撒石灰杀菌，使病叶翻入土内腐烂，以减少越冬菌源。

（2）**化学防治** 在夏、秋季节，喷1:1:160的波尔多液，可用50%嘧菌酯水分散剂1 500~2 000倍液进行喷雾防治。每隔15~20天喷1次，喷药次数视病情而定。

2. 蜡梅叶斑病

【寄主】蜡梅、天竺葵、瓜叶菊、石竹、美人蕉、绿萝、花叶艳山姜等。

【症状】病菌发生在叶片上，病斑褐色，近圆形或椭圆形，边缘稍隆起，大小为

1~3mm。发病严重的植株,叶片枯死,不能正常生长发育。

【病原】无性态真菌,蜡梅叶点霉（*Phyllosticta calycanthi*）。

【发病规律】病菌以菌丝体在病残体上越冬。翌年春温度回升时,4—5月温湿度适宜时,即产生大量的分生孢子,借风雨、昆虫传播,侵入寄主,发生为害。

【防治方法】

（1）**农业防治**　及时清除病叶并销毁,勿栽植过密,注意通风透光,降低湿度,创造不利于病菌繁殖生存的环境条件。

（2）**化学防治**　发病前每隔10~15天喷1%波尔多液1次,发病初期,喷施70%甲基硫菌灵可湿性粉剂800~1 000倍液,或50%多菌灵可湿性粉剂500~600倍液,或50%多·锰锌可湿性粉剂400~600倍液,或50%腐霉·福美双（福美双40%+腐霉利10%）可湿性粉剂600~800倍液,或30%戊唑·醚菌酯悬浮剂1 500~1 800倍液。连用2~3次,间隔7~10天。

3. 蜡梅炭疽病

【寄主】蜡梅。

【症状】多发生在叶尖或叶缘处,发生在叶片上时,病斑近椭圆形至不规则形,直径8~12mm,灰褐色至灰白色,有时呈淡红色,边缘红褐色至褐色,后期病部散生黑色小粒点,即病原菌分生孢子盘。严重的病斑易破裂。

【病原】无性态真菌,刺盘孢菌（*Colletotrichum* sp.）。

【发病规律】病菌以分生孢子盘和菌丝体在病嫩梢上越冬,气温适宜时产生分生孢子,借风雨、昆虫传播,从伤口和气孔侵入为害。发育适宜温度为25~27℃,一般多在高温多湿的季节发生。病菌有潜伏侵染特点。当寄主生长衰弱时,病菌进一步扩展。梅雨季节和台风多雨季节有利于发病。

【防治方法】

（1）**农业防治**　及时清除腐死株和重病株,以减少侵染源,加强管理,防止叶片产生伤口,可减少发病。

（2）**化学防治**　发病期,喷施75%百菌清可湿性粉剂800~1 000倍液,或25%咪鲜胺乳油800~1 000倍液,或50%多·锰锌可湿性粉剂400~600倍液,或40%己唑醇悬浮剂6 000~8 000倍液。连续喷施2~3次,每次间隔7~10天。

4. 日本龟蜡蚧

【学名】*Ceroplastes japonicus*,半翅目蚧科。

【寄主】蜡梅、栀子花、山茶、桂花、石榴、月季、牡丹、芍药、海桐等。

【为害状】以雌成虫和若虫在叶背中脉和枝梢处吸取汁液进行为害,是引起煤污病的重要原因,影响植株的生长发育。

【形态特征】

成虫 雌成虫椭圆形，长约3.5mm，紫红色。体表覆一层灰白色蜡壳，背部隆起，边缘蜡层较厚，表面有龟甲状凹线，周围具8个边缘板块。雄成虫体棕褐色，长椭圆形，长约1mm，具无色透明翅1对，有2条翅脉。

卵 长椭圆形，初产时乳黄色，孵化前为紫红色。

若虫 初孵若虫椭圆形，淡红褐色。随虫龄增长，雌若虫蜡壳与雌成虫相似，雄若虫蜡壳长椭圆形，体周长有13个蜡刺。

雄蛹 紫褐色，长椭圆形。

【发生规律】1年发生1代。以受精雌成虫在枝条上越冬。翌年5月雌成虫开始大量产卵，6—7月为若虫孵化盛期。初孵若虫多寄生于叶片。老熟雄若虫于8月下旬至9月上旬化蛹羽化。雌若虫随蜕皮逐渐从叶上转移到小枝、新梢为害。该虫繁殖快，产卵量大，寄主广，大暴发时为害严重。

【防治方法】

（1）**农业防治** 通过养护管理，创造不适于介壳虫生存的环境条件。实行轮栽，及时清园，将落叶、杂草、病虫枝等集中销毁，减少越冬害虫虫口基数。合理施肥，增强植物抗性。合理修剪，使其通风透光，改变蚧类生存环境，削弱其繁殖力，减少为害。

（2）**化学防治** 若虫孵化初期介壳尚未形成或增厚，对药物敏感，可选用22.4%螺虫乙酯悬浮剂3 000~4 000倍液，或2.5%溴氰菊酯乳油1 200~1 500倍液，或40%啶虫·毒死蜱乳油1 500~2 000倍液等内吸性、渗透性强的药剂喷施。5~7天喷1次，连续2~3次。

（3）**生物防治** 保护和利用天敌瓢虫、草蛉、寄生蜂等。

5. 黄刺蛾

参见紫薇中黄刺蛾的相关内容。

6. 八点广翅蜡蝉

【学名】*Ricania speculum*，半翅目广翅蜡蝉科。

【寄主】蜡梅、梨、桃、杏、李、梅、樱桃、枣、桂花、迎春花、玫瑰、柳树等。

【为害状】成虫、若虫喜于嫩枝和芽、叶上刺吸汁液；产卵于当年生枝条内，影响枝条生长，重者产卵部以上枝条枯死，削弱树势。

【形态特征】

成虫 体长6~7.5mm，翅展16~18mm，黑褐色；疏被白蜡，触角刚毛状，短小；单眼2个，红色；翅革质密布纵横脉呈网状，前翅宽大，略呈三角形，翅面被稀薄白色蜡粉，翅上有6~7个白色透明斑，其分布：1个在前缘近端部2/5处，近半圆形；其外下方1个较大不规则形；内下方1个较小，长圆形；近前缘顶角处1个很小，狭长；外缘有2个较大，前斑形状不规则，后斑长圆形，有的后斑被一褐斑分为2个。后翅半透明，翅脉黑色，中室端有一小白透明斑，外缘前半部有1列半圆形小白色透明斑，分布于脉间。腹部和足褐色。

卵 长椭圆形，长径约1.2mm，短径约0.5mm。卵顶具一圆形小突起，卵壳软、光滑。初产乳白，渐变浅黄，孵化前可见红色眼点。

若虫 略似成虫，头尾钝圆，尾端具长蜡丝；头淡黄白，前、中胸腹侧板黑褐，后胸侧板白色；足浅黄褐色，后足明显长于前中足，爪黑色；体略呈钝菱形，翅芽处最宽，暗黄褐色，分布有深浅不同的斑纹；体疏被白色蜡粉，体呈灰白色，腹部末端有4束白色棉毛状蜡丝，呈扇状伸出，中间1对长约7mm，两侧长约6mm；平时腹端上弯，蜡丝覆于体背以保护身体，常可作孔雀开屏状，向上直立或伸向后方。

【发生规律】1年发生1代，以卵在枝条内越冬。5月间陆续孵化，为害至7月下旬开始老熟羽化，8月中旬前后为羽化盛期，成虫经20余天取食后开始交配，8月下旬至10月下旬为产卵期，9月中旬至10月上旬为盛期；白天活动为害，若虫有群集性，常数头在一起排列枝上，爬行迅速善于跳跃；成虫飞行力较强且迅速，产卵于当年生枝条木质部内；在直径4~5mm粗的枝背面光滑处落卵较多，每处成块产卵5~22粒，产卵孔排成1纵列，孔外带出部分木丝，覆有白色棉毛状蜡丝，极易发现与识别。每雌可产卵120~150粒，产卵期30~40天。成虫寿命50~70天，至秋后陆续死亡。

【防治方法】

（1）农业防治 冬、春季节结合修剪，剪除有卵块的枝条，集中深埋或销毁，以减少虫源。

（2）化学防治 发生期，喷施50%啶虫脒水分散粒剂12 000~15 000倍液，或10%吡虫啉可湿性粉剂1 000~1 500倍液，因该虫被有蜡粉，在上述药剂中加0.3%~0.5%柴油乳剂，可提高防效。

7. 黑蚱蝉

【学名】*Cryptotympana atrata*，半翅目蝉科。

【寄主】蜡梅、樱花、元宝枫、槐、榆、桑、玉兰、白蜡、桃、梨、樱桃、杨、柳等多种植物。

【为害状】若虫在土壤中刺吸植物根部，为害数年；老熟若虫在雨后傍晚钻出地面，爬到树干及植物茎秆上蜕皮羽化。成虫刺吸枝干并产卵于嫩枝条内，产卵时用产卵器刺破枝条皮层，直达木质部，呈两排锯齿状，使嫩枝梢失水干枯，造成植物枝干枯死，影响树势及景观效果。

【形态特征】

成虫 体色漆黑，有光泽，体长约46mm，翅展约124mm；中胸背板宽大，中央有黄褐色"X"形隆起，体背金黄色绒毛；翅透明，翅脉浅黄或黑色，雄虫腹部第1~2节有鸣器，雌虫没有。

卵 椭圆形，乳白色。

若虫 形态略似成虫，前足为开掘足，翅芽发达。

【发生规律】多年发生1代，以若虫在土壤中或以卵在寄主枝干内越冬。翌年5月下旬至6月初为卵孵化盛期，6月下旬终止；若虫随着枯枝落地或卵从卵窝掉在地上，孵化出的若虫立即入土，在土中的若虫以土中的植物根及一些有机质为食料；若虫在土中一生蜕皮5次，生活数年才能完成整个若虫期；在土壤中垂直分布，以0~20cm的土层居多，占若虫数的60%左右；有些则能达到0.3~1m甚至更深。生长成熟的若虫于傍晚由土内爬出，多在下雨后柔软湿润的晚上掘开泥土；凭着生存的本能爬到树干、枝条、叶片等可以固定其身体的物体上停留。以叶片背面居多，不食不动，约经半小时或者更长时间的静止阶段后，其背上面直裂一条缝蜕皮后变为成虫，初羽化的成虫体软，色淡粉红，翅皱缩，后体渐硬，色渐深至黑，翅展平，前后经6~7小时（黎明时间），振翅飞上或爬上树梢活动。一年当中，6月上旬老熟若虫开始出土羽化为成虫，6月中旬至7月中旬为羽化盛期，10月上旬终止。若虫出土羽化在一天中，夜间羽化占90%以上。尤以夜间20—22时最多。另外凌晨4~6时羽化1次。成虫经15~20天后才交尾产卵，6月上旬成虫即开始产卵，6月下旬末到7月下旬为产卵盛期，9月后为末期。卵主要产在1~2年生直径0.2~0.6cm的枝上，1条枝条上卵穴一般为20~50穴，多者有150穴。每穴卵1~8粒，多为5~6粒。

【防治方法】

（1）**农业防治** ①结合冬季和夏季修剪，剪除被产卵而枯死的枝条，以消灭其中大量尚未孵化入土的卵粒，剪下的枝条集中销毁。②老熟若虫具有夜间上树羽化的习性，在树干基部包扎塑料薄膜或透明胶，可阻止老熟若虫上树羽化，滞留在树干周围的老熟若虫可人工捕捉。③在夜间进行人工捕杀，在6月中旬至7月上旬雌虫未产卵时，振动树冠，成虫受惊飞动，由于眼睛夜盲和受树冠遮挡，会振落到地面可人工捡拾捕杀。

（2）**化学防治** ①5月上旬，用50%辛硫磷乳油500~600倍液，浇淋树根周围，毒杀土中若虫。②成虫高峰期，对树冠进行喷雾，可用50%啶虫脒水分散粒剂12 000~13 000倍液，或22.4%螺虫乙酯悬浮剂3 000~4 000倍液，10%吡虫啉可湿性粉剂1 000~1 500倍液，或40%啶虫·毒死蜱乳油1 500~2 000倍液等药剂杀灭成虫。

四、木 槿

木槿（*Hibiscus syriacus*），锦葵科木槿属；落叶灌木。高 2~5m，小枝幼时密被黄色星状绒毛，后脱落。单叶互生，卵形或菱状卵形，长 3~6cm，基部楔形，3 裂或不裂，有钝齿，3 出脉，背面脉上稍有毛。花单生于叶腋；小苞片 6~8，线形，长 6~15mm，宽 1~2mm，密被星状疏绒毛；花萼钟形，密被星状短绒毛，裂片 5，三角形；花钟形，紫色、白色或红色，单瓣或重瓣，直径 6~10cm，花瓣倒卵形；雄蕊柱长约 3cm。蒴果卵圆形，直径约 12mm，密被黄色星状绒毛；种子肾形，背部被黄白色长柔毛。花期 6—9 月；果 9—11 月成熟。

1. 木槿白粉病

【寄主】 木槿、木芙蓉等。

【症状】 该病主要为害叶片，严重时可蔓延至茎、花蕾和蒴果上。最初叶片表面出现零星白色粉状小斑块，随着病害的发展，叶面逐渐布满白色粉层。初秋时节，在白粉层中开始形成黄色小圆点，最后，小圆点逐渐变为黑褐色，病叶后期枯黄，甚至扭曲。花蕾和蒴果感病后布满白色粉层及小黑点，最后枯萎、僵化。

【病原】 子囊菌门，木槿生单囊壳（*Sphaerotheca hibiscicola*）。

【发病规律】 病菌以闭囊壳在病株残体和种子内越冬。翌年病菌借风雨传播，开始侵染为害。幼苗出土后温度在 20℃ 以上即可受侵染。发病期为 5—10 月，8—9 月为发病盛期。气温高，湿度大，发病严重；植株栽植过密，通风不良或氮肥施用偏多，均有利于病害发生。

【防治方法】

（1）**农业防治** ①加强栽培管理，栽植不宜过密，植株间应充分通风透光。②苗床要施足钙、钾等底肥，移栽后要加强水肥管理，适时追肥，以促进生长，增强抗病力。③开花期结束后，及时拔除病株，清除病叶，集中烧毁减少翌年侵染来源。

（2）**化学防治** 参见紫薇白粉病防治方法。

2. 木槿炭疽病

【寄主】 木槿、洒金珊瑚、兰花、紫罗兰、米兰、扶桑、桃叶珊瑚、一品红、变叶木、茉莉、女贞、桂花、夹竹桃、金盏菊、七叶树、佛手、番木瓜等。

【症状】发病在叶片上，多从叶尖、叶缘发病，病斑圆形或不规则形，边缘黑褐色，内部稍凹，灰褐色或灰黑色，后期着生小黑点，病健交界明显。感病后影响植株生长，提前落叶。

【病原】无性态真菌，胶孢炭疽菌（*Colletotrichum gloeosporioides*）。

【发病规律】病原菌以菌丝体或分生孢子盘和分生孢子在为害部的残体上越冬。翌年春，天气变暖产生分生孢子，经风雨和昆虫传播。多从伤口或气孔侵入，一年中可多次重复侵染，春季温湿条件适宜时，分生孢子繁殖快，产生较多，但以7—9月发病严重。

【防治方法】
参见碧桃中桃炭疽病防治方法。

3. 糠片盾蚧

【学名】*Parlatoria pergandii*，半翅目盾蚧科。

【寄主】木槿、茉莉、柑橘、蔷薇、月季、朱顶红、山茶、梅花、樱花、桂花、紫薇、小叶黄杨、文竹、夹竹桃、苏铁、变叶木、无花果、柿、茶、卫矛等。

【为害状】成虫、若虫密集枝干叶隐蔽处，吸取汁液，分泌蜜露，诱发煤污病，引起植物长势衰退，生长缓慢，花蕾脱落，叶片变黄，嫩枝干枯，严重时整株叶片落光。

【形态特征】

成虫　雌虫介壳长圆形，长1.5~2mm。灰白色或灰褐黄色，中部稍隆起，周围边缘略斜，色较淡，壳点圆形，位于端部，暗黄褐色。体外形及颜色和糠片相似，因而得名。雌虫体略呈圆形，体长约0.8mm，紫色；口吻基部淡黄。雄虫介壳细长，长约1.28mm，灰白色，前端着生淡黄色壳点，虫体紫色，雄成虫羽化后，淡色。翅1对，足3对。腹末有针状的交尾器。

卵　椭圆形，长约0.3mm，淡紫色。

若虫　初孵若虫体长约0.2mm，体紫色，眼黑褐色，触角和足均短，体呈椭圆形，固定后足和触角短缩。

雄蛹　略呈长方形，体长约0.55mm，紫色。

【发生规律】1年发生2~3代，世代重叠，以受精雌成虫或卵越冬，越冬雌蚧翌年3月中下旬至5月下旬产卵。雌成虫寿命120天以上，雄成虫仅1~2天。雌成虫能孤雌生殖，产卵期可持续90天以上，每雌平均产卵38~60粒。若虫孵化后，爬行寻找适宜部位固定取食，分泌白色棉毛状蜡质物覆盖虫体。糠片盾蚧喜群聚于寄主隐蔽或光线不足的枝叶，小枝栖息为害。叶正面虫口数多于叶背2~3倍。

【防治方法】
参见碧桃中朝鲜球坚蚧防治方法。

4. 棉蚜

【学名】*Aphis gossypii*，半翅目蚜科。

【寄主】木槿、金鱼草、一串红、菊花、牡丹、兰花、仙客来、鸡冠花、扶桑、石榴等。

【为害状】以成虫和若虫群集在植株的嫩茎、花蕾和叶背上吸食汁液，使叶片褪色、皱缩、畸形，花蕾不能开放，并诱发煤污病。

【形态特征】

成虫 无翅胎雌蚜，体长 1.4~1.8mm，夏季黄绿色，春秋季棕色至黑色；体外被蜡粉；复眼黑色；尾片圆锥形，近中部收缩。有翅胎生雌蚜，体长 1.1~1.9mm，夏季体黄色或绿色，秋季蓝黑色；前胸背板黑色，腹部两侧具 3~4 对黑色斑纹；腹管黑色圆筒形。

卵 椭圆形，初孵化时橙黄色，后转成漆黑色，具光泽。

若虫 无翅若蚜体背蜡粉，体两侧有短小的褐色翅芽。

【发生规律】1 年发生 20 余代，以卵在木槿、石榴等枝条的腋芽越冬。翌年春卵孵化成干母，先在越冬寄主上为害，进行孤雌生殖，经 3~4 代后产生有翅胎生雌蚜，飞到夏季寄主上为害，并继续孤雌生殖。晚秋产生有翅迁移蚜，从夏寄主迁至冬寄主上，产生有性雌蚜和雄蚜，交尾产卵后以卵越冬。

【防治方法】

（1）**农业防治** 采用黄色粘胶板诱杀有翅蚜。

（2）**化学防治** 发生期可喷施 3% 啶虫脒可湿性粉剂 2 500~3 000 倍液，或 10% 吡虫啉可湿性粉剂 1 000~1 500 倍液。在蚜虫高峰期前选择晴天均匀喷施。

（3）**生物防治** 保护和利用天敌大草蛉、食蚜蝇、捕食性瓢虫类等。

5. 朱砂叶螨

【学名】*Tetranychus cinnabarinus*，真螨目叶螨科。

【寄主】木槿、桂花、一串红、香石竹、樱花、白玉兰、月季、木芙蓉、鸡冠花、蜀葵、茉莉、文竹等。

【为害状】主要以成螨和幼螨在寄主叶背吸取汁液，使叶面产生白色点状。盛发期在茎、叶上形成一层薄丝网，使植株生长不良，严重时导致整株死亡。

【形态特征】

成螨 体色变化较大，一般呈红色，也有褐绿色；足 4 对。雌螨体长 0.38~0.50mm，卵圆形。体背两侧有块状或条形深褐色斑纹。斑纹从头胸部开始，一直延伸到腹末后端；有时斑纹分隔成 2 块，其中前一块大些。雄螨略呈菱形，稍小，体长 0.3~0.4mm。腹部瘦小，末端较尖。成螨春、夏季体色多为淡黄色至黄绿色，秋季、冬季多为锈红色。

卵 为圆形，直径约0.13mm。初产时无色透明，后渐变为橙红色。

幼螨 初孵幼螨体呈近圆形，淡红色，长0.1~0.2mm，初孵化时较透明，足3对。

若螨 幼螨蜕1次皮后为第1若螨，比幼螨稍大，略呈椭圆形，体色较深，体侧开始出现较深的斑块。足4对，此后雄若螨即老熟，蜕皮变为雄成螨。雌性第1若螨蜕皮后成第2若螨，体比第1若螨大，再次蜕皮才为雌成螨。

【发生规律】该螨发生代数从北向南10~20代。受精雌成螨在土块缝隙、树皮裂缝及枯枝落叶等处越冬。越冬螨少数散居。翌年春季，气温10℃以上时开始活动，温室内无越冬现象，喜高温。雌成螨寿命约30天，越冬期为5~7个月。该螨世代重叠，在高温干燥季节易暴发成灾。主要靠爬行和风进行传播。当虫口密度较大时螨成群集，吐丝下垂，借风吹扩散。主要是两性生殖，也能孤雌生殖。

【防治方法】

（1）**农业防治** 清除病虫害枝叶、集中烧毁，冬季深翻土地，减少虫源。

（2）**化学防治** 虫口数量大时，可使用10%苯丁·哒螨灵乳油1 000~1 500倍液，或73%炔螨特乳油2 000~3 000倍液喷雾防治，或22%阿维·螺螨酯悬浮剂3 500~4 000倍液喷雾防治。上述药物交替使用，延缓抗性的产生。

（3）**生物防治** 保护和利用天敌小黑瓢虫、小花蝽、六点蓟马、中华草蛉、拟长毛钝绥螨、智利小植绥螨等。

6. 棉大卷叶螟

【学名】*Haritalodes derogata*，鳞翅目草螟科。

【寄主】木槿、大丽花、悬铃木、吊灯花、木芙蓉、蜀葵、木棉、梧桐、海棠、栀子花、杨、女贞等多种植物。

【为害状】1~2龄幼虫群集叶背，取食下表皮及叶肉，4龄起分散为害吐丝卷叶。虫粪排于卷叶内。幼虫有转移为害习性，一片叶未吃光，又转迁其他叶片上取食，并为害花蕾，影响观赏价值。

【形态特征】

成虫 体长10~14mm，体黄白色，闪光，翅展22~30mm。胸背后有12个棕黑色小点排列4排。雌蛾在第8节的后缘有黑色横纹，前后翅的外缘线、亚外缘线、外横线、内横线均为褐色波状纹，前翅中央接近前缘处有似"OR"形的褐色斑纹，为其明显特征。雄蛾尾端基部有1黑色横纹。

卵 椭圆形，扁平，长约0.12mm，初产时乳白色，渐变为淡绿色。

幼虫 全体青绿色，老熟时变为桃红色，体长约25mm。

蛹 红棕色，呈竹笋状，体长13~14mm。腹部第9节到尾端有刺状突起。

【发生规律】1年发生3~6代，世代因地区而不同，以老熟幼虫在地面枯叶或树皮层裂缝中越冬。6—7月为害盛期，为害期可延迟到10月下旬。有时末代幼虫未老熟，会因霜冻致死。成虫趋光性较强，羽化、交配、产卵都在夜间。卵散产叶背，偶有数粒产在一起，产于主脉基部或边缘较多。幼虫在晚上孵化，1、2龄幼虫聚集叶背取食叶下表皮和叶肉，4龄分散为害，吐丝卷叶，老熟幼虫在卷叶内化蛹。

【防治方法】

(1) **农业防治** ①清除枯枝落叶，消灭越冬幼虫。人工摘除卷叶虫苞，杀死幼虫和蛹。②在成虫期可用黑光灯诱杀成虫。

(2) **化学防治** ①利用初龄幼虫群集取食的特点进行药剂防治，可在幼虫为害期喷施3%甲氨基阿维菌素苯甲酸盐水乳剂3 000~4 000倍液，或1.8%阿维菌素乳油1 500~2 000倍液，10~15天喷施1次，连续2~3次，也可用10%吡虫啉1 000~1 500倍液等内吸药剂喷雾防治，毒杀幼虫。

(3) **生物防治** 保护和利用天敌螟蛉绒茧蜂、小花蝽、草蛉、蜘蛛、螳螂等。

7. 犁纹丽夜蛾

【学名】 *Acontia transversa*，鳞翅目夜蛾科。

【寄主】 木槿、木芙蓉、木棉、苍术等多种植物。

【为害状】 成虫白天静伏于树叶荫蔽处，夜间活动、取食、交尾、产卵等。主要以幼虫嚼食叶片成缺刻，为害严重时将叶吃光，仅剩主脉或叶柄，影响生长和观赏。

【形态特征】

成虫 体长15~16mm，翅展36~40mm。前翅黄色，带有微小疏散黑点，基线只在中部微现，淡褐色，亚基线单线，褐色，从前缘向外缘直斜；外横线深褐色较粗，几乎与亚基线平行。后翅橘黄色，缘毛灰褐色或灰黄色。

幼虫 老熟幼虫体长41~45mm，前胸2对腹足退化。体色变化大，分黑纹型与红纹型。黑纹型幼虫，头部绿色，布满隆起颗粒，并有不规则的黑褐色斑纹；头顶黑褐斑最大，体绿色，腹部1~9节的毛突较大，黑色，形成腹部截面的4个黑斑，前胸长板上为4个黑色横斑，中后胸为2个横斑，气门线与背线黄色，亚背线与气门上线绿色，各节亚背线上有1个大黄点，前胸盾板黄色，臀板橘黄色。

【发生规律】 1年发生3~4代，以蛹在表土层或落叶下越冬。翌年4月中下旬至5月下旬羽化，第1代幼虫于5月上旬始孵，第2代6月下旬始孵，第3代8月中旬始孵，第4代于10月至11月孵出。部分幼虫于9月下旬后入土越冬。也有部分第4代于11月中旬孵出，于10月下旬至11月下旬老熟幼虫入土越冬，全年以第1代为害最严重。老熟幼虫在土表层或落叶下入土化蛹。

【防治方法】

(1) **农业防治** ①在成虫发生期，利用黑光灯诱杀成虫。②冬季清除枯枝落叶和地面杂草，翻锄树干周围土层，挖掘越冬蛹。

(2) **化学防治** ①在树干周围地面用3%辛硫磷颗粒剂8~10g/m²；拌细土20~30kg，均匀撒于地面，可杀死在土中越冬的蛹。②在成虫羽化前对地面（树干周围土面）喷施50%辛硫磷乳油1 000倍液。③幼虫3龄前可用25%灭幼脲悬浮剂2 000~2 500倍液，也可用20%氰戊菊酯乳油800~1 000倍液，或90%晶体敌百虫800~1 000倍液等药剂进行防治。

8. 咖啡木蠹蛾

【学名】*Zeuzera coffeae*，属鳞翅目木蠹蛾科。

【寄主】木槿、石榴、广玉兰、白兰、山茶、杜鹃、菊花、贴梗海棠、重阳木、冬青、核桃、桃、樱桃、樱花、悬铃木、枫杨、红枫、刺槐、乌桕、柑橘、荔枝、龙眼、咖啡等多种植物。

【为害状】幼虫为害树干和枝条，以幼虫钻蛀茎枝内取食为害，致被害处以上部位枝叶黄化枯萎，严重影响植株生长。或易受大风折断，甚至全株枯死。

【形态特征】

成虫 体灰白色，长15~18mm，翅展25~55mm。雄蛾端部线形。胸背面有3对青蓝色斑。腹部白色，有黑色横纹。前翅白色，半透明，布满大小不等的青蓝色斑点；后翅外缘有青蓝色斑点；后翅外缘有青蓝色斑8个。雌蛾一般大于雄蛾，触角丝状。

卵 为圆形，淡黄色。

幼虫 老龄幼虫体长50~60mm，头部黑褐色，体紫红色或深红色，尾部淡黄色。各节有很多粒状小突起，上有白毛1根。

蛹 长椭圆形，红褐色，长14~27mm，背面有锯齿状横带；尾端具短刺12根。

【发生规律】1年发生1~2代，以幼虫在被害部越冬。翌年春季在虫道中以虫粪做粗茧，5月上旬开始化蛹，蛹期16~30天，5月下旬羽化，成虫寿命3~6天。羽化后1~2天内交尾产卵。一般将卵产于孔口，数粒成块。卵期10~11天。5月下旬孵化，孵化后吐丝下垂，随风扩散，7月上旬至8月上旬是幼虫为害期。幼虫蛀入茎内向茎外打通蛹道，外面可见排粪孔。有转别株为害习性。幼虫历期1个多月。10月上旬幼虫化蛹越冬。

【防治方法】

（1）**农业防治** 及时清理虫枝，剪下受害枝条烧毁。

（2）**化学防治** ①6月上中旬幼虫孵化期，喷施2.5%高效氯氟氰菊酯乳油1 200~1 500倍液，或45%丙溴·辛硫磷乳油1 000~1 500倍液，可轮换用药，以延缓抗性的产生。②药剂注射虫孔，毒杀干内幼虫。对已蛀入干内的中、老龄幼虫，用针管灌药注射虫孔。药剂使用10%吡虫啉可湿性粉剂20~30倍液，或80%敌敌畏乳油50倍液。

（3）**生物防治** 保护和利用天敌啄木鸟。

五、夹竹桃

夹竹桃（Nerium indicum），夹竹桃科夹竹桃属；常绿直立大灌木。高可达5m，枝条灰绿色，嫩枝条具棱，被微毛，老时毛脱落。叶3~4枚轮生，叶面深绿，叶背浅绿色，中脉在叶面陷入，叶柄扁平，聚伞花序顶生，花冠深红色或粉红色，花冠为单瓣呈5裂时，其花冠为漏斗状，种子长圆形，花期几乎全年，夏秋季为最盛；果期一般在冬春季，栽培很少结果。

1. 夹竹桃褐斑病

【寄主】夹竹桃。

【症状】主要为害叶片，初在叶尖或叶缘出现紫红色小点，扩展后形成圆形、半圆形至不规则形褐色病斑。病斑上具轮纹。后期中央退为白色，边缘红褐色较宽。

【病原】无性态真菌，鸥夹竹桃尾孢（Cercospora neriella）。

【发病规律】病菌以菌丝体在病叶上或随落叶留在土表越冬。翌春产生分生孢子，通过风雨传播到夹竹桃上，萌发的孢子从气孔或伤口侵入，引起发病。3—7月发病严重，苗木生长过密或细弱发病重。

【防治方法】

（1）**农业防治** 秋末冬初，剪除病枝，清扫落叶，集中销毁，减少侵染源。

（2）**化学防治** ①发病前，喷施1:2:200倍量式波尔多液，或0.3~0.5°Bé石硫合剂。②发病期，喷施80%代森锌可湿性粉剂600~800倍液，或50%多菌灵可湿性粉剂500~600倍液，或70%甲基硫菌灵可湿性粉剂1 000~1 200倍液，或80%多·锰锌可湿性粉剂700~800倍液，或30%苯甲·嘧菌酯2 000~3 000倍液进行交替喷施。每隔10~15天均匀喷施1次，连喷3~4次。

2. 夹竹桃炭疽病

【寄主】夹竹桃、扶桑、兰花、紫罗兰、桃叶珊瑚、一品红、变叶木、茉莉、女贞、桂花、夜合花、金钱花、七叶树、佛手、番木瓜等多种植物。

【症状】病害发生于叶片上。病斑近圆形或不规则，直径2~5mm，常发生于叶的边缘，初为深褐色斑点，扩大后边缘宽，深红色，中央灰白色，上散生黑色小点，即病菌的分生孢子盘。

【病原】无性态真菌，胶孢炭疽菌（*Colletotrichum gloeosporioides*）。

【发病规律】病菌在病残体上越冬。翌年春季温度适宜时，即产生分生孢子，借风雨传播，多从伤口和气孔侵入。梅雨季节发病严重。

【防治方法】

参见碧桃中桃炭疽病防治方法。

3. 夹竹桃蚜

【学名】*Aphis nerii*，半翅目蚜科。

【寄主】夹竹桃。

【为害状】以成蚜、若蚜群集于嫩叶、嫩梢上吸食汁液，常盖满10~15cm长的嫩梢，致使叶片卷缩，生长不良，严重时影响新梢生长，造成叶片僵化及茎、叶枯死、花变小或开花不正常。分泌的蜜露常黏盖叶面，尤以幼叶受害为重。同时诱发煤污病的发生，严重阻碍了植株的正常发育。

【形态特征】

无翅孤雌蚜 体长约2.3mm，宽约1.2mm，卵圆形，体黄色，第8腹节有明显斑纹。体表有明显网纹。中额瘤隆起，顶端平；触角有瓦纹，为体长的2/3。腹管长筒形，尾片呈舌状，中部收缢，上有长曲毛11~14根。

有翅孤雌蚜 体长约2.1mm，宽约1.0mm，长卵形；头、胸黑色；触角为体长的3/4。腹部第2~4节有小缘瘤，腹管长圆筒形。

【发生规律】1年发生20余代，常以成蚜、若蚜在顶梢、嫩叶及芽腋缝隙处越冬。翌年4月上中旬开始缓慢活动，并在原处繁殖扩大为害。全年均可见到此虫为害，以5—6月间蚜虫发生数量最大，为繁殖盛期。在同一植株上同时见到无翅孤雌成蚜、若蚜和有翅孤雌蚜，每头雌蚜平均能产若蚜25~30头，当气温高时，蚜虫多密集生活在蔽荫处，在11月中下旬可见到越冬的无翅成蚜、若蚜。该蚜在1年内有2次为害高峰期，7—8月因温度过高和各种天敌的制约，虫口密度低，为害也减轻。在气温20℃时，完成1代需7~8天。成蚜寿命15~21天。

【防治方法】

（1）**农业防治** 采用黄色胶板诱杀有翅蚜。

（2）**化学防治** 发生期可喷施50%啶虫脒水分散粒剂12 000~15 000倍液，或10%吡虫林可湿性粉剂1 000~1 500倍液，虫口密度大时，可喷施80%烯啶·吡蚜酮水分散粒剂2 500~3 000倍液，或22%噻虫·高氯氟悬浮剂3 500~4 000倍液等。在蚜虫高峰期前选择晴天喷施均匀。还可使用22.4%螺虫乙酯悬浮剂1 500~2 000倍液灌根，持效时间较长。

（3）**生物防治** 保护和利用天敌异色瓢虫、横斑瓢虫、大草蛉、丽草蛉、大灰食蚜蝇、黑带食蚜蝇等。在天敌发生数量较多时，应尽量避免使用农药。

4. 绿粉白腰天蛾

【学名】*Daphnis nerii*，鳞翅目天蛾科。

【寄主】夹竹桃、长春花、花叶蔓长青等多种植物。

【为害状】幼虫取食新梢叶片及嫩茎。初孵幼虫取食叶背表皮及少量叶肉，2龄开始取食叶缘，咬成小缺刻，随虫龄的增加，从叶尖开始向基部取食，可将整叶吃光，对小苗和成年树均造成为害。

【形态特征】

成虫 翅展80~90mm，体色底色灰绿或橄榄绿，前胸背板有1枚"八"字形的灰白色斑纹，前翅中央有1条淡黄褐色的横带，与腹背的黄白色横斑于停栖时条纹相连，近翅端有1条斜向的浅色横带，近臀部有1枚灰褐色的暗斑，斑纹达后缘。

卵 圆形，直径约1.5mm。

幼虫 初龄体色绿色，腹端有1根黑色细长的尾突，老熟幼虫尾角短而下弯，尾突橙色，胸背板上有1对框黑边的蓝白色拟眼大斑，各龄期体色多变，体肥大，体侧有1条白色宽纵纹，边缘具稀疏的白色斑点，化蛹前体色呈黑褐色。

【发生规律】1年发生2~3代，第1代成虫6月中旬末出现，第2代卵期6月底至7月，幼虫期7月上旬至8月上旬，蛹期8月上中旬，第2代成虫8月下旬出现，越冬代卵期8月中下旬，8月下旬至9月下旬为越冬代幼虫发生期，9月中下旬进入越冬蛹期。成虫夜间活动，卵产于叶背、叶柄或枝梢处，单粒散产，幼虫孵化后先食掉卵壳，随后再取食叶背表皮及少量叶肉，2龄开始取食叶缘，咬成小缺刻，随虫龄的增加，从叶尖开始向基部取食，直至将整叶吃光，幼虫蜕皮前有停止取食的习性。幼虫化蛹前下地爬行寻找合适场所，在浅表土层化蛹，蛹受到触碰，会向两侧强烈扭动。

【防治方法】

（1）**农业防治** ①成虫盛发期，利用成虫的趋光性，设置黑光灯诱杀成虫。②利用幼虫受惊后易掉落的习性，人工振落而捕捉。

（2）**化学防治** 可使用25%灭幼脲悬浮剂1 500~2 000倍液，或45%丙溴·辛硫磷乳油1 000~1 500倍液，或20%氰戊菊酯乳油2 000~3 000倍液，喷雾防治。

（3）**生物防治** ①保护和利用天敌小茧蜂、茧蜂、绒茧蜂、黑卵蜂、胡蜂以及鸟类。②在幼虫发生期，用20亿PIB/mL的甘蓝夜蛾核型多角体病毒悬浮剂750~1 000倍液喷雾，该菌剂与敌百虫混用有增效作用。

5. 黑褐圆盾蚧

【学名】*Chrysomphalus aonidum*，半翅目盾蚧科。

【寄主】夹竹桃、山茶、剑兰、玫瑰、桂花等。

【为害状】以若虫、雌成虫为害叶部为主，尤其是叶正面为多，枝条上少；为害严重时，早期落叶，叶片黄萎，并能诱发煤污病。

【形态特征】

成虫 雌虫体黄褐色，圆形，略突；老熟时前体膜质或有时仅稍硬化，倒卵形，在胸部两侧各有一个刺状突起；雌虫介壳色泽似有变化，但趋于极暗色或黑色，圆形，蜡质坚厚，中央隆起，周围向边缘略倾斜，壳面环纹密，而且显著，略似锥形草帽，附有灰褐色边缘，壳点 2 个，位于介壳中央顶端，第 1、第 2 壳点均是圆形，色较淡。雄虫体黄色，长约 0.8mm，翅展 2mm 左右，透明。雄虫介壳色泽与质地同雌虫介壳，椭圆或卵形，壳点偏于一端，长约 1mm。

卵 浅橙黄色，椭圆形，长约 0.2mm，产于介壳下，母体后方。

若虫 初龄若虫体长 0.24~0.26mm，长椭圆形，浅黄色；有足和触角，腹部末端有 1 对长尾毛。经过第 1 次蜕皮后，除口针外，触角、足和尾毛均消失；2 龄以后，雌若虫介壳圆形，雄若虫介壳椭圆形，壳点远离中心。

蛹 褐黄色，椭圆形，长约 0.8mm。

【发生规律】1 年发生 3~5 代，多数以 2 龄若虫越冬。雌若虫蜕皮 2 次，共 3 龄；雄虫蜕皮 3 次；卵产在雌成虫的介壳下；成虫产卵期长，可达 14~60 天，每头雌虫可产卵 80~150 粒。若虫孵化后，分散活动，如找到合适场地，即固定取食为害。在没有食料而较高温度下，可存活 3~17 天。雌性若虫多寄生在叶背；雄性若虫多寄生于叶面为害。

【防治方法】

（1）**农业防治** 结合修剪，剪去虫枝、虫叶，集中处理。

（2）**化学防治** 在若虫孵化期，可喷施 22.4% 螺虫乙酯悬浮剂 1 000~1 500 倍液，或 40% 啶虫·毒死蜱乳油 1 000~2 000 倍液，喷雾防治。

（3）**生物防治** 保护和利用天敌瓢虫、大草蛉、寄生蜂等。

6. 铜绿丽金龟

【学名】*Anomala corpulenta*，属鞘翅目丽金龟科。

【寄主】夹竹桃、杨、柳、榆、海棠、山楂、梅、桃、柏、松、月季、樱花、女贞、槭、枫、刺槐、蔷薇、杏、喜树、梓树、香椿、日本晚樱、香樟、茶花、樱桃、栎、桉、吊钟花、扶桑、椰榆、梨、苹果等。

【为害状】幼虫为害植物根系，可将根部咬断，使寄主植物叶片萎黄甚至整株枯死；成虫群集为害取食植物叶片，常造成大片幼龄植株叶片残缺不全，甚至全株叶片被食尽，仅留叶柄。

【形态特征】

成虫 体长 17~21mm，宽 8~11.3mm；体背铜绿色有金属光泽，复眼黑色；唇基褐绿色且前缘上卷；前胸背板及鞘翅侧缘黄褐色或褐色；鞘翅黄铜绿色且纵隆脊略见，合缝隆明显；雄虫腹面棕黄色，密生细毛，雌虫腹面乳白色且末节横带棕黄色；臀板黑斑近三角形；触角 9 节；鳃浅黄褐色，叶状；足黄褐色，胫、跗节深褐色，前足胫节外侧 2 齿、内侧 1 棘刺。初羽化成虫前翅淡白色，后逐渐变化。

卵 长1.65~1.94mm，白色，初产时长椭圆形，后逐渐膨大近球形，卵壳光滑。

幼虫 老熟幼虫体长30~33mm，头部近圆形黄褐色，蜷曲呈"C"形。前顶刚毛每侧6~8根，排1纵列。腹片后部腹毛区正中有2列黄褐色长的刺毛，每列12~18根，2列刺毛尖端大部分相遇和交叉。在刺毛列外边有深黄色钩状刚毛；腹部末端两节自背面褐色且带有微蓝色；臀腹面具刺毛列，多由13~14根长锥刺组成，肛门孔横裂状。

蛹 长约18mm，略呈扁椭圆形，黄色，裸蛹。初为浅白色，渐变为淡褐色，羽化前为黄褐色。

【**发生规律**】1年发生1代，以3龄或2龄幼虫在土中越冬。翌年4月越冬幼虫开始活动为害，5月下旬至6月上旬化蛹，6—7月为成虫活动期，直到9月上旬停止；成虫趋光性及假死性，昼伏夜出，白天隐伏于地被物或表土，出土后在寄主上交尾、产卵，寿命约30天。在气温25℃以上、相对湿度为70%~80%时为活动适宜度，为害较严重。将卵散产于根系附近5~6cm深的土壤中，卵期10天；7—8月为幼虫活动高峰期，10—11月幼虫入土越冬。

【**防治方法**】

(1) **农业防治** ①利用成虫的假死习性，早晚振落捕杀成虫。②黑光灯诱杀成虫。

(2) **化学防治** 在成虫发生期，可喷施50%杀螟硫磷乳油1 000~1 500倍液，或45%丙溴·辛硫磷乳油1 000~1 500倍液。也可在树盘内或表土层撒施5%辛硫磷颗粒剂，施后浅锄入土，可毒杀大量潜伏在土中的成虫。幼虫（蛴螬）为害期用5%辛硫磷颗粒剂撒到地面，再翻入幼虫活动的土层中，毒杀幼虫。

六、石　榴

石榴（*Punica granatum*），石榴科石榴属植物；落叶乔木或灌木。幼枝平滑，四棱形，顶端多为刺状有短枝。单叶，全缘，对生或近对生，或在侧生短枝上簇生；叶倒卵状长椭圆形或椭圆形，长 2~9cm，无毛。花两性，单生或簇生萼钟形，红色或黄白色，肉质，长 2~3cm，花瓣红色、白色或黄色，多皱；子房具叠生子室，上部 5~7 室为侧膜胎座，下部 3~7 室为中轴胎座。浆果近球形，直径 6~8cm 或更大，红色或深黄色。花期 5—6 月，果期 9—10 月。

1. 石榴干腐病

【寄主】石榴。

【症状】主要为害花、花梗、果实和枝干。花梗、花托染病出现褐色凹陷斑，重病花提早脱落。果实染病部位变灰黑色，松软，逐渐失水干缩，变为褐色僵果。

【病原】无性态真菌，石榴鲜壳菌（*Zythia versoniana*）。

【发病规律】一般发生在 5 月中旬到 8 月下旬，病菌以菌丝体在病僵果内越冬。翌年 4 月，温度逐渐升高，病僵果上形成分生孢子器和大量分生孢子，经风雨传播侵染寄主进行初侵染和多次再侵染，造成该病扩展蔓延。

【防治方法】

（1）**农业防治** ①及时清除死株或残桩、病果并集中销毁。②果实进行套袋，一般在 6 月下旬进行，套袋时扎紧袋口，防止其他虫害为害。

（2）**化学防治** ①在开花前后，各喷施 1 次 1∶1∶（150~200）波尔多液，保护花蕾和新梢，预防发病。②发病期，可喷施 50% 异菌脲可湿性粉剂 1 000~1 500 倍液，或 70% 甲基硫菌灵可湿性粉剂 800~1 000 倍液，或 80% 代森锌可湿性粉剂 600~800 倍液。

2. 石榴疮痂病

【寄主】石榴。

【症状】主要为害果实和花萼，病斑初呈水湿状，渐变为红褐色、紫褐色直至黑褐色，单个病斑圆形至椭圆形，直径 2~5mm，后期多斑融合成不规则疮痂状，粗糙，严重时龟裂，直径 10~30mm 或更大。湿度大时，病斑内产生淡红色粉状物，即病原菌的分生孢子盘和分生孢子。

【病原】无性态真菌，石榴痂圆孢（*Sphaceloma punicae*）。

【发病规律】病菌以菌丝体在病组织中越冬，春季气温高于 15℃，多雨湿度大，病部产生分生孢子，借风雨或昆虫传播，经几天潜育又形成新病斑，又产生分生孢子进行再侵染。气温高于 25℃ 病害趋于停滞，秋季阴雨连绵病害还会发生或流行。

【防治方法】

（1）**农业防治** 发现病果及时摘除，集中处理，减少初侵染源。

（2）**化学防治** ①花后及幼果期或病害初发生期（分别在 6 月中下旬和 7 月上旬），可用 1∶2∶200 倍量式波尔多液，或 50% 苯菌灵可湿性粉剂 1 000~1 500 倍液，或 50% 多菌灵可湿性粉剂 800~1 000 倍液，均匀喷施果面，连喷 2~3 次，间隔 10 天。②刮治病疤皮层，用小刀把病疤皮层全部刮下，并向四周刮出新的皮层，刮完后涂 50% 多菌灵可湿性粉剂 10 倍液消毒，以利形成愈伤组织。如保留病疤皮层，用小刀在病疤处纵划病斑 2~3 道，划时上、下要直，深达木质部，四周要刮到新的皮层部，然后涂抹 50% 多菌灵可湿性粉剂 10 倍液消毒。

3. 石榴角斑病

【寄主】石榴。

【症状】病害主要发生在叶片上。病斑圆形至多角形，病斑直径约 0.5mm，深红褐色至黑褐色或灰褐色，而边缘呈黑褐色线状，表面着生细微的黑色霉点；发病严重时引起落叶。

【病原】无性态真菌，石榴假尾孢（*Cercospora punicae*）。

【发病规律】病菌以子座或菌丝在病落叶上越冬。翌年春暖产生大量分生孢子，借风雨传播。在梅雨季节或秋季多雨时，发病较重，常引起大量落叶。

【防治方法】

（1）**农业防治** ①及时清除病叶，集中烧毁，减少翌年侵染源。②注意排湿和通风透光，增施磷钾肥和有机肥，提高植株抗病抗逆的能力。

（2）**化学防治** 发病期间喷施 20% 多菌灵硫黄胶悬剂 500 倍液喷雾，或 45% 咪鲜胺乳油 800~1 000 倍液，或 50% 多菌灵可湿性粉剂 500~600 倍液，控制病害发生和蔓延。

4. 桃蚜

【学名】*Myzus persicae*，半翅目蚜科。

【寄主】石榴、海桐、桃、梅、李、杏、樱花、海棠、月季、枸杞、柑橘、蜀葵、夹竹桃、兰花、香石竹、仙客来、郁金香、芍药、大丽花、牡丹、金鱼草、金盏菊、松叶菊、牵牛花等。

【为害状】成蚜、若蚜群集嫩梢和嫩叶上吮吸汁液，被害叶苍白卷缩，导致脱落，影响花芽分化，削弱树势，其排泄物诱发煤污病，降低观赏价值。

【形态特征】

无翅孤雌蚜 体长约2.2mm，体色有绿色、黄色、褐赤色；复眼红色；额瘤显著；触角6节，以第3、6节为长；腹管圆筒形，各节有瓦纹，端部有突；尾片圆锥形，有曲毛6~7根，尾片与腹管等长。

有翅孤雌蚜 体长同无翅蚜；头、胸黑色；复眼红色；额瘤显著；触角6节，第3节有小圆形次生感觉圈，9~17个排列成行；腹部淡绿色，腹管细长，圆柱形；尾片黑色，较腹管短。

卵 椭圆形，初为绿色，后变黑色。

若蚜 体较小，近似无翅胎生雌蚜，淡绿色或淡红色。

【发生规律】1年发生10~20代，以卵在桃、樱花等冬寄主的叶芽和花芽基部越冬。翌年萌芽时，卵开始孵化，各地越冬卵孵化时间不一致。2月上旬至3月中下旬从南至北开始孵化。越冬卵孵化为干母，先群集在芽上为害，花和叶开放后，又转害花和叶片，并不断进行孤雌生殖。4—5月产生有翅蚜迁飞到蜀葵及十字花科植物上为害，10—11月又产生有翅蚜迁返到桃、樱花等蔷薇科寄主上产卵越冬。桃蚜发生与温湿度有关系，冬季温暖、早春雨水均匀的年份易发生，高温和高湿不利发育，气温在24℃发育快，高于28℃对其有影响，5天内平均温度高于30℃以上或低于6℃以下，相对湿度为40%以下，对其繁殖不利，数量明显下降。

【防治方法】

参见碧桃中桃瘤蚜的防治方法。

5. 绿盲蝽

【学名】*Apolygus lucorum*，半翅目盲蝽科。

【寄主】石榴、木槿、月季、一串红、扶桑、大丽花、紫薇、海棠、苹果、桃、杞柳、翠菊、山茶等多种植物。

【为害状】成虫、若虫白天隐蔽在枝叶处，傍晚后喜群集于花叶嫩头、幼蕾等处刺吸取食汁液，被害的嫩叶出现黑斑孔洞，导致停止生长，不再发叶。原有叶片扭曲皱缩呈球形，成为严重病态，最后致使枝叶丛生叶片破碎，花蕾大量脱落，影响结果和观赏。

【形态特征】

成虫 体长5~5.5mm，黄绿至浅绿色，头三角形，黄褐色。复眼黑褐色，无单眼。触角4节，比身体短，第2节约等于3、4两节的长度。前胸背板绿色，上有微弱的小刻点，前缘有脊棱。足绿色；腿节膨大，胫节刺黑褐色，跗节3节，端部黑色。

卵 长约1mm，长口袋形，卵盖乳黄色，中央凹陷两端突起。

若虫 体长3mm左右，鲜绿色，复眼颜色各龄不一，由红色至黄褐至银灰色，3龄出现翅芽，5龄老熟若虫全体密布黑色细毛；触角淡黄色，端部暗灰色；喙4节，尖端黑色，长达后足后缘，翅芽尖端黑色，长达腹部第4节。足较短，浅黄色，有微刺。

【发生规律】 由北向南，1年发生3~7代，以卵在石榴、木槿等植物的枝干表皮伤口组织内越冬。翌年春季当平均气温达15℃以上时开始孵化，4月中旬为若虫盛孵期，5月上中旬羽化成虫。第2~5代分别在6月上旬、7月中旬、8月中旬和9月中旬出现。从10月中下旬后开始产卵。越冬成虫寿命最长达50多天。产卵期能持续30~40天。常出现世代重叠现象。成虫活跃善飞，有趋光性。成虫羽化后6~7天开始产卵，卵散产于嫩叶主脉、叶柄及嫩茎组织内，有伤处较多，一般每处产2~3粒。成虫、若虫均不耐高温干燥，喜多雨潮湿环境下生活，发生数量多，为害重。

【防治方法】

（1）**农业防治** ①清除枯枝落叶、杂草等，消灭越冬虫卵。②成虫有趋光性，利用黑光灯诱杀。③成虫对蓝色、青色、绿色粘虫板有强烈趋性，可利用诱虫板诱杀。

（2）**化学防治** ①发生期，抓住初孵若虫群集未分散之前，可喷施80%烯啶·吡蚜酮水分散粒剂2 500~3 000倍液，或20%吡虫啉乳油2 000~3 000倍液，或22%噻虫·高氯氟悬浮剂4 000~5 000倍液，或50%啶虫脒水分散粒剂12 000~15 000倍液等。上述药剂交替使用，以免产生药害或产生抗药性。②根灌22.4%螺虫乙酯悬浮剂1 500~2 000倍液。

（3）**生物防治** 保护和利用天敌沟卵蜂等。

6. 乌桕大蚕蛾

【学名】 Attacus atlas，鳞翅目大蚕蛾科。

【寄主】 石榴、乌桕、樟树、柳、枫、合欢、桦木、泡桐、油茶、茶、苹果等多种植物。

【为害状】 幼虫取食叶片；低龄幼虫取食叶肉，仅留表皮，老龄时将叶片吃成孔洞或缺刻，有时仅留叶柄，严重影响树势。

【形态特征】

成虫 体长30~40mm，翅展180~210mm。前翅顶角显著突出，体、翅赤褐色，前后翅的内线和外线白色；内线的内侧和外线的外侧有紫红色镶边及棕褐色线，中间夹杂有粉红色及白色鳞毛；中室端部有较大的三角形透明斑；外缘黄褐色并有较细的黑色波状线；顶角粉红色，近前缘有1块半月形黑斑，下方土黄色并间有紫红色纵条，黑斑与紫条间有锯齿状白色纹相连。后翅内侧棕黑色，外缘黄褐色并有黑色波纹端线，内侧有黄褐色斑，中间有赤褐色点。前后翅反面斑纹与正面相同，色偏枯黄，鳞毛较长。

【发生规律】 1年发生2代，以蛹在附着于寄主上的茧中越冬。成虫在4—5月和7—8月间出现，产卵于主干、枝条或叶片上，有时成堆，排列规则。

【防治方法】

（1）**农业防治** ①秋冬季摘虫茧，幼虫群集为害期人工捕杀。②根据被害状和落于地面的虫粪寻找并捕杀幼虫。③根据成虫趋光性，利用黑光灯诱杀。

（2）**化学防治**　应在 3 龄幼虫以前进行防治，幼虫发生期，及时喷施 45%丙溴·辛硫磷乳油 1 000~1 500 倍液，或 90%晶体敌百虫 1 000 倍液，或 20%氰戊菊酯乳油 2 000~3 000 倍液，喷雾防治。

（3）**生物防治**　保护和利用天敌紫姬蜂、寄生蝇等。

七、紫 荆

紫荆（*Cercis chinensis*），豆科紫荆属；落叶乔木或灌木植物。高约5m；叶近圆形，基部心形；花紫红或粉红色，2~10余朵成束，簇生于老枝和主干上，常先叶开放；荚果；花期3—4月，果期8—10月。

1. 紫荆角斑病

【寄主】紫荆。

【症状】主要发生在叶片上，病斑呈多角形，黄褐色至深红褐色，后期着生黑褐色小霉点。严重时叶片上布满病斑，常连接成片，导致叶片枯死脱落。

【病原】无性态真菌，紫荆集束尾孢霉（*Cercospora chionea*）。

【发病规律】病原菌在病叶及残体上越冬。翌年春温湿度适宜，病菌分生孢子经降雨和风传播，分生孢子萌发后，芽管从叶背气孔侵入，一般在7—9月大量发生此病。多从下部叶片先感病，逐渐向上蔓延扩展。植株生长不良，多雨季节发病重。

【防治方法】

参见石榴中石榴角斑病防治方法。

2. 紫荆叶枯病

【寄主】紫荆。

【症状】叶枯病主要为害叶片，常引起大半张叶片变红褐色而枯死，或整叶枯死。发病初期，病斑密集在叶片边缘，红褐色，圆形，合并后扩大成不规则大斑，可占叶面的1/3~1/2，甚至全叶皆枯。老的发病部位产生黑色小点，小点初期埋生于叶组织中，后期突出于表皮之上。

【病原】无性态真菌，紫荆叶点霉菌（*Phyllosticta cercidicola*）。

【发病规律】病菌在病落叶上越冬。病菌寄生力强，新叶展开后就可致病，5月底至6月初即可见到大量病斑。紫荆种植过密时，容易致病。

【防治方法】

（1）农业防治 ①秋季剪除病枝、病叶，集中销毁，以减少侵染来源。②保持紫荆的栽植密度适宜，对通风透光不佳的片植进行疏枝或修剪。

(2) 化学防治 ①冬春季喷施1∶2∶200倍量式波尔多液，或3~5°Bé石硫合剂。②发病期，喷施50%多菌灵可湿性粉剂500~600倍液，或70%甲基硫菌灵可湿性粉剂800~1 000倍液，或25%咪鲜胺乳油800~1 000倍液，喷雾防治2~3次，每次间隔10~15天。

3. 迹斑绿刺蛾

【学名】*Latoia pastoralis*，鳞翅目刺蛾科。

【寄主】紫荆、鸡爪槭、七叶树、樱花、香樟、重阳木等观赏树木。

【为害状】主要以幼虫啃食和蚕食树叶，影响生长和观赏。且幼虫、茧外均有毒毛，能刺激皮肤，红肿痒痛。

【形态特征】

成虫 体长15~19mm，翅展28~42mm；头翠绿色，复眼黑色，胸背翠绿色。前端有一撮棕褐色毛。前翅翠绿色，翅基浅褐色，外有深褐色晕；后翅浅褐色。

卵 扁椭圆形，黄绿色，长径1.5~1.7mm。

老熟幼虫 近圆筒形，长24~25.5mm；身体翠绿色，头红褐色，背线紫色，两侧带黑色边。自中胸至第9腹节每节背侧有短肢刺，上有绿色刺毛，腹部第1节肢刺发达，上生有黑色粗刺及红色刺毛。腹部第8、9节腹侧肢刺基部有黑色绒球状毛丛。腹部两侧有近方形线框6对。

蛹 卵圆形，长14~18.5mm，棕褐色。

茧 椭圆形，长18.5~20.5mm，深棕褐色，上有黑色毒毛。

【发生规律】1年发生2代，以老熟幼虫在茧中越冬。翌年4月化蛹，5—6月羽化，成虫有趋光性。交尾后产卵于叶背，卵期约7天。初孵幼虫啃食叶肉，成长后蚕食叶片，约经过30天老熟，后于树干缝隙结茧化蛹。

【防治方法】

(1) 农业防治 ①秋冬季剪除或敲碎树干上的虫茧，集中销毁，减少虫源。②初孵幼虫群集为害时，摘除虫叶，人工捕杀幼虫，捕杀时注意幼虫毒毛。③在成虫发生期，利用杀虫灯诱杀成虫。

(2) 化学防治 幼虫发生期，喷施1.3%苦参碱水剂1 000~2 000倍液，或90%晶体敌百虫1 000倍液，或20%氰戊菊酯乳油2 000~3 000倍液，或45%丙溴·辛硫磷乳油1 000~1 500倍液防治。

(3) 生物防治 保护和利用天敌刺蛾紫姬蜂、螳螂、蠋蝽等。

4. 无斑弧丽金龟

【学名】*Popillia mutans*，鞘翅目丽金龟科。

【寄主】紫荆、月季、紫薇、菊花、蜀葵、大丽花、葡萄、柿、鸢尾等多种植物。

【为害状】成虫群集为害植物的花及叶片，常造成大片花畸形或叶片残缺不全，甚至全树叶片被吃光。幼虫（蛴螬）则为害植物的根系，使寄主植物叶子萎蔫甚至整株死亡。

【形态特征】

成虫 体长11~14mm，宽6~8mm，体深蓝色带紫，有绿色闪光；背面中间宽，稍扁平，头尾较窄，臀板无毛斑；唇基梯形，触角9节，棒状部3节，前胸背板弧拱明显；小盾片短阔三角形，后侧具1对深横沟，足黑色粗壮，前足胫节外缘2齿。

卵 近球形，乳白色。

幼虫 体长24~26mm，弯曲呈"C"形，头黄褐色，体多皱褶，肛门孔呈横裂缝状。

蛹 裸蛹，乳黄色，后端橙黄色。

【发生规律】 1年发生1代，以幼虫在土中越冬。翌年4月幼虫开始活动，取食腐殖质或植物细根。5月开始化蛹，成虫于5—9月出现，白天活动；8月下旬成虫发生较多，成虫善于飞翔，在一处为害后，便飞往另处为害，成虫有假死性。其发生量虽不如小青花金龟多，但其为害期长，个别地区发生量大，有潜在危险。

【防治方法】

(1) **农业防治** ①该成虫具有假死性，可振落树下进行捕杀。②深翻土地杀灭幼虫。

(2) **化学防治** ①成虫羽化期，可喷施90%晶体敌百虫1 000倍液，或1.3%苦参碱水剂700~900倍液，或4.5%高效氯氰菊酯乳油1 500~2 000倍液等药剂防治成虫。②幼虫（蛴螬）期，撒施5%辛硫磷颗粒剂，撒至地面翻入幼虫活动的土层中。

(3) **生物防治** 保护和利用天敌益鸟、青蛙、步行虫等。

八、丁 香

丁香（*Syringa oblata*），木樨科丁香属；落叶灌木或小乔木。高可达6m；树冠扁球形，枝条粗壮。小枝近圆柱形或带四棱形，具皮孔。叶对生，单叶，稀复叶，全缘，稀分裂；具叶柄。花两性，聚伞花序排列成圆锥花序，顶生或侧生，与叶同时抽生或叶后抽生；具花梗或无花梗；花萼小，钟状，具4齿或为不规则齿裂，或近截形，宿存；花冠漏斗状、高脚碟状或近辐状，展开或近直立，花蕾呈镊合状排列；花柱丝状，短于雄蕊；果为蒴果，微扁。花期4—5月，果期9—10月。

1. 丁香黑斑病

【寄主】丁香。
【症状】发病初期，叶片上有褪绿斑，逐渐扩展形成圆形或近圆形病斑，直径3~10mm，褐色或暗褐色，有轮纹但不明显。病斑后期变为灰褐色，密生黑色霉点，这是病原菌的分生孢子及分生孢子梗。病斑相互连接使叶片大部分呈褐黄色枯死，并皱缩甚至发生碎裂。
【病原】无性态真菌，链格孢菌属（*Alternaria* sp.）。
【发病规律】病菌以菌丝体和分生孢子在病枝上或病残体上越冬。翌年春分生孢子经风和雨进行扩散。分生孢子梗散生，或数根密集发生，褐色；分生病菌孢子也呈褐色。淹水、植株长势弱或种植土中大量的氮肥，易导致丁香黑斑病的发生。病害严重时，8月树叶可全部掉光。
【防治方法】
（1）**农业防治** 秋末冬初，剪除病枝，清扫落叶，集中销毁，减少侵染源。
（2）**化学防治** 发病初期，喷施50%多·锰锌可湿性粉剂400~600倍液，或30%苯甲·嘧菌酯悬浮剂1 500~2 000倍液，或30%戊唑·醚菌酯悬浮剂1 000~1 200倍液，连喷2~3次，每次间隔10天。

2. 丁香斑枯病

【寄主】丁香。
【症状】发病期叶片两边散布近圆形、多边形或不规则形的病枯斑点，边缘颜色较深,中央的颜色较浅,在病害的后期病斑中央产生小黑点,即病菌分生孢子器。

【病原】无性态真菌,丁香壳针孢菌（*Septoria syringae*）。

【发病规律】病菌以分生孢子器在染病落叶上越冬。翌年春季温湿度适宜,分生孢子借风雨传播,从伤口或气孔侵入,感染叶片。空气温度高、湿度大易发病,种植密度过大、通风透气不良、植株生长势弱发病较重。

【防治方法】

（1）**农业防治** 减少侵染来源,清除病残体；进行适度的修剪,剪掉带病枯梢。

（2）**化学防治** 发病期喷施45%咪鲜胺乳油1 000~1 200倍液,或50%多菌灵可湿性粉剂500~600倍液,或50%多·锰锌可湿性粉剂400~600倍液。每隔10~15天喷施1次,连喷3~4次效果较好。

3. 霜天蛾

【学名】*Psilogramma menephron*,又名泡桐灰天蛾,鳞翅目天蛾科。

【寄主】丁香、女贞、茉莉、栀子花、梧桐、泡桐、悬铃木、樟树、柳、白蜡、桂花等植物。

【为害状】幼虫啃食叶表皮,咬成缺刻、孔洞,甚至将全叶吃光。地面和叶片可见大量虫粪,影响花木生长。

【形态特征】

成虫 体长45~65mm,翅展90~130mm。体翅暗灰色,混杂霜状白粉。胸部背板有棕黑似半圆形条纹,腹部背面中央及两侧各有1条灰黑色纵纹。前翅中部有2条棕黑色波状横线,中室下方有2条黑色纵纹。翅顶有1条黑色曲线。后翅棕黑色,前后翅外缘均由黑白相间的小方块斑连成。

卵 球形,初产时绿色,渐变黄色。

幼虫 绿色,体长75~96mm,头部淡绿,胸部绿色,背有横向排列的白色颗粒8~9排；腹部黄绿色,体侧有白色斜带7条；尾角褐绿,上面有紫褐色颗粒,长12~13mm,气门黑色,胸足黄褐色,腹足绿色。

蛹 红褐色,体长50~60mm。

【发生规律】1年发生1~3代,以蛹在土中越冬。翌年4月开始羽化,成虫白天隐藏于树丛、枝叶、杂草、房屋等暗处,黄昏飞出活动,交尾、产卵在夜间进行。成虫的飞翔能力强,并具有较强的趋光性。卵多散产于叶背面,卵期10天。幼虫孵出后,多在清晨取食,白天潜伏在庇荫处,先啃食叶表皮,随后蚕食叶片,咬成大的缺刻和孔洞,甚至将全叶吃光,以6—7月为害严重,地面和叶片可见大量虫粪。10月后,老熟幼虫入土化蛹越冬。

【防治方法】

（1）**农业防治** ①冬季翻土,杀死越冬虫蛹。②杀虫灯诱杀成虫。③根据地面和叶片的虫粪、碎片,人工捕杀幼虫。

（2）**化学防治** 幼虫3龄前,可喷施16 000IU/mg的苏云金杆菌可湿性粉剂600~

800倍液,或25%灭幼脲悬浮剂2 000~2 500倍液,或50%辛硫磷乳油2 000~2 500倍液进行防治。

(3) **生物防治** 保护和利用天敌螳螂、胡蜂、茧蜂、益鸟等。

4. 小黄卷叶蛾

【学名】*Adoxophyes orana*,鳞翅目卷蛾科。

【寄主】丁香、山茶、杨、刺槐、樱桃、枇杷、荔枝、橄榄、梨、李、柑橘等多种园林植物。

【为害状】为害植物的嫩叶、花蕾、幼果。幼虫卷结嫩叶,在卷叶中或两叶片相叠处,或连叶紧贴果面啃食,造成鲜叶减少,芽梢生长受抑,影响树势。

【形态特征】

成虫 体长约9mm,翅展约21mm,雄虫略小。头部密被黄色鳞片,腹部淡黄色。前翅黄色,桨状,前缘近基角1/3处浓黄色斜纹伸向后缘中部,近中央处分叉呈"h"形,近顶角处有浓黄色斜纹,自前缘斜向外缘近臀角处呈"V"形。雄虫前翅后缘近基角2/3处,有浓黄色近四角形点,两翅合成六角形斑纹。

卵 椭圆形,长0.7~0.9mm,宽0.5~0.6mm,卵壳外具稍有规则的网状纹。卵倾斜像鱼鳞状排列成块。卵块近圆形,上方覆有胶质薄膜。

幼虫 幼虫体长约22mm,全体未骨化部分淡黄色,前胸硬板及足皆黄色。

蛹 长约10mm,深褐色。中胸向后胸呈舌状突出。

【发生规律】1年发生5~7代,大多以幼虫或蛹在被害叶苞或卷叶中越冬,也可在寄主附近其他寄主叶苞中越冬。各代成虫盛发期分别在4月下旬、5月下旬、7月上旬、9月上旬及10月上旬,成虫产卵于叶背,少数于叶面,多产于树冠靠下部的叶片,卵块呈鱼鳞状排列,每块有12~220粒。幼虫在卷叶中或两叶片相叠处。成虫有喜光性,白天隐伏草丛荫蔽处,黄昏活动。

【防治方法】

(1) **农业防治** ①冬季清除园地杂草,并摘除越冬幼虫及蛹卷叶,摘除卵块。②成虫发生期,设置诱虫灯或糖醋液诱杀成虫。

(2) **化学防治** 在1~2龄幼虫盛发期,可喷施90%晶体敌百虫1 000倍液,或20%氰戊菊酯乳油2 000~3 000倍液,或70%辛硫磷乳剂2 000~2 500倍液,或45%丙溴·辛硫磷乳油1 000~1 500倍液防治。

(3) **生物防治** 保护和利用天敌赤眼蜂。

5. 小线角木蠹蛾

【学名】*Holcocerus insularis*,鳞翅目木蠹蛾科。

【寄主】丁香、山楂、海棠、银杏、白玉兰、樱花、榆叶梅、紫薇、白蜡、香椿、黄刺玫、五角枫、栾树等。

【为害状】主要蛀干类害虫。幼虫成群蛀入树皮至木质部为害，从树皮缝处排出细碎黄褐色木屑和虫粪。受害部位常在树上成段，造成整枝、整株枯死。与天牛为害状有明显不同（天牛1蛀道1虫），木蠹蛾蛀道相通，蛀孔外面用丝连接球形虫粪。

【形态特征】

成虫　体长18mm左右。全体灰褐色，前翅有云状黑色横纹，外缘及中央为灰白色。

卵　长径1mm左右。扁圆形，中部稍凹，灰黑色。

幼虫　老熟幼虫体长50mm左右，宽6mm左右。背面红紫色，腹面黄白色。

蛹　长21mm左右，宽5mm左右，稍弯曲，黄褐色。

【发生规律】2年发生1代，以幼虫在被害枝、干内越冬。翌年3月幼虫开始活动。幼虫化蛹时间不整齐，5月下旬至8月上旬为化蛹期，蛹期约20天。6—8月为成虫发生期，成虫羽化时，蛹壳半露在羽化孔外，成虫有趋光性，昼伏夜出。将卵产在树皮裂缝或各种伤疤处，卵呈块状，粒数不等，卵期约15天。幼虫喜群栖为害，每年3—11月幼虫为害期，低龄幼虫与高龄幼虫均在树内蛀道内越冬。高龄幼虫在第3年头于5月下旬化蛹。

【防治方法】

（1）**农业防治**　杀虫灯或黑光灯诱杀成虫。

（2）**化学防治**　幼虫为害期，往排出新粪的孔口内注射80%敌敌畏乳油50倍液，或4.5%高效氯氰菊酯乳油原液，或40%毒死蜱乳油5倍液。

（3）**生物防治**　保护和利用天敌姬蜂、寄生蝇、啄木鸟等。

6. 考氏白盾蚧

【学名】*Pseudaulacaspis cockerelli*，半翅目盾蚧科。

【寄主】丁香、白兰、含笑、鹤望兰、夹竹桃、君子兰、木兰、杜鹃、万年青、苏铁、桂花、荷花、广玉兰、绣球、八仙花、变叶木等。

【为害状】成虫、若虫固定在小枝、叶片上刺吸汁液，致使叶片褪绿，呈现黄色斑点，分泌蜜露，导致煤污病发生。枝叶变黑，引起早期落叶，甚至死亡，降低观赏价值。

【形态特征】

成虫　雌虫介壳梨形或近圆形，雪白色，壳点2个，位于前端，第1壳点淡黄色，有一半伸出壳外；第2壳点红褐色。雌虫体近椭圆形或梨形，淡黄色，臀板带红色；触角上生有1根长毛和1根小刺；臀板凹较显著，雄虫介壳银白色，长形，体背中心线稍隆起，各呈1纵脊，群集一起，分泌白色蜡粉。

卵　长卵形，淡黄色。

若虫　初孵若虫黄绿色，卵圆形，分泌白色蜡丝。

雄蛹　长椭圆形，长0.7~0.8mm，稍弯曲，黄褐色。

【发生规律】1年发生3~5代，以若虫或雌成虫在枝叶上越冬。翌年3月下旬产卵，从4月至12月均可见各虫态。各代若虫发生期为4月中旬、7月上旬、9月下旬。雌虫每头平均产卵70余粒，卵产于母体介壳内。雄成虫多群居，雌成虫多散居，于固定枝叶上吸取汁液。温度适宜时，1个多月即可发生1代，世代重叠。

【防治方法】

参见木槿中糠片盾蚧的防治方法。

7. 大青叶蝉

【学名】*Cicadella viridis*，半翅目叶蝉科。

【寄主】丁香、柏、海棠、梅、樱花、梨、核桃、木芙蓉、柑橘、葡萄、梧桐、杨、柳、刺槐、杜鹃、月季等多种植物。

【为害状】为害多种植物的叶、茎，成虫和若虫刺吸植物汁液，受害叶片呈现小白斑点，使其坏死或枯萎；影响生长，而且能传播病毒。

【形态特征】

成虫 雌虫体长9.4~10mm，雄虫体长7.2~8.3mm，头胸部淡黄绿色，头顶有1对黑斑。复眼三角形绿色。前胸背淡绿色，后半部深青绿色，小盾片淡黄绿色。前翅青绿色，稍带蓝色，翅透明；后翅烟黑色，半透明。腹部背面蓝黑色，两翅及末节淡为橙黄带有烟黑色，胸、腹部、腹面、足橙黄色。

卵 长卵圆形，长约1.6mm，白色微黄，中间微弯曲，一端稍细，表面光滑。

若虫 初孵若虫白色，微带黄绿。头大腹小。复眼红色。2~6小时后，体色渐变淡黄、浅灰或灰黑色。3龄后出现翅芽。老熟若虫体长6~7mm，头冠部有2个黑斑，胸背及两侧有4条褐色纵纹直达腹端。

【发生规律】1年发生3~6代，以卵在枝条皮层或田边、沟边、荒丘浅草地禾本科杂草茎秆组织内越冬。越冬卵均于翌年3—4月孵化。羽化后经补充营养和性成熟阶段，雌雄交配产卵。产于寄主植物叶的主脉及茎秆组织中，卵痕半圆形，纵列，每卵痕有3~15枚。初孵若虫喜群集取食，在被害叶面上或嫩茎上10~20头为一群，若遇惊扰便斜行或横行，或由叶面逃至叶背。成虫受惊和若虫一样，能以跃足振翅飞行。成虫具有较强的趋光性。

【防治方法】

（1）**农业防治** ①结合修剪，剪除被害有产卵伤痕的枝条。②黑光灯诱杀成虫。③清晨露水未干前，用网捕成虫、若虫。

（2）**化学防治** 发生期可喷施50%啶虫脒水分散粒剂12 000~15 000倍液，或22%噻虫·高氯氟悬浮剂4 000~5 000倍液喷雾防治。

（3）**生物防治** 保护和利用天敌蜘蛛、寄生蜂等。

8. 丁香饰棍蓟马

【学名】*Dendrothrips ornatus*，缨翅目蓟马科。

【寄主】丁香。

【为害状】主要为害丁香幼芽、叶片。严重时整株的叶片被刺吸呈灰白色导致干枯，影响树木生长和观赏。

【形态特征】

成虫 雌成虫体长1mm左右，全体黑褐色。前胸白色，腹部黑褐色，节间为白色。翅合在一起呈扁棍状，顺放在腹背中央，长接近尾部，颜色白、褐相间。雄成虫体长0.5mm左右，黄色。

卵 肾形；略向一侧弯曲，长约0.2mm，白色透明。

若虫 初孵时乳白色，眼红色。黄白色至淡绿色。

蛹 黄白色，具翅芽4个；复眼红色。

【发生规律】1年发生6~7代，以雌成虫在树木基部落叶层、松土层，树皮缝中等处越冬。翌年3月下旬（丁香刚吐出新绿芽）越冬成虫开始爬上树，多先在下部枝条的芽上取食为害。成虫、若虫多在叶背面刺吸为害。5—6月为害最严重。

【防治方法】

(1) **农业防治** 秋、冬季彻底清除树附近的落叶、杂草，消灭越冬成虫。

(2) **化学防治** 在越冬成虫上树前，往树干基部撒施25%甲萘威可湿性粉剂，消灭或防止成虫上树为害。成虫已上树为害，可喷施22%噻虫·高氯氟悬浮剂4 000~5 000倍液，或4.5%高效氯氰菊酯乳油1 500~2 000倍液。

九、山 楂

山楂（*Crataegus pinnatifida*），蔷薇科山楂属；落叶小乔木或大灌木。高可达7m；树冠圆整，球形或伞形。有短枝刺；小枝紫褐色。叶片宽卵形至三角状卵形，长5~10cm，宽4.5~7.5cm，两侧各有3~5羽状浅裂或深裂，有不规则尖锐重锯齿；托叶半圆形或镰刀形。伞房花序，直径4~6cm，花序梗、花梗有长柔毛，花径约1.8cm。果近球形，红色或橙红色，直径1~1.5cm，表面有白色或绿褐色皮孔点。花期4—6月；果期9—10月。

1. 山楂枯梢病

【寄主】山楂。

【症状】主要为害果桩，染病初期，果桩由上而下变黑，干枯，缢缩，与健部形成明显界限，后期病部表皮下出现黑色粒状突起物；后突破表皮外露，使表皮纵向开裂。翌年春天病斑向下延伸，当环绕基部时，新梢即枯死。其叶片初期萎蔫，后干枯死亡。

【病原】无性态真菌，葡萄蔓生壳梭孢（*Fusicoccum viticolum*）。

【发病规律】以菌丝体和分生孢子器在二年生果桩上越冬。翌年6—7月，遇雨释放分生孢子，侵染为害，多从二年生果桩入侵，形成病斑。老龄树、弱树、修剪不当及管理不善发病重。

【防治方法】

（1）农业防治 冬季结合修剪，清除病枝病梢，及时清除病死株、重病株，集中销毁，减少侵染源。

（2）化学防治 在4—5月，每隔10~15天，用70%甲基硫菌灵可湿性粉剂1 000~1 200倍液，或75%百菌清可湿性粉剂800~1 000倍液，或50%多菌灵可湿性粉剂800~1 000倍液，或80%波尔多液可湿性粉剂600~800倍液喷雾防治，也可在发病初期用30%戊唑·醚菌酯悬浮剂1 500~1 800倍液喷雾防治，减轻发病症状。

2. 山楂花腐病

【寄主】山楂。

【症状】主要为害花、叶片、新梢和幼果。嫩叶初现褐色斑点或短线条状小斑，后扩展成红褐至棕褐色大斑，潮湿时为害部位生灰白色霉状物，病叶即焦枯脱落。新梢上的病斑由褐色变为红褐色，环绕枝条一周后，导致病枝枯死。逐渐凋枯死亡，以萌蘖枝发病重。花期病菌从柱头侵入，使花腐烂。幼果上初现褐色小斑点，后变暗褐腐烂，表面有黏液，酒糟味，病果脱落。

【病原】子囊菌门，约翰逊草核盘菌（Monilinia johan sonii）。

【发病规律】以假菌核的形式在落地僵果上越冬。4月下旬在潮湿的病僵果上产生大量子囊孢子，借风力传播，在病部产生分生孢子进行重复侵染。5月上旬达到高峰，到下旬即停止发生。低温多雨，则叶腐、花腐大流行。高温高湿则发病早而重。

【防治方法】

（1）**农业防治** 秋末清除树上僵果，干腐的花柄等带病菌组织，清除树下落地的病果、病叶及腐花以减少病源。

（2）**化学防治** ①4月底以前在树冠下的树盘地面上，发病初期，可喷施50%苯菌灵可湿性粉剂1 000~1 500倍液，或25%三唑酮可湿性粉剂2 000~2 500倍液，或75%百菌清可湿性粉剂600~1 000倍液，可控制叶腐。②盛花期，可喷50%多菌灵可湿性粉剂800~1 000倍液，或80%代森锌可湿性粉剂600~800倍液，能有效控制花腐、果腐。

3. 白纹羽病

【寄主】山楂、苹果、蜡梅、银杏、泡桐、垂柳、榆树、大叶女贞、芍药、风信子等。

【症状】病菌发生在植物根部，染病后根部缠绕白色至灰白色的丝网状物，即病菌的根状菌索，地面根颈处产生灰白色薄绒状物。最初须根腐烂以后扩展到侧根和主根。病菌的菌丝束从根的内部组织侵入后，使木栓层与木质部分离，皮层完全腐烂后，木质部产生块状黑褐色菌核（自然条件下菌丝体及菌索常见、菌核少见）。在近土表根际处展布白色蛛网状的菌丝膜，有时形成小黑点，即病菌的子囊壳。植株的地上部分，叶片逐渐变黄、凋萎，直至全株枯死。

【病原】子囊菌门，褐座坚壳菌（Rosellinia necatrix）。

【发病规律】主要以残留在病根上的菌丝、根状菌索或菌核在土壤中越冬。条件适宜时菌核或根状菌索长出营养菌丝，从根部表皮皮孔侵入，病菌先侵染新根，后逐渐蔓延，被害细根霉烂。病菌通过病健部接触传播或通过带病苗木远距离传播。该病多在7—9月盛发。其发生与土壤湿度、酸碱度有关，尤以湿度影响最大，低洼潮湿、排水不良时发病重；栽植过密、定植太深、培土过厚、耕作时伤根、管理不善等易造成树势衰弱，土壤有机质缺乏、酸性强等可导致该病发生。

【防治方法】

（1）**农业防治** 加强日常养护管理，注意抗旱排涝。合理施肥，促进根系生长强壮；已发病严重的植株，应及时伐除并销毁。

（2）**化学防治** ①种植前进行土壤消毒，当土壤温度在12~18℃以上。土壤湿度在50%~60%，可浇灌75%棉隆可湿性粉剂200~300倍液。②生长发病期，建议使用25%丙环唑乳油1 000~1 500倍液，或70%敌磺钠可湿性粉剂800~1 000倍液，用药前若土壤潮湿，建议晾晒后再药液灌透。

4. 梨桧锈病

【寄主】山楂、木瓜、梨、桧柏、圆柏、海棠等蔷薇科植物。

【症状】发生在叶、嫩枝、果实上。初期病斑在叶上为黄绿色，渐变为橙黄色圆形斑，边缘红色，后变成黑色粒状物，在叶背面相应处形成黄白色隆起，并着生黄色毛状物（锈孢子器）。桧柏受害后于针叶腋处出现黄色斑点，呈锈褐色角状突起，潮湿条件下形成黄褐色胶质鸡冠状冬孢子角。在栽植山楂的附近栽有桧柏、龙柏等转主寄主的地方，该病发生严重，尤其是在春季多雨年份发病普遍，为害严重，常引起叶片早枯、脱落、幼果畸形、早落。

【病原】担子菌门，梨胶锈菌（*Gymnosporangium haraeanum*）。

【发病规律】病菌以多年生菌丝体在桧柏或龙柏枝上形成菌瘿越冬。翌年3月在潮湿条件下形成黄褐色胶质鸡冠状冬孢子角，4—5月冬孢子角遇雨吸水膨胀破裂，产生担孢子，并借气流传播到山楂树叶片上，5月下旬病叶开始产生性孢子器，6月下旬开始在叶背病斑上产生锈孢子器，8—9月锈孢子成熟，并借气流传播到桧柏上，侵染针叶或嫩枝越冬。该菌在其生活史中不形成夏孢子，故无再侵染发生。

【防治方法】

（1）**农业防治** 山楂与桧柏的栽植间距要在5km以上。初春向桧柏树枝上喷4~5°Bé的石硫合剂，或45%石硫合剂100倍液，喷施1~2次。

（2）**化学防治** 发病期用15%三唑酮可湿性粉剂800~1 000倍液，或80%代森锌可湿性粉剂600~800倍液，或12.5%烯唑醇可湿性粉剂2 000~2 500倍液，或30%苯甲·嘧菌酯（18.5%苯醚甲环唑+11.5%嘧菌酯）1 500~2 000倍液等。连用2~3次，间隔15天。建议轮换用药。

5. 桃蛀螟

【学名】*Conogethes punctiferalis*，鳞翅目草螟科。

【寄主】山楂、石榴、桃、板栗、樱桃、李、梅、柿、枇杷、龙眼、荔枝、无花果等。

【为害状】幼虫食性很杂，常因寄主不同而食性亦有差异。蛀入果内取食，蛀孔处常见黄褐色透明胶质物流出，并伴有褐色虫粪，不堪食用。不但影响生长和观赏，而且减少产量，降低果实品质。

【形态特征】

成虫 体长11~12mm，翅展25~28mm；体翅黄色，散有许多黑斑块，其中前翅21~28个，后翅15~16个，前胸5个，腹部12个。下唇须第2节背面有黑色条纹。

卵 椭圆形，长0.6~0.7mm，初产时乳白色，渐变樱桃红色。

幼虫 体长22~25mm，淡紫褐色，头和前胸背板紫褐色，臀板灰褐色，各体节上有褐色斑点。

蛹 蛹长13~15mm，褐色至深褐色，臀棘有6根卷曲的小钩。

【发生规律】1年发生2~5代，以老熟幼虫在树干缝隙结茧越冬，少数以蛹越冬。成虫期出现为4月至9月末。各代幼虫期分别为5月上旬至11月。翌年4月下旬至5月上旬成虫羽化。成虫日间及阴雨天静伏叶背，夜出活动，对频振灯和糖醋液有趋性，吸取花蜜补充营养后交配、产卵，卵散产于果面，果柄基部。

【防治方法】

（1）**农业防治** 果园周围适当播种向日葵，诱集各代桃蛀螟成虫前来产卵，收集处理被害花盘，可减轻第1~2代幼虫为害。

（2）**化学防治** 幼虫初孵期，可喷施5%高效氯氟氰菊酯微乳剂2 500~3 000倍液，或50%杀螟硫磷乳油1 000~1 500倍液，或20%甲氰菊酯乳油2 000~3 000倍液，7天后再喷施1次，对卵和初孵幼虫有触杀作用，可取得良好的防治效果。

6. 黄缘绿刺蛾

【学名】*Parasa consocia*，鳞翅目刺蛾科。

【寄主】山楂、悬铃木、白蜡、杨、柳、刺槐、苹果、梨、桃、柿、枣、栎、枫杨、麻栎、核桃、紫荆、泡桐、大叶黄杨、紫薇、牡丹、芍药等多种园林植物、果树和花卉。

【为害状】幼虫取食叶片。低龄幼虫取食叶肉，仅留表皮，老龄时将叶片吃成孔洞或缺刻，有时仅留叶柄，严重影响树势。

【形态特征】

成虫 体长约16mm，翅展38~40mm；触角棕色。头、胸、背绿色，胸背中央有1棕色纵线，腹部灰黄色。前翅绿色，基部有暗褐色大斑，外缘为灰黄色宽带，带上散有暗褐色小点和细横线，带内缘内侧有暗褐色波状细线。后翅灰黄色。

卵 扁椭圆形，长约1.5mm，黄白色。

幼虫 体长25~28mm，头小，体短粗，初龄黄色，稍大黄绿至绿色，前胸盾上有1对黑斑，中胸至第8腹节各有4个瘤状突起，上生黄色刺毛束，第1腹节背面的毛瘤各有3~6根红色刺毛；腹末有4个毛瘤丛生蓝黑刺毛，呈球状；背线绿色，两侧有深蓝色点。

蛹 长约13mm，椭圆形，黄褐色。

茧 长约16mm，椭圆形，暗褐色酷似树皮。

【发生规律】华北地区1年发生1代，以老熟幼虫在茧内越冬，结茧场所于干基浅土层或枝干上。4月下旬开始化蛹，越冬代成虫5月中旬始见，10月上旬陆续老熟，于枝干上或入土结茧越冬。成虫昼伏夜出，有趋光性，卵粒块状鱼鳞排列，多产于叶背主脉附近，每雌产卵150余粒，卵期7天左右。幼虫共8龄，少数9龄，1~3龄群集，

4龄后渐分散。

【防治方法】

（1）**农业防治** ①秋冬季剪除或敲碎树干上的虫茧，集中销毁，减少虫源。②初孵幼虫群集为害时，摘除虫叶，人工捕杀幼虫，捕杀时注意幼虫毒毛。③在成虫发生期，利用杀虫灯诱杀成虫。

（2）**化学防治** 幼虫发生期，喷施90%晶体敌百虫1 000倍液，或20%氰戊菊酯乳油2 000~3 000倍液，或45%丙溴·辛硫磷乳油1 000~1 500倍液防治。

（3）**生物防治** 保护和利用天敌刺蛾紫姬蜂、螳螂、蠋蝽等。

7. 紫薇绒蚧

参见紫薇中紫薇绒蚧的相关内容。

8. 伪角蜡蚧

【学名】 *Ceroplastes pseudoceriferus*，半翅目蜡蚧科。

【寄主】 山楂、石榴、冬青、月桂、杉木、茶、山茶、木兰、苏铁、松、枇杷等。

【为害状】 初孵幼虫，绝大多数迁移至当年生新梢上，成、若虫吸食汁液，诱发煤污病，导致树冠叶片变黑，严重时导致植株停止生长，叶片干枯而陆续脱落。

【形态特征】

成虫 雌虫体卵圆形，头部稍狭，腹部稍宽。触角6节，其中第3节最长。足与虫体相比较小，股节粗壮，胫节和跗节几乎等长，但跗节端部显著变细，气门发达，气门腺主要由五孔腺组成。前胸和后胸气门刺皆为圆锥形，但较短粗，数量很多，分布较拥挤。肛门长，近似三角形，肛门周围体壁高度硬化。尾突较短，圆锥形，似等边三角形样的突起。虫体背、腹两面三孔腺和二孔腺均很丰富，体缘生有细毛，缘毛成列分布。

【发生规律】 1年发生1代，以2~3龄若虫在寄主枝条上越冬。翌年春季，越冬若虫迅速增大，5月中旬进入成虫期开始产卵、孵化。每雌平均产卵250~530粒。

【防治方法】

参见紫薇中紫薇绒蚧的防治方法。

9. 柑橘粉虱

【学名】 *Dialeurodes citri*，半翅目粉虱科。

【寄主】 山楂、石榴、栀子花、桂花、牡丹、常春藤、女贞、丁香、矮牵牛、梅、柑橘、樱桃、月桂、茉莉等。

【为害状】 幼虫寄生于叶背，吸食汁液为害，受害叶片变黄，导致新梢诱发煤污病，引起枯梢，果实生长缓慢，严重时果实脱落。

【形态特征】

成虫 雌虫体长约 1.2mm，被白色蜡粉，翅白色半透明，复眼红褐色，分上下两部，中有一小眼相连。触角第 3 节较第 4、5 两节之和略长。第 3~7 节上部有多个膜状感觉器。雌成虫略小，体长 1mm 左右。

卵 椭圆形，长约 0.2mm，淡黄色，卵壳平滑，以卵柄着生于叶上，在卵的周围常附有白色蜡粉。

幼虫 初孵时，淡黄绿色，体扁平，椭圆形，体周缘有 17 对小突起，体周围有白色蜡丝，呈放射状，虫龄越大，蜡丝越长。

蛹 壳近椭圆形，黄绿色，体长约 1.35mm，宽约 0.81mm，自胸气道口至横脱缝前的两侧微凹陷；胸气道明显，气道口有两瓣。蛹成虫未羽化前蛹壳呈黄绿色，可透见虫体，羽化后蛹壳白色，透明，壳薄而软；壳缘前、后端各有 1 对小刺毛管孔状，圆形，其后缘内侧有多数不规则的锐齿。

【发生规律】1 年发生 4 代，以 4 龄若虫在寄主植物叶背越冬。若虫共 4 龄，蛹期为 11—12 月。成虫寿命 3~5 天。成虫白天活动，卵聚产于嫩叶背或芽缝间，每雌可产卵 130 粒，若虫孵出后经爬行一段距离，即在叶背固定取食汁液；3 龄蜕皮变成伪蛹，再蜕皮为蛹。若虫群集为害新梢嫩叶，并诱发煤污病。

【防治方法】

（1）**农业防治** 加强中耕除草等日常养护管理，剪除虫害枝、衰弱枝、徒长枝，以改善植株的通风透光条件，增施有机肥，增强树势。

（2）**化学防治** 发生期可喷施 80% 烯啶·吡蚜酮水分散粒剂 2 500~3 000 倍液，或 12% 噻虫·高氯氟悬浮剂 2 000~2 500 倍液，或 4.5% 高效氯氰菊酯乳油 1 500~2 000 倍液，或 20% 氰戊菊酯乳油 2 000~3 000 倍液，上述药剂交替均匀喷雾。

10. 梨虎象

【学名】*Rhynchites foveipennis*，鞘翅目象甲科。

【寄主】山楂、梨、桃、枇杷等。

【为害状】以成虫咬食嫩芽，啃食果皮果肉，使果面呈现规则斑块。成虫产卵前咬伤果柄基部，然后在果实上咬一小孔，随即将卵产于孔内，并分泌黏液，将孔口封好，干后形成黑褐色斑点。果实长大后，被害部则凹陷，幼虫蛀入果实内食害，使果实皱缩。被害果由于果柄被成虫咬伤，易脱落。

【形态特征】

成虫 体长 12~14mm，宽 4.2~4.6mm，体背红紫色，发金属光泽，略带绿或蓝色反光，腹面深紫铜色；头部向前延伸成似象鼻状的头管，雌虫头管直，触角着生于头管中部；雄虫头管尖端向下弯曲，触角着生于头管端部 1/3 处。头管中央有纵脊延伸至复眼前，前胸背面具明显凹陷，呈"小"字形，雄虫前足两侧有 1 对瘤状突起。头部背面、前胸均密布刻点，鞘翅上刻点粗大，略呈 9 纵行。

卵 长约 1.5 mm，椭圆形，表面光滑，初产乳白色，后渐变乳黄色。

幼虫 老熟幼虫体长约12mm，体乳白色；头小，大部分缩入前胸；体乳白色，表面多横皱，体节中部具一横沟，将各节背面分成前后两部分，无胸足。腹部每节后半部有不整齐横毛。

蛹 裸蛹，乳白色，后渐变黄褐色，体长约9 mm。

【发生规律】1年发生1代，少数2年发生1代，以成虫在土中越冬。成虫出土后产卵于果内。幼虫蛀果，被害幼果从树上掉落。老熟幼虫拖果入土，制成圆形土室，在其中化蛹，蛹羽化后以成虫在土内越冬。

【防治方法】

（1）**农业防治** 利用梨虎象成虫的假死性，在成虫盛发期于清晨或傍晚摇树振落捕杀。并在树上摘除被害花和虫果，地下捡拾落地花、果，集中处理。

（2）**化学防治** 在成虫发生初期，喷施10%吡虫啉可湿性粉剂800~1 000倍液，或用25%噻虫嗪水分散粒剂3 000~4 000倍液，或100mg/L联苯菊酯乳油3 000~3 500倍液喷雾防治。

11. 山楂叶螨

【学名】*Amphitetranychus viennensis*，真螨目叶螨科。

【寄主】山楂、梨树、桃树、樱花、樱桃、李树、海棠、碧桃、榆叶梅、杏树、锦葵等。

【为害状】成、若、幼螨刺吸芽、叶、果的汁液，叶受害初呈现很多失绿小斑点，渐扩大连片，严重时全叶苍白枯焦早落，削弱树势，造成当年果实不能成熟。

【形态特征】

成螨 雌成螨卵圆形，体长0.54~0.59mm，深红色，足及颚体部分橘黄色，越冬型鲜红色，非越冬型为暗红色。雄成螨体长0.35~0.45mm，体末端尖削，橙黄色。

卵 圆球形，春季产卵呈橙黄色，夏季产卵呈黄白色。

幼螨 初孵幼螨体圆形、黄白色，取食后为淡绿色，3对足。

若螨 4对足。前期若螨体背开始出现刚毛，两侧有明显墨绿色斑，后期若螨体较大，体形似成螨。

【发生规律】1年发生6~10代，以受精雌成螨在主干、主枝和侧枝的翘皮、裂缝、根颈周围土缝、落叶及杂草根部越冬。翌年花芽膨大时开始出蛰为害，花序分离期为出蛰盛期。出蛰后一般多集中于树冠内膛局部为害，以后逐渐向外膛扩散。常群集叶背为害，有吐丝拉网习性。9—10月开始出现受精雌成螨越冬。高温干旱条件下发生并为害严重。

【防治方法】

参见木槿中朱砂叶螨的防治方法。

12. 桃蛀果蛾

【学名】 *Carposina sasakii*，鳞翅目蛀果蛾科。

【寄主】 山楂、桃、李、杏、枣、海棠等多种植物。

【为害状】 幼虫蛀蚀果实，对仁果类为害多直入果心为害种子，并串食果肉排粪于其中，俗称豆沙馅。幼果受害多呈畸形"猴头状"；对核果类和枣树为害，多于果核周围蛀食果肉，排粪于其中。

【形态特征】

成虫 体灰白色至浅灰褐色，雌虫体长 7~8mm，翅展 16~18mm；雄虫体长 5~6mm，翅展 13~15mm；复眼红褐色至深褐色，触角丝状，前翅前缘中部有 1 近三角形蓝黑色大斑，并有 7 簇黄褐色或蓝褐色的斜立鳞片；顶角显著，缘毛灰褐色。

卵 近椭圆形或桶形，初产时橙色，后渐变深红色，以底部黏附于果实上，卵壳具有不规则略呈椭圆形刻纹，端部环生 2~3 圈 "Y" 形外长物。

老龄幼虫 体长 13~16mm，桃红色，腹部色淡。无臀栉，前胸背板红褐色，体肥胖。

蛹 体长 6.5~8.6mm，初黄白后变黄褐色，羽化前为灰黑色，翅、足和触角部游离。

茧 分两种，羽化茧又称夏茧，纺锤形，质地疏松，一端留有羽化孔；越冬茧扁圆形，直径约 6mm，高 2~3mm，由幼虫吐丝缀合土粒而成，质地紧密。

【发生规律】 华北地区 1 年发生 1~2 代，以老熟幼虫在土中结冬茧越冬。树干周围 1m 范围内 3~6cm 以上土层中占绝大多数，在堆果场等处亦有部分老熟幼虫越冬。越冬幼虫因地区、年份、寄主的不同出土期而有所不同，一般年份在 6 月中旬至 7 月上旬，有时延续 2 个月，雨后土壤含水量达 10% 以上进入出土高峰，干旱推迟出土。越冬幼虫出土后在土石块或草根旁，1 天即可结夏茧并在其中化蛹，于 7 月上旬陆续羽化，至 9 月上旬结束。羽化交尾后 2~3 天产卵，成虫昼伏夜出，无明显趋光性。卵孵化后多自果实中下部蛀入果内，不食果皮，为害 20~30 天后老熟脱果，入土结冬茧越冬。

【防治方法】

（1）**农业防治** 在越冬幼虫出土盛期，树冠下培土或覆盖地膜。防止幼虫出土后羽化为成虫。在幼虫出土前，于 5 月进行果实套袋，减少其为害。

（2）**化学防治** 药剂处理土壤，用 2.5% 辛硫磷微胶囊 50 倍液均匀喷于树冠下，或 2.5% 辛硫磷微胶囊 5 倍液拌细土，将毒土均匀撒于树冠下。发生期喷施 45% 丙溴·辛硫磷乳油 1 000~1 500 倍液，或 20% 甲氰菊酯乳油 2 000~3 000 倍液喷杀幼虫。

13. 麻皮蝽

【学名】 *Erthesina fullo*，半翅目蝽科。

【寄主】 山楂、柿、香樟、合欢、刺槐、构树、悬铃木、梨、柑橘、苹果、龙眼、杏、桃等多种植物。

【为害状】成虫、若虫吸食叶、嫩梢及果实汁液，刺吸叶片枝叶和幼果汁液，形成苍白色斑点。常形成"疙瘩"，果面凹凸不平，受害处变硬、味苦；或果肉木栓化。

【形态特征】

成虫 体长21~24mm，宽10~11mm。体黑色，密布黑色刻点和不规则细碎的黄斑。触角5节，黑色，第5节基部1/3呈淡黄白色或黄色。喙淡黄色，末节黑色。头端中央至小盾片基部有1根黄色细线。前胸背板前缘和前侧缘镶有黄色窄边；侧角呈三角形略突出。胸部腹面黄白色，节间黑色。胸环腹部腹面中央凹陷成纵沟，气门黑色。

卵 长约2.1mm，宽约1.7mm。近圆形，淡黄色。

若虫 长16~18.4mm，宽9.6~10mm。头、胸、翅芽黑色，腹部灰褐色，全身披白粉。

【发生规律】1年发生1~2代，以成虫在屋角、檐下、树洞、土缝、石缝及草堆等处越冬。翌年3月下旬出蛰活动，4月下旬至5月中旬产卵，第1代若虫于5月上旬至7月下旬孵出，6月下旬至8月上旬孵化，7月中旬至9月初产卵，第2代7月下旬初至9月上旬孵出，8月底至10月中旬羽化，11月上中旬陆续越冬，全年以5—7月为害最重。

【防治方法】

参照石榴中绿盲蝽防治方法。

14. 斑喙丽金龟

【学名】*Adoretus tenuimaculatus*，鞘翅目丽金龟科。

【寄主】山楂、葡萄、柿、梨、桃、枣、樱桃、梧桐、枫杨、榆树等。

【为害状】该虫食性较杂且食量较大，成虫食叶成缺刻或孔洞；幼虫为害植物地下组织。成幼虫为害苗木根部，化蛹深度浅。成虫食量较大，在短时间内可将叶片吃光，只留叶脉，呈经络状。

【形态特征】

成虫 体长10~10.5mm，宽4.5~5.2mm，长椭圆形，褐至棕褐色，全身密生黄褐色披针形鳞片。头大，复眼大，唇基半圆形，前缘上卷，上唇下方中部向下延长似喙。触角10节，前胸背板宽短，前缘弧形内弯，侧缘弧形外扩，后侧角接近直角。小盾片三角形。鞘翅具白斑成行，端凸及侧下具鳞片组成的大、小白斑各1个，为本种明显特征。腹面栗褐色，具黄白色鳞毛。前足胫节外缘具3齿，后足胫节外缘具齿突1个。

卵 椭圆形，长1.7~1.9mm，乳白色。

幼虫 体长19~21mm，乳白色，头部黄褐色，肛腹片有散生的刺毛21~35根。

蛹 长10mm左右，前端钝圆，后渐尖削，初乳白色，后变黄色。

【发生规律】1年发生1~2代，均以幼虫越冬。翌年5月中旬化蛹，6月初出现成虫，开始产卵，直到秋季均可为害，7月为第1代幼虫期，8月中旬见卵，8月中下旬幼虫孵化，10月下旬开始越冬。成虫昼伏夜出，取食、交配、产卵，黎明陆续潜土。

产卵延续时间 11~43 天，平均为 21 天，一般将卵产于土中。10 月开始越冬。成虫有假死和群集为害习性，阴雨大风天气对成虫出土数量和飞翔能力有较大影响。为害程度与天气有关。

【防治方法】

参见夹竹桃中铜绿丽金龟防治方法。

十、法国冬青（珊瑚树）

法国冬青（*Viburnum odoratissimum*），忍冬科荚蒾属；常绿大灌木或小乔木植物。高可达 10m。枝条有突起的小瘤状皮孔。叶倒卵状矩圆形，长 7~13cm，顶端钝或急狭而钝头，基部宽楔形，边缘常有较规则的波状浅钝锯齿，侧脉 6~8 对。圆锥花序通常生于具两对叶的幼枝顶，长 9~15cm，直径 8~13cm；花冠筒长 3.5~4mm，裂片长 2~3mm；花柱较细，长约 1mm，柱头常高出萼齿。果核通常倒卵圆形至倒卵状椭圆形，长 6~7mm。花期 5—6 月；果熟期 9—10 月。

1. 法国冬青叶斑病

【寄主】法国冬青。

【症状】在叶片的叶缘、叶尖发生。病斑初为褪绿圆斑，至椭圆形，扩大后呈椭圆形或不规则形，边缘灰暗黑色，后期中央灰白色至灰褐黑色，细密小黑点即病原菌的分生孢子器，分生孢子长椭圆形。为害严重时，提早落叶，影响植株生长发育。

【病原】无性态真菌，叶点霉属病原菌（*Phyllosticta punctata*）。

【发病规律】病原菌在病残株组织及土壤中的植物碎片中越冬。翌年春暖花开季节，分生孢子器借风、雨水释放孢子，传播发病，叶点霉以伤口侵入为主，当植株衰弱时，有利于寄生。5—6 月此病发生，8—10 月为发病盛期，当干旱高温后遇多雨或多雨后高温的条件都有利于病害的发生。

【防治方法】

（1）**农业防治** 增施腐殖质肥料和钾肥，以提高抗病力。病株要及时摘除病叶，冬季还应清除病落叶，通风透光，降低叶面湿度，以减少侵染来源。

（2）**化学防治** 发病初期，可喷施 1∶2∶100 波尔多液，或 25%咪鲜胺乳油 800~1 000 倍液，或 50%多菌灵可湿性粉剂 800~1 000 倍液，或 70%甲基硫菌灵可湿性粉剂 800~1 000 倍液喷雾防治，每隔 10 天喷 1 次，连续喷施 2~3 次。

2. 日本壶链蚧

【学名】*Asterococcus muratae*，半翅目壶蚧科。

【寄主】法国冬青、凹叶厚朴、黄山木兰、木荷、葡萄、茶、柑橘、梨、枇杷、广玉兰、香樟、枫杨、白玉兰、含笑、栀子花等。

【为害状】刺吸植株的嫩枝和幼叶，发生严重时，也可为害老枝和主干。导致树势衰弱，影响正常生长，并诱发煤污病，造成树冠变黑。

【形态特征】

成虫　雌虫长约3mm，宽约2.5mm。触角退化。无足。2对胸气门明显。尾瓣大，端毛长。多数个体的尾瓣和肛管向背面翘起。介壳质地较硬，长约4mm，宽约3mm，黄褐色。有4根放射状白色线纹，2根斜向前，呈单线；2根横在后，呈双线。此放射线绕向腹部中心汇合。背面近末端有一明显的壶嘴状突起。雄虫体长约1.4mm，翅长约1.2mm。棕黄色。触角10节，每节都生有细毛。鞭节黄色。前翅透明，有翅脉2条。

卵　长约0.35mm，短径约0.2mm，椭圆形。棕黄色。

若虫　初孵若虫体长约0.6mm，黄色。触角6节，第3节最长，足发达。尾瓣大，带有大于体长1/2的长刚毛。

雄蛹　长约1.1mm，宽约0.5mm。黄褐色。附肢、体节日显。腹末端较尖细。

【发生规律】1年发生1代，以受精雌成虫在枝条上越冬。翌年春季，越冬雌成虫产卵，产卵期可长达3~4个月，若虫孵化盛期在5月，初孵若虫从介壳的壶嘴处爬出，先在嫩芽和幼叶上刺吸为害，后移到1~2年生的小枝上固定吸食为害。以后分泌蜡丝将虫体覆盖，最后形成介壳。

【防治方法】

(1) 农业防治　冬季剪除有虫枝条和清扫落叶，集中销毁并进行树干涂白。

(2) 化学防治　①冬季或早春在树木发芽前，可喷施5°Bé石硫合剂。② 若虫孵化初期，介壳尚未形成或增厚，对药物敏感，可选用22.4%螺虫乙酯悬浮剂1 000~1 500倍液，或40%啶虫·毒死蜱乳油1 000~2 000倍液，或40%吡虫·杀虫单水分散粒剂1 500倍液等内吸性、渗透性强的药剂进行喷施。每隔7~10天喷1次，共喷2~3次。喷药时要求均匀周到，喷施药剂须选择晴天的傍晚进行。

(3) 生物防治　保护和利用天敌蜡蚧啮小蜂、后缘花翅跳小蜂、赵氏花翅跳小蜂、黑色食蚜蜊小蜂、盔唇短腹金小蜂；捕食性天敌有红点唇瓢虫、湖北红点唇瓢虫、宽缘唇瓢虫、黑缘红瓢虫、六斑月瓢虫、龟纹瓢虫。多种小蜂对日本壶链蚧的寄生，是其消长的重要制约因素。

十一、棣　棠

棣棠（*Kerria japonica*），为蔷薇科棣棠属；落叶丛生灌木植物。高可达 2m，无主干。小枝绿色，光滑，有棱。单叶互生，卵形至卵状披针形，长 4~10cm，有尖锐重锯齿，先端长渐尖，基部楔形或近圆形；有托叶，花两性，金黄色，单生枝顶，直径 3~4.5cm；萼片 5，全缘；花瓣 5；雄蕊多数；心皮 5~8，离生。瘦果黑褐色，生于盘状果托上，外包宿存萼片。花期 4—5 月；果期 7—8 月。

1. 棣棠缺铁黄化病

【寄主】棣棠。
【症状】发病时，首先表现为植株顶梢嫩叶发黄，叶面组织变为黄色或淡黄色，但叶脉仍为绿色，随着病情加重，整枚叶片全部变为黄色或黄白色，叶缘变成灰褐色并枯死。
【病原】生理性病害。
【发病规律】土壤缺铁、偏碱、黏重的地方易发。
【防治方法】
（1）农业防治　①避免栽植在碱性和含钙质较多的土壤中。②栽植前，可施用堆肥、绿肥或其他有机肥料，肥料中可加入适量硫酸亚铁。
（2）化学防治　①发病期在根系周围打孔灌注 1∶30 的硫酸亚铁液。②树干注射硫酸亚铁 15g、尿素 50g、硫酸镁 5g、水 1 000mL 的混合液。③叶面喷 0.1%~0.2% 硫酸亚铁溶液，或 500~1 000mL 的尿素铁或黄腐酸铁、柠檬酸铁等，每隔 10 天喷 1 次，连续喷施 3~4 次，均有良好的复绿效果。

2. 苹果褐斑病

【寄主】棣棠、苹果等。
【症状】发病初期，叶片边缘着生有灰褐色病斑，病斑呈不规则状扩展，内灰褐色，边缘红褐色，发病后期病斑干枯，褐色，着生黑色粒状物。
【病原】无性态真菌，苹果盘二孢（*Marssonina mali*）。
【发病规律】在寄主植株病残体上越冬，借刮风、降雨及浇水传播，4 月下旬至 5

月初开始发病，7—9月为发病高峰期。

【防治方法】

参见紫薇中紫薇褐斑病防治方法。

3. 红袖灯蛾

【学名】*Aloa lactinea*，鳞翅目灯蛾科。

【寄主】棣棠、桑、柑橘、菊花、百日草、千日红、鸡冠花、梅花、凤尾兰、木槿、椿、栎、苦楝、万寿菊、紫穗槐、甘蓝等100多种植物。

【为害状】幼虫取食为害叶片、花、果实。初龄幼虫群集为害，3龄以后分散，可将叶片吃成缺刻，严重时吃光叶片。

【形态特征】

成虫 体长18~20mm，翅展46~64mm。头颈部红色，腹部背面橘黄色，腹面白色。前翅白色，前缘具明显红色边线，中室上角有1个黑点；后翅横纹为黑色新月形，外缘有1~4个黑斑，其中，雄虫有1~2个黑斑，雌虫有4~5个黑斑。

卵 圆球形，淡黄色，卵产成块状。

幼虫 老龄幼虫体长约40mm，红褐色至黑色，有黑色毛瘤，毛瘤上丛生棕黄色长毛。

蛹 长椭圆形，黑褐色。

【发生规律】河北1年发生1代，以蛹在枯枝落叶中越冬。翌年5—6月开始羽化，成虫昼伏夜出，有趋光性，卵呈块状产于叶背面。幼虫7龄，初龄幼虫群集为害，3龄后分散为害，蚕食叶片，使叶片残缺不全，遇惊扰时吐丝下垂扩散为害。秋季老熟幼虫可在土中、枯叶中及各种缝隙中结茧化蛹越冬。

【防治方法】

(1) **农业防治** ①卵盛期或幼虫初孵期及时摘除，集中消灭。②蛹期可人工挖蛹，降低越冬基数。③成虫期用黑光灯诱杀。

(2) **化学防治** 幼虫发生期，喷施90%晶体敌百虫1 000倍液，或45%丙溴·辛硫磷乳油1 000~1 500倍液。

十二、榆叶梅

榆叶梅（*Amygdalus triloba*），蔷薇科桃属；落叶灌木。因其叶片像榆树叶，花朵酷似梅花而得名。高2~3m；树皮紫褐色，小枝无毛或微被毛；叶宽椭圆形或倒卵形，长3~6cm，具粗重锯齿，先端尖或常3浅裂，两面多少有毛。花单生或2朵并生，粉红色，直径2~3cm；萼片卵形，有细锯齿；果径1~1.5cm，红色，密被柔毛，有沟，果肉薄，熟时开裂。花期3—4月；果期6—7月。

1. 榆叶梅黑斑病

【寄主】榆叶梅。

【症状】主要为害榆叶梅的叶片。病斑近圆形，有时受害叶脉呈不规则形，并可融合成较大斑块。病斑呈褐色，并具深褐色轮纹，上面着生黑褐色霉状物，造成树叶枯萎发黄，植株枯死，具有传染性。

【病原】无性态真菌，樱桃链格孢菌（*Alternaria cerasi*）。

【发病规律】病菌在落地病叶上越冬。翌年春季，产生分生孢子，借气流传播。病害主要发生在夏秋季节，以秋季发生较普遍。

【防治方法】

（1）农业防治　秋末冬初，剪除病枝，清扫落叶，集中销毁，减少侵染源。

（2）化学防治　发病初期，喷施50%多·锰锌可湿性粉剂400~600倍液，或30%苯甲·嘧菌酯（18.5%苯醚甲环唑+11.5%嘧菌酯）悬浮剂1 500~2 000倍液，或30%戊唑·醚菌酯悬浮剂1 000~1 200倍液，或50%代森铵水溶剂500~600倍液，或50%多菌灵可湿性粉剂800~1 000倍液，或70%甲基硫菌灵可湿性粉剂800~1 000倍液，或全络合态产品80%代森锰锌600~800倍液，连喷2~3次，每次间隔10~15天。

2. 桃流胶病

参见碧桃中桃流胶病的相关内容。

3. 桃粉蚜

【学名】 *Hyalopterus amygdali*，半翅目蚜科。

【寄主】 榆叶梅、红叶李、桃、杏、碧桃、樱花、樱桃等。

【为害状】 成蚜、若蚜群集于新梢和叶背刺吸汁液，受害叶片呈花叶状增厚；叶片灰绿或变蓝，向叶背后对合至纵卷，卷叶内虫体被白色蜡粉。严重时叶片早落，新梢不能生长。排泄蜜露常导致煤污病。

【形态特征】

无翅胎生雌蚜 体长约2.3mm，宽约1.1mm，长椭圆形，绿色，被覆白粉，腹管细圆筒形，尾片长圆锥形，上有长曲毛5~6根。

有翅胎生雌蚜 体长约2.2mm，宽约0.89mm，体长卵形，头、胸部黑色，腹部橙绿色至黄褐色，被覆白粉，腹管短筒形，触角黑色，第3节上有圆形次生感觉圈数十个。

卵 椭圆形，长0.5~0.7mm，初产时黄绿色，后变黑绿色，有光泽。

若虫 形似无翅胎生雌蚜，但体小，淡绿色，体上有少量白粉。

【发生规律】 1年发生20代左右，生活周期类型属乔迁式。主要以卵在梅、桃、李、杏、樱花等枝条的芽腋和树皮裂缝处越冬。翌年当树木芽苞膨大时，越冬卵开始孵化，初孵蚜群集叶背和嫩尖处为害，5月中上旬繁殖为害最盛，6—7月大量产生有翅蚜，迁飞到第二寄主（芦苇）为害；10—11月又产生有翅蚜，迁回第一寄主，继续为害一段时间后，产生两性蚜，性蚜交尾产卵越冬。桃粉蚜扩大为害，主要靠无翅蚜爬行或借风吹扩散。

【防治方法】

参见碧桃中桃瘤蚜的防治方法。

4. 莲缢管蚜

【学名】 *Rhopalosiphum nymphaeae*，半翅目蚜科。

【寄主】 榆叶梅、荷花、睡莲、慈姑、桃、红叶李、樱花等。

【为害状】 成蚜、若蚜吸取榆叶梅的嫩枝嫩叶的汁液，造成卷叶枯黄。

【形态特征】

无翅孤雌蚜 体卵圆形，长约2.5mm。体赤褐、浓绿或褐绿色，体背有纹，粗糙；头部顶端有小圆突起；胸、腹背部有小圆珠纹连成网状，腹部7、8两节有小刺突构成横纹；腹管缢管状，中部收缩，端部膨大，其长为尾片的2.4倍；尾片圆锥形，上有小圆刺突构成横纹，有长毛4~5根。

有翅孤雌蚜 体长卵形，长约2.3mm，头胸部黑色，腹部褐绿、黑褐色，腹部1~7节各有圆形斑，第8节有一长圆形横带；触角第3节有大小圆形感觉圈21~23个，分布于全节。腹部缢管状，尾片近圆锥形。

【发生规律】1年发生多代，以卵在梅、李等寄主的芽腋间越冬。翌年春孵化，先后在第一寄主上孤雌繁殖为害。蚜体满盖嫩梢，少数在嫩叶反面为害，严重时造成枯叶。当6—7月气温增高后，即产生有翅乔迁蚜飞向第二寄主睡莲、荷花等水生植物上为害，满盖新叶、叶柄和幼茎，甚至为害花蕾。会导致花蕾发育不良，或影响开花的质量。

【防治方法】
参见碧桃中桃瘤蚜防治方法。

5. 山楂叶螨

参见山楂中山楂叶螨的相关内容。

十三、枸 骨

枸骨（*Ilex cornuta*），冬青科冬青属；常绿灌木或小乔木植物。树冠阔圆形，树皮灰白色，平滑；叶硬革质，矩圆状四方形，长4~8cm，顶端有3枚大而尖的硬刺齿，基部两侧各有1~2枚大刺齿；表面深绿色有光泽，背面淡绿色；聚伞花序，核果球形，鲜红色，直径8~10mm，4分核。花期4—5月，果期10—11月。

1. 枸骨煤污病

【寄主】枸骨、栀子花、桂花、山茶、米兰、茉莉、柑橘等。

【症状】最初在叶及枝上发生黑色辐射状小霉斑，连片后呈纤薄绒状黑色霉层，较易剥离，严重时全株污黑色，仅留顶端新叶保持绿色。影响观赏和光合作用，导致提早落叶。

【病原】子囊菌门煤炱菌属（*Capnodium* sp.）。

【发病规律】主要诱因是刺吸式口器害虫在花叶上吸取汁液，排泄粪便及其分泌物。兼之通风透光不良，湿度大，为煤污菌提供营养和繁殖蔓延的条件。

【防治方法】

参见紫薇中紫薇煤污病防治方法。

2. 红蜡蚧

【学名】*Ceroplastes rubens*，半翅目蜡蚧科。

【寄主】枸骨、杜英、山茶、石榴、桂花、火棘、栀子花、蔷薇、茶梅、月季、玫瑰、八角金盘、樱花等。

【为害状】成虫和若虫密集寄生在植物枝干上和叶片上，吮吸汁液为害。雌虫多在植物枝干上和叶柄上为害，雄虫多在叶柄和叶片上为害，并能诱发煤污病，致使植株长势衰退，树冠萎缩，全株发黑，严重为害则造成植物整株枯死。

【形态特征】

雌成虫 椭圆形，背面有较厚的蜡壳覆盖。蜡壳呈暗红色，长约4mm，高约2.5mm；顶部凹陷，形似脐状。有4条白色蜡带，从腹面卷向背面。虫体紫红色，触角6节，第3节最长。

雄成虫 体长约1mm，翅展约2.4mm；体暗红色，前翅一对，白色半透明。

卵 椭圆形，淡红色，长约0.3mm，两端稍细。淡红至淡红褐色，有光泽。

若虫 初孵时呈扁平椭圆形，长约0.4mm，暗红色，腹端有2长毛。2龄时呈广椭圆形，稍突起，暗红色，体表披白色蜡质，3龄时蜡质增厚。蜡壳暗红色，长形。

蛹 体长约1.2mm，淡黄色。

茧 椭圆形，暗红色，长约1.5mm。

【发生规律】1年发生1代，以受精雌虫在寄主枝条上越冬。5月下旬至6月上旬为越冬雌虫产卵盛期。雌若虫蜕皮3次，蛹期2~6天。雄成虫8月中旬至9月上旬羽化，寿命1~2天。越冬雌虫产卵于体下，产卵期长可达30天。每雌可产卵200~500余粒。初孵若虫离母体后移至新梢。群集于新叶及嫩枝上，多在受阳光的外侧枝梢上寄生，树冠内膛枝叶较少。若虫孵化后，离开母体移至新梢定居后，即吸取汁液，并由泌蜡器官在虫体背面和胸部两侧分泌蜡质，背面呈马蹄形，侧面呈斑点状，均粉白色。之后虫体逐渐长大，分泌物也逐渐长大并逐渐增厚，雄虫在前蛹期停止分泌蜡质物。雄虫化蛹时，分泌一层较薄的白色蜡茧，化蛹其中。

【防治方法】

参见碧桃中朝鲜球坚蚧防治方法。

3. 日本龟蜡蚧

参见蜡梅中日本龟蜡蚧相关内容。

十四、山　茶

山茶（*Camellia japonica*），别名山茶花，山茶科山茶属；常绿灌木或小乔木。高4~10m，叶椭圆形至矩圆状椭圆形，叶面光亮，两面无毛；叶缘有细齿。花单生或簇生于枝顶和叶腋，近无柄；花色丰富，以白色和红色为主，花瓣先端有凹缺，栽培品种多重瓣；花丝、子房均光滑无毛，子房3室。蒴果球形，直径2.5~4.5cm。花期（12）1—4月；果秋季成熟。

1. 山茶炭疽病

【寄主】山茶、油茶、茶。

【症状】该病主要为害叶片。发病初期，在叶缘或叶尖部着生褐色斑，扩展后呈半圆形或不规则形病斑，褐色；发病后期病斑中央为灰白色或浅褐色，斑缘褐色，其上散生黑色小点粒，近斑缘有轮状皱缩线纹。枝条发病时，在叶柄基部及分枝处有凹陷溃疡斑，绕枝一周后其上枝叶枯萎。

【病原】无性态真菌，茶炭疽盘长孢（*Gloeosporium theaesinensis*）。

【发病规律】病菌以菌丝体在病叶上越冬。翌年4月间当气温升至20℃以上，相对湿度在80%以上时，病斑上产生孢子。孢子借雨水传播。潜育期一般为5~7天，长的达15~20天。只要条件适宜，可以反复侵染。阴湿多雨是病害大发生的主要条件，高温干旱不利于病害的发生。病菌生长的温度范围为25~27℃，最宜于发病，低于15℃病害不发生。分生孢子萌发以25℃最为适宜。

【防治方法】

参见碧桃中桃炭疽病的防治方法。

2. 山茶花腐病

【寄主】山茶花、油茶、茶。

【症状】为害山茶的花，使之产生干腐，感病花瓣上产生多个褐色斑点，整个花冠被侵染后，花变褐干枯。天气潮湿时，花瓣基部形成菌核，菌核黑褐色至黑色。该病从产生花蕾至花凋萎整个过程均可发生。影响植株观赏及生长。

【病原】子囊菌门，假螺卷毛壳菌（*Chaetomium cochliodes*）。

【发病规律】1年发生1次，病原菌以菌丝体及菌核在土壤及病株残体上越冬。菌核可存活2~3年。翌年春季，在温度适宜、环境比较潮湿的条件下，菌核开始萌发，在其上产生子囊盘和子囊孢子。子囊孢子借风雨传播，萌发后侵染寄主。

【防治方法】
(1) 农业防治　及时剪除并销毁凋萎的感病花朵。
(2) 化学防治　发病期可用50%腐霉利可湿性粉剂1 000~1 500倍液，或58%甲霜·锰锌可湿性粉剂400~600倍液，或80%代森锌可湿性粉剂600~800倍液喷雾防治，每隔7~10天喷施1次，连续2~3次，建议交替使用药剂，以防产生抗药性。

3. 山茶花网饼病

【寄主】山茶花、油茶。

【症状】主要发生在已充分展开的新叶上，病害在叶缘或叶尖，但叶片的其他部分也有发生。初期叶片上产生针尖大小的渍状小点，呈淡绿色，后病斑逐步扩大为暗褐色。病部组织变厚，有时向上反卷，叶片背面沿着叶脉出现网状突起，病斑上有白色粉状物，在湿度较大时，还稍带黏性，后期病斑呈紫褐色或紫黑色，最后受害组织变褐枯死，造成落叶。

【病原】担子菌门，网状外担子菌（*Exobasidium reticulatum*）。

【发病规律】该病病菌以菌丝在植株的病叶上越冬，病菌孢子经风传播，在4—6月、9—10月发生较重。高湿、多雾、少日照、通风不良及植株生长柔嫩易于发病。

【防治方法】
(1) 农业防治　冬季及时剪除病叶，减少侵染源。
(2) 化学防治　发生期，可喷施75%百菌清可湿性粉剂600~1 000倍液，或70%甲基硫菌灵可湿性粉剂800~1 000倍液，或25%烯肟菌酯乳油800~1 200倍液喷雾防治。每隔15天喷施1次，连喷2~3次。

4. 山茶煤污病

【寄主】山茶、米兰、白兰、棕榈、刚竹、黄杨、海桐、茉莉、冬青、樱桃、蔷薇等。

【症状】在叶上生黑色疏松状小斑，连片后形成较坚硬的墨黑色霉层，遇水不易散开脱落。主要由蚜虫、粉虱、蚧类为害后导致发病，为害严重时，导致植株叶片漆黑，影响光合作用，导致植株死亡。

【病原】子囊菌门小煤炱属（*Meliola* sp.）。

【发病规律】主要诱因是刺吸式口器害虫，在植物上取食后其排泄物及其分泌物。通风透光不良，湿度高，为煤污病提供营养和繁殖蔓延的条件，在高温多湿的条件下，植株郁闭度大，不利于通风透光为媒介害虫的为害与繁殖创造了良好条件，故发病较重。

【防治方法】

参见紫薇煤污病防治方法。

5. 山茶锈壁虱

【学名】*Calacarus carinatus*,蜱螨目瘿螨科。

【寄主】山茶。

【为害状】山茶锈壁虱别名茶瘿螨,为害山茶的嫩叶嫩梢,使叶片背面变黄,似生锈一样,叶片扭曲、变脆,缺乏光泽,叶背发生茸毛,茸毛初为灰白色,逐渐变为茶褐色,最后呈黑褐色;严重时无法再生长新梢。

【形态特征】

成虫 体长0.1mm左右,初为淡黄色,后为橙黄色或肉红色,足两对。

卵 圆球形,灰白色,半透明。

若螨 似成虫,体灰白色至浅黄色。

【发生规律】1年发生10多代,以成螨在芽的鳞片缝隙或秋梢叶内越冬。4月中下旬开始活动,产卵,6—10月为害较严重。锈壁虱喜欢在遮阴处,由树冠下部、内部逐渐向上向外蔓延。

【防治方法】

(1)**农业防治** 剪除被害虫叶,集中处理。

(2)**化学防治** 发生期,可喷施10%苯丁·哒螨灵乳油1 000~1 500倍液,或73%炔螨特乳油2 000~3 000倍液喷雾防治,或22%阿维·螺螨酯悬浮剂3 500~4 000倍液喷雾防治。上述药物交替使用,延缓抗性。

6. 棉蚜

参见木槿中棉蚜的相关内容。

7. 介壳虫

【学名】糠片盾蚧(*Parlatoria pergandii*)、吹绵蚧(*Icerya purchasi*)、红蜡蚧(*Ceroplastes rubens*)等多种蚧类。

【寄主】山茶。

【为害状】山茶上常发生的介壳虫有30多种,其中为害山茶花最严重的有糠片盾蚧、吹绵蚧、红蜡蚧3种。还有红圆蚧、日本龟蜡蚧、伪角蜡蚧、褐软蜡蚧、山茶片盾蚧、蛇眼蚧、桑白盾蚧、矢尖盾蚧等多种蚧类。寄生在山茶花枝叶上,特别是叶片的主脉、叶缘及叶背,用刺吸式口器刺吸叶肉或枝条皮层组织,吸取养分。使得叶面出现凹陷的黄斑点,或叶背有白色棉花状斑块,或者枝条出现粉色瘤状小突起,叶片转黄、卷曲,甚至脱落。植株生长不良,花蕾掉落。

【形态特征】参见各种介壳虫的形态特征。
【发生规律】参见各种介壳虫的发生规律。
【防治方法】
（1）**农业防治** 冬季剪除有虫枝条，或刮除枝条上越冬的虫体，并集中销毁。
（2）**化学防治** ①当介壳虫发生量大，为害严重时，化学防治仍是主要的防治手段。冬季或早春在花木发芽前，喷施 1 次 3~5°Bé 石硫合剂，或 3%~5% 柴油乳剂，或 22.4% 螺虫乙酯悬浮剂 800~1 000 倍液，消灭越冬代若虫和雌虫。② 在初孵若虫期进行喷药防治。常用药剂有：22.4% 螺虫乙酯悬浮剂 3 000~4 000 倍液，或 5% 吡丙醚水乳剂+22% 噻虫·高氯氟悬浮剂二者混合剂 800~1 000 倍液喷雾；亦可喷施 40% 啶虫·毒死蜱乳油 1 000~2 000 倍液，或 40% 吡虫·杀虫单水分散粒剂 1 500 倍液。每隔 7~10 天喷 1 次，共喷 2~3 次，喷药时要求均匀周到。

8. 侧多食跗线螨

【学名】*Polyphagotarsonemus latus*，真螨目跗线螨科。
【寄主】山茶、茉莉、蜡梅、月季、菊花、地锦、常春藤、仙客来等多种植物。
【为害状】以成螨、若螨群集在幼嫩部位为害，主要是刺吸植物汁液为害，叶片变厚、皱缩、叶色加深。发生严重时顶端叶片变小且硬，叶背有光泽，呈灰褐色，叶缘向下卷，导致不长新叶，幼茎变为黄褐色，植株扭曲变形，最后枯死。
【形态特征】
雌成螨 长约 0.21mm，椭圆形，淡黄色至橙黄色，腹部末端平截，表皮薄而透明，螨体呈半透明状。
雄成螨 长约 0.19mm，足较长而粗壮，第 3、4 对足的基节相接。第 4 对足胫节、跗节细长，向内侧弯曲，远端 1/3 处有一根特别长的鞭状毛，爪退化为纽扣状。
卵 椭圆状，无色透明，表面具纵裂瘤状突起。
幼螨 足 3 对，体背有 1 白色纵带，腹末端有 1 对刚毛。
若螨 长椭圆形，外面罩着幼螨的表皮。
【发生规律】1 年发生 20 代左右，以雌成螨在病残物及杂草上越冬。翌年春季，条件适宜时将卵散产在芽尖或嫩叶背面，6—7 月为发生高峰期。该虫喜高温环境，遇有高温干旱年份或季节发生量大。该虫发育繁殖的最适温度为 16~23℃，相对湿度为 80%~90%。当取食部位变老时，雄成螨携带雌若螨向新的幼嫩部位转移，后者在雄螨体上蜕 1 次皮变为成螨后，与雄螨交配，并附在幼嫩叶上，卵和幼螨在相对湿度 80% 以上才能发育。大雨暴雨对成螨的生长不利。
【防治方法】
参见木槿中朱砂叶螨的防治方法。

十五、红叶石楠

红叶石楠（*Photinia ×fraseri*），蔷薇科石楠属；杂交种常绿灌木或小乔木。高 4~6m；小枝灰褐色，无毛。叶互生，长椭圆形或倒卵状椭圆形，长 9~22cm，宽 3~6.5cm，边缘有疏生腺齿，无毛。复伞房花序顶生，花白色，直径 6~8mm。果球形，直径 5~6mm，红色或褐紫色。

1. 红叶石楠缺铁黄化病

【寄主】红叶石楠。

【症状】发病初期，枝梢新叶的脉间失绿黄化，但叶脉尤其主脉仍然保持绿色，黄绿相间现象十分明显。顶梢红色变淡，出现红白相间，随着黄化程度的加重，新生叶片生长比健壮树叶推迟 7~20 天，叶片逐渐变小，由绿色、红色变黄色，变薄，叶面有乳白色斑点，叶脉也失去绿意，呈极淡的绿色。相继全叶发白，叶片局部坏死，叶缘焦枯，叶片凋落；严重时，则枝梢枯顶，以致整株死亡。

【病原】土壤缺铁，且土壤和水质呈碱性引起。

【发病规律】长期生长在偏碱性土壤就会影响根系对铁元素及其他微量元素的吸收，使叶片变黄变白，同时，土壤中缺乏营养元素，根系发育不良或化肥、农药施用不当也会影响植株对铁元素的吸收，加速黄化病的发生。

【防治方法】
参见棣棠中棣棠缺铁黄化病的防治方法。

2. 石楠白粉病

【寄主】红叶石楠、石楠、海棠等。

【症状】主要侵害植物叶片，通常嫩叶会比老叶更容易受到侵染。植株在受到侵染时，首先遭到侵染的是石楠下部叶片，之后蔓延至中部、上部；在发病初期，受石楠白粉病为害的叶片表层会出现白色小点；随着病情加重，白色斑点会不断增多；严重时，叶片的正反两面均会布满白色粉层；嫩叶受害时，会皱缩、扭曲、变形，并且不能萌发生长，有时甚至会出现灼烧状；发病后期，受害叶片会枯黄、变黑，并提前脱落。

【病原】子囊菌门，白叉丝单囊壳菌（*Podosphaera leucotricha*）。

【发病规律】病原菌在植物病组织体内以及病株的残体上进行越冬。通常在3月中下旬,被侵染的石楠就开始出现为害症状。病菌孢子在进行初侵染时,会在树体的表面以吸器伸入到寄主的组织内吸取养分和水分,并且还会在寄主的体内进行扩展。4—9月为病害发生期,气温在20~28℃是该病菌适宜的温度,为白粉病发生盛期;6—8月发病缓慢或停滞,待秋梢产生幼嫩组织时,又开始第二次发病高峰。春季温暖干旱,有利于病害流行。

【防治方法】
参见紫薇中紫薇白粉病的防治方法。

3. 石楠轮纹病

【寄主】红叶石楠、石楠等。

【症状】病斑多发生在叶片的叶缘,呈不规则圆形大小斑,褐色;中部色稍淡,边缘深褐色,上面散生小黑点,即病原菌的分生孢子盘。发病严重时,病斑累累,叶片浅黄色,影响生长发育和观赏。

【病原】无性态真菌,石楠盘多毛孢(*Pestalotia photiniae*)。

【发病规律】病菌以分生孢子盘在病残体组织中越冬。翌年条件适宜,即产生分生孢子,侵入寄主为害。

【防治方法】
(1) **农业防治** 彻底清除病落叶烧毁,以减少病源蔓延传播
(2) **化学防治** ①发病前对树冠喷施1:2:200波尔多液,或0.3~0.5°Bé石硫合剂。②发病期喷施80%代森锌可湿性粉剂600~800倍液,或75%多菌灵可湿性粉剂1 000~1 200倍液,或70%甲基硫菌灵可湿性粉剂800~1 000倍液,或30%苯甲·嘧菌酯1 500~2 000倍液,或25%咪鲜胺乳油800~1 000倍液等药剂进行均匀喷雾,每隔10~15天喷1次,连续喷施2~3次。建议轮换用药,以免产生抗药性。

4. 石楠木虱

【学名】*Psylla chinensis*,半翅目木虱科。

【寄主】红叶石楠、石楠。

【为害状】以成虫和若虫刺吸为害,若虫能分泌出大量蜡絮,遍布枝干和叶片,影响树木的光合作用,每年8—9月蜡絮纷纷飘落犹如"雪雨",严重污染环境,同时若虫分泌的蜜露还会诱发煤污病,使石楠遭受双重危害,影响观赏效果。

【形态特征】

成虫 雌虫体长4~5mm,黄绿色翅膜质透明;翅脉茶褐色,像横写的"介"字,雄虫略小,腹部尖削。

卵 长约0.7mm,呈纺锤形,一端稍大,初产时淡黄色,孵化前变红褐色。

若虫 共3龄,体色由淡黄色至淡绿色,若虫无翅或仅有翅芽。

【发生规律】1年发生3代,以卵在枝干上越冬。翌年4月下旬至5月下旬为第1代若虫孵化期,5月中旬为孵化高峰,第1代成虫羽化高峰为6月中旬,第2代成虫羽化高峰为7月下旬,第3代成虫羽化期为8月下旬。初孵若虫由枝条、叶柄爬至嫩叶背面、中部叶脉两侧刺吸为害。一般5~20只群集在一起,互相借助蜡质覆盖虫体。石楠木虱的发生与风力大小有关,风可以帮助若虫、成虫扩散迁移为害,把成虫或蜡絮中的初龄若虫随风飘至200~300m远的地方继续为害。

【防治方法】

(1) **农业防治** 冬春季节,剪除带卵枝并清除枯枝落叶,减少虫源。

(2) **化学防治** 发生期可用20%甲氰菊酯乳油2 500~3 000倍液,或10%吡虫啉可湿性粉剂1 200~1 500倍液,或22.4%螺虫乙酯悬浮剂3 000~4 000倍液等药剂进行喷雾防治。

5. 长尾粉蚧

【学名】*Pseudococcus adonidum*,半翅目粉蚧科。

【寄主】红叶石楠、报春花、扶桑、海桐、樱花、变叶木、夹竹桃、仙人掌、杜鹃等多种植物。

【为害状】是一种刺吸式口器的害虫,成虫、若虫刺吸茎叶汁液,使枝叶萎缩、畸形;雌蚧从腺孔分泌黏液,布满叶面和枝条,如油渍状,雌成虫产卵前先形成絮状蜡质;长尾粉蚧大量发生时,可致石楠发芽晚,叶片小,引起落叶、枝条干枯甚至整株枯死。

【形态特征】

雌成虫 椭圆形,体长约2.5mm,宽约1.5mm,白色稍带黄色,背中央具1褐色带。足与触角有少许褐色,背面有白蜡粉。体缘生白色蜡质突出物,近尾端有4根白色细长蜡丝。触角8节,第8节最长,各节均具毛。足甚长,胫节比跗节长2倍,爪长。腹部各节有许多小孔及散生毛,腹侧具圆孔及尖刻,分泌白色蜡质。肛门轮生6根长毛。

卵 略呈椭圆形,淡黄色,产于白絮状卵囊内。

若虫 似成虫,但较扁平,触角6节。

【发生规律】1年发生2~3代,以卵囊越冬。翌年5月中下旬若虫大量孵化,群集幼芽、茎叶上吸汁为害,使枝叶萎缩、畸形。雄若虫后期成白色茧,在茧内化蛹。雌成虫产卵前先形成絮状蜡质卵囊,卵产于囊中。每雌虫可产卵200~300粒。

【防治方法】

(1) **农业防治** 冬季剪除有虫枝条和清扫落叶,或刮除枝条上越冬的虫体,并集中销毁。

(2) **化学防治** ①冬季或早春,在树木发芽前,可用5°Bé石硫合剂液喷雾防治。② 若虫孵化初期,可选用12%噻嗪·高氯氟悬浮剂2 000~2 500倍液,或40%啶虫·毒死蜱乳油1 000~2 000倍液,或22.4%螺虫乙酯悬浮剂4 000~5 000倍液等内吸性、渗透性强的药剂进行喷雾。

（3）生物防治　保护和利用天敌瓢虫、草蛉、寄生蜂等。

6. 棉蚜

参见木槿中棉蚜的相关内容。

7. 梨眼天牛

【学名】*Chreonoma fortunei*，又名梨绿天牛，鞘翅目天牛科。

【寄主】石楠、梨、梅、杏、桃、李、海棠、石榴、苹果、山楂等多种植物。

【为害状】以成虫、幼虫为害，成虫活动力不强，常栖息叶背或小枝上，咬食叶背的主脉和中脉基部的侧脉，呈褐色伤疤，也可咬食叶柄、叶缘和嫩枝表皮。幼虫蛀食枝条木质部，在被害处有很细的木质纤维和粪便排出，树下堆有虫粪，枝干上冒出虫粪，受害枝条易被风折断。

【形态特征】

成虫　体长8~10mm，体较小，略呈圆筒形，橙黄色，全体密被长竖毛和短毛，鞘翅蓝绿色或紫蓝色，有金属光泽；雄虫触角与体长相等或稍长，雌虫稍短。

卵　长圆形，初乳白色后变黄白色，略弯曲，尾端稍细，长约2mm。

幼虫　老熟幼虫体长18~21mm，体呈长筒形，略扁平；初孵幼虫乳白色，随龄期增长体色渐深，呈淡黄色或黄色。

蛹　体长8~11mm，初期黄白色，渐变为黄色，羽化前翅鞘逐渐呈蓝黑色。

【发生规律】2年发生1代，以4龄幼虫在所蛀的蛀道内越冬。翌年3月下旬开始活动为害，4月中旬老熟幼虫开始化蛹，蛹期15~20天；成虫最早出现在5月上旬，成虫羽化后，在枝内停留2~5天才从坑道顶端一侧咬洞钻出；羽化盛期在5月中下旬，末期在6月中旬。

【防治方法】

参见碧桃中桃红颈天牛防治方法。

十六、南天竹

南天竹（*Nandina domestica*），小檗科南天竹属；常绿丛生灌木。高可达2m，全株无毛；2~3回羽状复叶互生，小叶全缘，椭圆状披针形，长3~10cm，革质，先端渐尖，基部楔形，两面无毛，表面有光泽。圆锥花序顶生，长20~35cm；花白色，芳香，直径6~7mm；萼多数，多轮；花瓣6，无蜜腺雄蕊6，1轮，与花瓣对生。浆果球形，直径约8mm，鲜红色。花期5—7月；果期9—10月。

1. 南天竹红斑病

【寄主】南天竹。

【症状】多从叶尖或叶缘开始发生，初为褐色小点，后逐渐扩大成半圆形或楔形病斑，直径2~5mm，褐色至深褐色，略呈放射状。后期在病株生灰绿色至深绿色煤污状的块状物，即分生孢子梗及分生孢子。发病严重时，常引起提早落叶。

【病原】无性态真菌，南天竹假尾孢（*Cercospora nandinae*）。

【发病规律】以菌丝或子实体在病叶上越冬，翌年春季，产生分生孢子，借风雨传播，侵染发病。

【防治方法】

（1）**农业防治** 及时摘除病叶，并集中销毁或深埋土中，减少侵染来源。

（2）**化学防治** 发病期，用80%代森锌可湿性粉剂600~800倍液，或70%甲基硫菌灵可湿性粉剂800~1 000倍液，或75%多菌灵可湿性粉剂1 000~1 200倍液，或75%百菌清可湿性粉剂800~1 000倍液，或30%苯甲·嘧菌酯（18.5%苯醚甲环唑+11.5%嘧菌酯）1 500~2 000倍液，或25%咪鲜胺乳油800~1 000倍液等药剂进行均匀喷雾，每隔10~15天喷1次，连续喷施2~3次。轮换用药，以免产生抗药性。

2. 刘氏短须螨

【学名】*Brevipalpus lewisi*，蜱螨目细须螨科。

【寄主】南天竹、水杉、白玉兰、紫丁香、海棠、月季、紫藤、爬山虎、石榴、葡萄等。

【为害状】成螨、幼螨、若螨多在叶背沿主脉和侧脉处吸汁为害，严重时造成叶片枯焦而早落。

【形态特征】

成螨 雌成螨体卵圆形较扁平，体长约 0.32mm，赭褐色。腹部背面中央鲜红色。体背中央略呈纵向隆起，且有不规则条纹，两侧还有网状格。有的网状格相互融合。生殖前板有融合的网状格。生殖板有不规则的横纹。前足体背毛狭披针形。后足体有小孔 1 对。受精囊椭圆形。顶部有微刺丛生。雄成螨体长约 0.27mm，背面表皮纹路与雌螨相似。后足体与末体之间有收窄的横缝相隔，末体较雌体狭窄。

卵 为卵圆形，鲜红色，有光泽。

幼螨 体鲜红色，足 3 对，白色，足末端有 1 条长刚毛。体侧的前足、后足间有 2 条叶片状刚毛，腹末周缘有 4 对刚毛，其中第 3 对为针状，余为叶状。

若螨 体淡红色或灰白色，足 4 对。背毛全部呈披针形。前足体第 1 对背毛微小，第 2、3 对背毛较长，宽阔具锯齿。后半体背中毛和第 1、2 对背侧毛微小，第 3～6 对背侧毛宽阔，具锯齿。

【发生规律】 1 年发生 5～10 代。以雌成螨在树皮裂缝、叶腋等处越冬。翌年 4 月中下旬开始为害；4 月底至 5 月初开始产卵。6 月发生较多，7～8 月大量发生为害，11 月进入越冬。成螨有少量拉丝。卵散产，每雌螨产卵 21～30 粒，产卵 29 天后死亡；幼螨有群集蜕皮习性。前期多在叶背叶脉两侧，至 10 月则转移到叶柄基部或叶腋间。

【防治方法】

参见木槿中朱砂叶螨防治方法。

3. 茶蓑蛾

【学名】 *Eumeta minuscula*，别名负囊虫、布袋虫，鳞翅目袋蛾科。

【寄主】 南天竹、金钱松、羊蹄甲、紫薇、月季、悬铃木、重阳木、杨、柳、刺槐、紫荆、香樟、垂丝海棠、池柏、桂花、含笑、杨梅、凤凰木、牡丹、芍药等。

【为害状】 幼虫在护囊中咬食叶片、嫩梢或剥食枝干、果实皮层，叶成孔洞，该虫喜集中为害。发生严重时，护囊挂于枝梢上。叶片全部被吃光，造成局部光秃，影响植株生长，降低观赏价值。

【形态特征】

成虫 雌蛾体长 12～16mm，足退化，无翅，蛆状，体乳白色，头小，褐色；腹部肥大，体壁薄，能看见腹内卵粒；后胸、第 4～7 腹节具浅黄色茸毛。雄蛾体长 11～15mm，翅展 22～30mm，体翅暗褐色；触角呈双栉状。胸部、腹部具鳞毛；前翅翅脉两侧色略深，外缘中前方近正方形透明斑 2 个。

卵 长约 0.8mm，宽约 0.6mm，椭圆形，浅黄色。

幼虫 体长 16～28mm，体肥大，头黄褐色，两侧有暗褐色斑纹；胸部背板灰黄白色，背侧具褐色纵纹 2 条，胸节背面两侧各具浅褐色斑 1 个；腹部棕黄色，各节背面均具黑色小突起 4 个，呈"八"字形。

蛹 雌蛹纺锤形，长 14～18mm，深褐色，无翅芽和触角。雄蛹深褐色，长约

13mm，护囊纺锤形，深褐色，丝质，外缀叶屑或碎皮，稍大后形成纵向排列的小枝梗，长短不一。护囊中的雌老熟幼虫长约30mm，雄虫长约25mm。

【发生规律】 1年发生1~2代；多以3~4龄幼虫或老熟幼虫在枝叶上的护囊内越冬。2—3月，气温10℃左右，越冬幼虫开始活动和取食，5月中下旬后幼虫陆续化蛹，6月上旬至7月中旬成虫羽化并产卵。成虫在下午羽化，雄蛾喜在傍晚或清晨活动，靠性引诱物质寻找雌蛾，雌蛾羽化翌日即可交配，交尾后1~2天产卵，每雌平均产600多粒，个别高达3 000粒，雌虫产卵后干缩死亡。幼虫多在下午孵化后先取食卵壳，后爬上枝叶或飘到附近枝叶上，吐丝黏缀碎叶营造护囊并开始取食。幼虫老熟后在护囊里倒转虫体化蛹在其中。

【防治方法】

（1）**农业防治** 消灭越冬虫茧。可结合抚育修枝、冬季清园等日常养护管理进行，人工剪除幼虫网幕，发现虫囊及时摘除，集中销毁。或在树干绑草，引诱幼虫化蛹，再集中销毁稻草。

（2）**化学防治** 掌握在幼虫低龄盛期喷施90%晶体敌百虫800~1 000倍液，或40%辛硫磷乳油1 000~1 500倍液，或者5%甲维·高氯微乳剂1 000~1 500倍液，或22%噻虫·高氯氟悬浮剂3 000~4 000倍液，或100g/L联苯菊酯乳油2 000~3 000倍液，或20%甲维·茚虫威悬浮剂5 000~6 000倍液喷雾防治。

（3）**生物防治** 保护和利用天敌蓑蛾疣姬蜂、黄瘤姬蜂、桑蟥疣姬蜂、大腿蜂等。

4. 红蜡蚧

参见枸骨中红蜡蚧的相关内容。

十七、海 桐

海桐（*Pittosporum tobira*），海桐花科海桐花属；常绿灌木或小乔木。高可达 6m，树冠圆球形，浓密；小枝及叶集生于枝顶。叶倒卵状椭圆形，长 5~12cm，先端圆钝或微凹，基部楔形，边缘反卷，全缘，两面无毛。伞房花序顶生，花白色或黄绿色，直径约 1cm，芳香。果卵球形，长 1~1.5cm，3 瓣裂种子鲜红色，有黏液。花期 5 月；果期 10 月。

1. 海桐白星病

【寄主】海桐。
【症状】发生于叶片上，病斑圆形，直径 2~4mm，初为褐色，边缘暗褐色，后中央变为白色，上生微细的小黑点，严重时许多病斑汇合成大病斑，造成叶枯，引起叶片黄化早落。
【病原】无性态真菌，海桐壳针孢（*Septoria pittospori*）。
【发病规律】病菌主要以菌丝体和分生孢子器在病残株组织中越冬，土层表面含有大量病原菌。种子内部也能带病原菌，潮湿条件下，容易产生丝状或长圆筒形分生孢子，直接侵入或从伤口侵入（部分可从气孔侵入），病害多先引起幼苗下部的叶片发病，逐渐向上蔓延，植株的幼嫩组织抗病能力强。
【防治方法】
（1）农业防治 秋末冬初，剪除病枝，清扫落叶，集中销毁，减少侵染源。
（2）化学防治 ①发病前，喷施 1:2:200 波尔多液或 0.3~0.5°Bé 石硫合剂。②发病期，喷施 80%代森锌可湿性粉剂 600~800 倍液，或 70%甲基硫菌灵可湿性粉剂 800~1 000 倍液，或 25%咪鲜胺乳油 800~1 000 倍液。

2. 吹绵蚧

【学名】*Icerya purchasi*，半翅目绵蚧科。
【寄主】海桐、桂花、山茶、棕榈、扶桑、牡丹、月季、玫瑰、米兰、含笑等 250 多种花木。
【为害状】雌成虫和若虫群集有时分散于叶背、叶柄、嫩梢和枝条上刺吸汁液，严重时叶片变黄早落，枝梢枯萎，并诱发煤污病，使叶面发黑，阻碍光合作用，影响树势，从而降低观赏价值。

【形态特征】

成虫 体长 5~7mm，雌虫椭圆形；橘红色，腹面平，背隆起；触角黑褐色，11节，产卵前在腹部后方分泌白色卵囊，囊上有 14~16 条纵纹。雄虫全腹瘦小，长约 3mm，胸部黑色，腹部橘红色；前翅狭长，黑色，后翅退化为钩状。

卵 椭圆形，长约 0.7mm，橘红色，密集于雌虫的卵囊内。

若虫 椭圆形，橘红色，背面覆盖淡黄色蜡粉，2 龄触角 6 节；3 龄触角 9 节；体毛发达。

蛹 体长约 3.5mm，橘红色，体上散生淡黄褐色细毛，被有白蜡质薄粉。

茧 长椭圆形，白色，由疏松蜡丝组成，外敷白色蜡粉。

【发生规律】1 年发生世代因地而异，一般 1 年发生 2~4 代，以雌成虫或若虫在枝干上越冬。翌年 3 月产卵，5—6 月为产卵盛期，5 月下旬至 6 月下旬若虫盛孵；成虫于 6 月下旬至 10 月上中旬发生，7 月中旬至 8 月上旬较多。第 2 代成虫于 7 月下旬至 8 月中旬产卵，8 月中旬为盛期；若虫于 7 月中旬至 11 月上旬发生，8—9 月为盛期。每蜕皮 1 次换居处 1 次，并有群栖性。雄虫较活泼。3 龄时口器退化，即在树干裂缝或附近松土、杂草中作白絮状茧化蛹。雌成虫无停食或休眠状态。各虫态世代重叠。

【防治方法】

参见碧桃中朝鲜球坚蚧防治方法。

3. 黑蜕白轮蚧

【学名】*Aulacaspis rosarum*，别名拟蔷薇轮蚧、月季白轮蚧，半翅目盾蚧科。

【寄主】海桐、蔷薇、月季、玫瑰、樟树、苏铁等多种植物。

【为害状】成虫和若虫固定枝干上，吮吸汁液为害，远看好似覆盖一层白色棉絮状。严重时导致整株死亡。并诱发煤污病，使叶面发黑，阻碍光合作用，影响树势，从而降低观赏价值。

【形态特征】

成虫 雌虫介壳灰白色，近圆形，壳点位于边缘；虫体长约 1.3mm，紫红色，前体部很膨大。雄介壳长约 1mm，狭长；雄虫体长约 0.5mm，淡红褐色，介壳白色，背面有 3 条脊沟。壳点在前端，淡褐色。

卵 长椭圆形，紫红色。

若虫 初龄橘红色，扁平，卵圆形，后期圆形，橙黄色。

【发生规律】1 年发生 2~3 代，有世代重叠现象。主要以受精雌虫和 2 龄若虫在枝干上越冬。翌年 3 月下旬至 4 月上旬羽化，3 月是第 1 代雌成虫产卵期，盛期在 4 月中下旬。第 1 代若虫盛孵期在 7 月下旬出现，第 2 代若虫盛孵期在 8 月中下旬，第 2 代雌成虫于 10 月上旬出现，部分雌虫继续产卵发育，每头雌虫平均产卵 132 粒。

【防治方法】

参见碧桃中朝鲜球坚蚧防治方法。

4. 柳瘤大蚜

【学名】*Tuberolachnus salignus*,半翅目大蚜科。

【寄主】海桐、枇杷、垂丝海棠、柳树、松树等。

【为害状】大量发生时,所分泌的蜜露如下微雨,地面上有层褐色黏液。若蚜和成虫多群集在幼枝分杈处和嫩枝上为害,吸食汁液,分泌蜜露,常引起煤污病发生,盛夏较少,形成春季和秋季两个发生盛期。

【形态特征】

无翅胎生雌蚜 体长 3.5~4mm,为蚜虫中最大的一种。体黑灰色,密被细毛。腹部膨大,第 5 节背中央有锥形突起瘤。腹管扁平,圆锥状,尾片半月形。足暗红褐色,密生细毛,后足特别长。

有翅胎生雌蚜 长约 4mm,头、胸部颜色较深,腹部颜色浅,触角第 3 节有次生感觉孔 14~17 个,触角第 4 节有次生感觉孔 3 个;翅透明。

【发生规律】1 年发生 10 代以上,以成虫在树干下部树皮缝中或其他隐蔽处越冬。翌年 2 月底越冬成虫开始向树上移动,4—6 月盛发,树干上和树下地面可见大量排泄物和黏稠蜜露,能诱发严重煤污病,造成枝叶枯黄。7—8 月虫量明显减少,9—10 月再度大发生,11 月中旬以后爬入树干缝隙等处藏匿越冬。

【防治方法】

参见碧桃中桃瘤蚜防治方法。

5. 褐带卷叶蛾

【学名】*Adoxophyes orana*,鳞翅目卷蛾科。

【寄主】海桐、菊花、蔷薇、梅花、金丝桃、海棠、紫薇、榆叶梅、银杏等。

【为害状】初孵幼虫群栖在叶片上为害,以后分散为害,并常吐丝连缀叶片成苞,在其中啃食叶肉,造成叶片网状或孔洞,有的还啃食果皮,影响绿化美化效果。

【形态特征】

成虫 体长约 8mm,翅展 18mm 左右。体棕黄色,前翅基部狭窄,翅面斑纹褐斑,缘毛灰黄色。

卵 椭圆形,浅黄色。

幼虫 体长 15mm 左右,体绿色;前胸背板及胸足黄色。

蛹 纺锤状;雌蛹体长 9~10mm,宽约 2.5mm;雄体长约 8mm,宽约 1.8mm。

【发生规律】1 年发生 2~3 代,以幼龄幼虫在皮缝、伤口处和落叶中做白色小茧越冬。翌年 3 月越冬幼虫顺枝条爬到新梢枝嫩芽幼叶上为害,5 月幼虫老熟化蛹,蛹期约 7 天。成虫夜伏日出,对黑光灯、果汁和糖醋液有强趋性。成虫产卵于叶上和果皮上,卵块扁平，呈鱼鳞状排列，卵期10天左右。3代成虫发生期分别在5月中下旬至6月中下旬、7月中下旬至8月中下旬、8月中下旬至9月中下旬，有世代重叠现象。第3代卵期约7天，幼虫孵化为害一段时间后，于10月中下旬幼虫开始寻找适合的缝隙，以幼虫结薄茧越冬。

【防治方法】

（1）**农业防治** 设置黑光灯诱杀成虫。

（2）**化学防治** 幼虫发生期，用20%虫酰肼悬浮剂1 500~2 000倍液，或20%氰戊菊酯乳油2 000~3 000倍液喷雾防治。

（3）**生物防治** 保护和利用天敌赤眼蜂、姬蜂、肿腿蜂、茧蜂、绒茧蜂等。

十八、蚊 母

蚊母（*Distylium racemosum*），金缕梅科蚊母属；常绿灌木或乔木。高15~25m，常呈灌木状，树冠开展呈球形。小枝和芽有盾状鳞片。叶厚革质，椭圆形至倒卵形，长3~7cm，宽1.5~3.5cm，先端钝或略尖，基部宽楔形，全缘。总状花序长约2cm，雄花位于下部，雌花位于上部，花无瓣；花药红色。果卵形，密生星状毛，花柱宿存。花期4—5月；果期9—10月。

蚊母瘿蚜

【学名】*Neothoracaphis yanonis*，半翅目蚜科。
【寄主】蚊母、中华蚊母、小叶蚊母等。
【为害状】刺吸为害新叶，被害后在虫体四周隆起，逐渐将虫体包埋形成虫瘿，虫瘿继续生长，可至黄豆大小。虫瘿变红，破裂，有翅迁飞蚜迁往第二寄主为害。虫瘿的存在既影响蚊母的正常生长，又影响景观效果。
【形态特征】
有翅孤雌蚜 体长卵形，长约1.6mm；头、胸黑色，体黑灰色，触角粗短；5节，尾片末端圆形，有横行微刺，短毛6~9根；前翅中脉较淡，分有三岔，后翅肘脉2根。
干母 嫩黄色，初孵若虫体扁平，近透明，仅足基部、腿节和胫节连接处稍深色。复眼红色，腹部比较小，体侧有6对以上较长毛。干母经两次蜕皮后体形变为半球形，饱满，腹末两侧出现白色蜡丝；触角粗短，长约0.16mm，第3节端部明显变细，鞭节端部有毛2~3根，第3、第4节各有原生感觉圈1个，缺次生感觉圈，复眼由3个小眼组成。尾片末端圆形，有毛8根，左右对称。
卵 椭圆形，浅灰色。
【发生规律】在上海，每年11月侨蚜迁回蚊母上产生孤雌胎生有性蚜，有性蚜觅偶交配产卵在叶芽内越冬。在蚊母芽萌动时，卵孵化，干母刺吸叶片，使叶片产生凹陷，将干母包埋，形成瘿瘤；4月下旬至5月上旬，干母胎生有翅迁飞蚜，每干母可孤雌胎生50多头；6月上旬，瘿瘤破裂，有翅迁飞蚜飞出，迁往其他植株。11月侨蚜迁回至蚊母上，繁殖性蚜，将卵产在芽缝中，以卵越冬。
【防治方法】
（1）**农业防治** 可于5月前摘除受害严重的叶片，集中销毁。

(2) **化学防治** 11月底至12月为害严重的蚊母,喷施20%甲氰菊酯乳油2 000~3 000倍液,杀灭迁回蚜和有性蚜;春季当蚊母刚展叶时,瘿瘤尚未封口前,可继续喷施杀虫药剂以杀灭干母。瘿瘤封口后,再喷施20%吡虫啉乳油2 000~3 000倍液,或10%吡虫啉可湿性粉剂1 200~1 500倍液等内吸性药剂。

(3) **生物防治** 保护和利用天敌中华草蛉、中华螳螂、蜘蛛、蜻蜓、蚜茧蜂、食蚜蝇、食蚜虻等。

十九、火　棘

火棘（*Pyracantha fortuneana*），蔷薇科火棘属；常绿灌木。高可达 3m，短侧枝常呈棘刺状，幼枝被锈色柔毛，后脱落。叶倒卵形至倒卵状长椭圆形，长 2~6cm，先端钝圆或微凹，有时有短尖头，基部楔形，叶缘有圆钝锯齿，近基部全缘。复伞房花序，花白色，直径约 1cm。果实球形，直径约 5mm，橘红色或深红色。花期 4—5 月；果期 9—11 月。

1. 枫杨白粉病

【寄主】火棘、枫杨、八角枫、樟树、冬青、厚朴、山楂等。

【症状】初期病部出现浅色点，后逐渐由点成长，产生近圆形或不规则形粉斑，其上布满白粉状物，形成一层白粉，后期白粉变为灰白色或浅褐色，致使火棘病叶枯黄、皱缩、幼叶常扭曲、干枯甚至整株死亡。

【病原】子囊菌门，榛球针壳菌（*Phyllactinia corylea*）。

【发病规律】病菌以闭囊壳在病残体上越冬。翌年春暖，条件适宜时，释放子囊孢子进行初侵染，后产生分生孢子进行再侵染，借风雨传播。此病发生期较长，5—9 月均可发生，以 8—9 月发生较为严重。

【防治方法】
参见紫薇中白粉病防治方法。

2. 梨冠网蝽

【学名】*Stephanitis nashi*，半翅目网蝽科。

【寄主】火棘、桃、梨、樱花、杜鹃花、月季、山茶、含笑、茉莉、蜡梅、紫藤等花木。

【为害状】成虫、若虫都群集在叶背面刺吸汁液，受害叶背面出现似被溅污的黑色黏稠物。这一特征易区别于其他刺吸害虫。整个受害叶背面呈锈黄色，正面形成很多苍白斑点，受害严重时斑点成片，以致全叶失绿，远看一片苍白，提前落叶，不再形成花芽。

【形态特征】

成虫　体长 3.5mm 左右，体形扁平，黑褐色。触角丝状，4 节。前胸背板中央纵向隆起，向后延伸成叶状突起，前胸两侧向外突出成羽片状。前翅略呈长方形。前翅、前胸两侧和背面叶状突起上均有很一致的网状纹。静止时，前翅叠起，由上向下正视整个虫体，似由多翅组成的"X"形。

卵　长椭圆形，一端弯曲，长约0.6mm，初产时淡绿色，半透明，后变淡黄色。

若虫　初孵时乳白色，后渐变暗褐色，长约1.9mm。3龄时翅芽明显，外形似成虫，在前胸、中胸和腹部3~8节的两侧均有明显的锥状刺突。

【发生规律】华北地区1年发生3~4代，以成虫在枯枝、落叶、杂草、树皮裂缝以及土、石缝隙中越冬。4月上中旬越冬成虫开始活动，集中到叶背取食和产卵。卵产在叶组织内，上面有黄褐色胶状物，卵期半个月左右。初孵若虫多数群集在主脉两侧为害。若虫蜕皮5次，经半个月左右变为成虫。第1代成虫6月初发生，以后各代分别在7月底至8月初、8月底至9月初，因成虫期长，产卵期长，世代重叠，各虫态常同时存在。7—8月为害最重，9月虫口密度最高，10月下旬后陆续越冬。

【防治方法】

（1）**农业防治**　清除虫害叶，集中销毁，减少虫源。

（2）**化学防治**　成虫、若虫发生期，可用25%噻虫嗪水分散粒剂4 000~5 000倍液，或80%烯啶·吡蚜酮水分散粒剂2 500~3 000倍液，或50%杀螟硫磷乳油1 000~1 500倍液，或50%啶虫脒水分散粒剂12 000~15 000倍液喷雾防治。

（3）**生物防治**　保护和利用天敌瓢虫、草蛉、食蚜蝇等。

3. 日本龟蜡蚧

参见蜡梅中日本龟蜡蚧的相关内容。

4. 黑刺粉虱

【学名】*Aleurocanthus spiniferus*，半翅目粉虱科。

【寄主】火棘、桂花、枇杷、月季、柿、梨、茶、樟、柳、葡萄、重阳木等。

【为害状】若虫群居在叶片背面，以成虫、若虫用针状口器刺入吸食寄主的汁液为害。被害处呈现黄白斑，严重时分泌大量蜜汁，呈露珠状滴落至下部叶面，诱发煤污病，致使叶片、枝条污黑，叶片脱落，以至于整株枯死。

【形态特征】

成虫　体长1~1.3 mm，头、胸部褐色，翅覆盖有白色粉状物；前翅灰褐色，有7个不规则白色斑纹；后翅淡褐紫色，较小，无斑纹，腹部橙黄色，复眼肾形橘红色；雄虫体较小。

卵　卵圆形，长约0.22mm，基部有一小柄，卵壳表面密布六角形的网纹；初产时乳白色，渐变淡黄，近孵化时变为紫褐色。

若虫　初孵化体扁平，椭圆形，淡黄色，长约0.3mm，体周缘呈锯齿状，尾端有4根尾毛。固着后体渐变为褐色至黑褐色，触角与足渐消失，体缘分泌白色蜡质，体背生有6对刺毛。2龄若虫暗黑色，周缘白色蜡边明显，腹节可见，背刺毛10对。3龄时体长0.7mm左右，黑色，有光泽，背部刺毛14对。

蛹 壳漆黑色，有光泽，广椭圆形，体长0.7~1.2mm。具白色棉状蜡质边缘，背中央有一隆起纵脊。胸部背面有刺4对，腹部有刺10对。亚缘区刺，雌性有11对，雄性有10对，向上竖立。管状孔处显著隆起，心脏形。

【发生规律】1年发生4代，以末龄若虫或拟蛹在叶背越冬。翌年3月即见化蛹。3月下旬至4月上旬成虫羽化产卵。第1代幼虫4月下旬发生，其他各代若虫发生盛期分别在5月下旬、7月中旬、8月下旬以及9月下旬至10月上旬。但发生期不够整齐，有世代重叠现象。成虫多在上午羽化，白天活动交尾产卵。单雌产卵10粒至100余粒，卵多产在叶背，叶上产卵数粒至数百粒。成虫营孤雌生殖，但后代均为雄虫。初孵若虫仅作短距离爬行，随即固着为害（按若虫共有3龄，2龄后触角与足消失，不再移动）。黑刺粉虱初化蛹时无色透明，以后逐渐发黑，羽化前体变肥厚。成虫喜较阴暗的环境，多在树冠内膛枝叶上活动。

【防治方法】

（1）**农业防治** 加强中耕除草等日常养护管理，剪除虫害枝、衰弱枝、徒长枝，以改善植株的通风透光条件，增施有机肥，增强树势。

（2）**化学防治** 发生期，可用50%啶虫脒水分散粒剂12 000~15 000倍液，或10%吡虫啉可湿性粉剂1 000~1 200倍液，或40%啶虫·毒死蜱乳油1 000~2 000倍液喷雾防治。虫口密度大时，可喷施80%烯啶·吡蚜酮水分散粒剂2 500~3 000倍液，或12%噻虫·高氯氟悬浮剂800~1 000倍液，或4.5%高效氯氰菊酯乳油1 500~2 000倍液喷雾防治。

5. 朱砂叶螨

参见木槿中朱砂叶螨的相关内容。

6. 舟形毛虫

【学名】*Phalera flavescens*，鳞翅目舟蛾科。

【寄主】火棘、海棠、樱花、榆叶梅、紫叶李、山楂、柳等。

【为害状】初孵幼虫群集为害，幼虫啃食叶肉，仅留下表皮和叶脉呈网状，幼虫长大后多分散为害，老熟幼虫吃光叶片和叶脉仅留下叶柄。

【形态特征】

成虫 体长25mm左右，翅展约25mm；体黄白色。前翅不明显波浪纹，外缘有黑色圆斑6个，近基部中央有银灰色和褐色各半的斑纹。后翅淡黄色，外缘杂有黑褐色斑。

卵 圆球形，直径约1mm，初产时淡绿色近孵化时变灰色或黄白色。卵粒排列整齐而成块。

幼虫 老熟幼虫体长 50mm 左右。头黄色,有光泽,胸部背面紫黑色,腹面紫红色,体上有黄白色。静止时头、胸和尾部上举如舟,故称舟形毛虫。

蛹 体长 20~23mm,暗红褐色。蛹体密布刻点,臀棘 4~6 个,中间 2 个大,侧面 2 个不明显或消失。

【发生规律】1 年发生 1 代,以蛹在树冠下土中 20cm 以内越冬,翌年 7 月上旬至 8 月上旬羽化,7 月中下旬为羽化盛期。成虫昼伏夜出,趋光性较强,常产卵于叶背,单层排列,密集成块;卵期约 7 天。8 月上旬幼虫孵化,初孵幼虫群集叶背,啃食叶肉呈灰白色透明网状,长大后分散为害,白天不活动,早晚取食,常把整枝、整树的叶子蚕食光,仅留叶柄。幼虫受惊有吐丝下垂的习性。8 月中旬至 9 月中旬为幼虫期,幼虫 5 龄,幼虫期平均 40 天,老熟后,陆续入土化蛹越冬。

【防治方法】

(1) **农业防治** 幼虫群聚为害时摘除为害叶,冬春季结合翻耕,消灭越冬蛹。成虫有趋光性,使用黑光灯诱杀。

(2) **化学防治** 幼虫初发期,喷施 45%丙溴·辛硫磷乳油 1 000~1 500 倍液,或 20%甲维·茚虫威悬浮剂 5 000~6 000 倍液。

二十、杜鹃花

杜鹃花（Rhododendron simsii），杜鹃花科杜鹃花属；落叶或半常绿灌木。高可达3m，分枝多而细直；枝条、叶两面、苞片、花柄、花萼、子房、蒴果均有棕褐色扁平糙伏毛。叶纸质，卵状椭圆形或椭圆状披针形，长2~6cm。花2~6朵簇生枝顶，花冠宽漏斗状，长约4cm，鲜红或深红色，有紫斑，或白色至粉红色；雄蕊10。花期3—5月；果期9—10月。

1. 杜鹃花褐斑病

【寄主】杜鹃花。
【症状】主要侵染叶片。发病初期，叶片上出现红褐色小斑点，逐渐扩展成为圆形病斑，或不规则的多角形病斑，黑褐色，发病严重时，病斑相互连接，导致叶片枯黄、早落，不仅影响当年的花蕾发育和开花，而且使翌年的花蕾发育也受到很大影响。
【病原】无性态真菌，杜鹃尾孢菌（Cercospora rhododendri）。
【发病规律】病原菌以菌丝在植物病叶和残体上越冬。翌年形成分生孢子为初侵染源。分生孢子由风雨传播，自伤口侵入。该病于5月中旬开始发生，8月为发病高峰期。温室条件下栽培的杜鹃花可周年发病。雨水多、雾多、露水重有利于发病，因为分生孢子只有在水滴中才能萌发。通风透光不良，植株生长不良，可加重病害的发生。
【防治方法】
参见紫薇中紫薇褐斑病防治方法。

2. 杜鹃花缺铁黄化病

【寄主】杜鹃花。
【症状】此病多发生在嫩梢新叶上。初期叶脉间叶肉褪绿，失去光泽，后逐渐变成黄白色，但叶脉保持绿色，使叶片上的绿色呈网纹状。随后黄化程度逐渐加重，除较大的叶脉外，全叶变成黄色、黄白色，严重时，沿叶、叶缘向内枯焦。
【病原】是一种生理性病害。
【发病规律】在一般情况下，有下列几方面情况：在石灰质碱性土壤中，能被利用的可溶性二价铁被转化为不溶性的三价铁盐而沉淀，使根部不能吸收；在土壤黏重，排水不良或地下水位过高的地区,植株根系发育受影响,根部正常的生理活动不能进行,降低根部吸收铁素的能力。

【防治方法】

参见棣棠中棣棠缺铁黄化病的防治方法。

3. 杜鹃花腐病

【寄主】杜鹃花。

【症状】只为害花朵,花瓣感病后病部失去光泽,呈水渍状,发软,褪色,最后变褐腐烂发黑,潮湿时表面长出灰色霉层。病严重时,造成花腐,花朵下垂,花期缩短,早期凋萎、脱落,影响观赏。

【病原】无性态真菌,灰葡萄孢(*Botrytis cinerea*)。

【发病规律】病菌在腐花上形成菌核,菌核随败花落入土壤中越冬。翌年开花期,产生分生孢子,随风雨飞散或气流传播,在花朵发芽时侵入寄主组织,形成病斑,一般在春雨季节发病严重。此病常与杜鹃卵孢核盘菌引起的杜鹃花腐混合发生。其病在红色种的花瓣上表现为污白色至褐色斑点,在白色种花瓣上为淡褐斑点。后期在腐败花上产生黑色不规则形扁平菌核。随落花入土中越冬。翌年开花季节,与前者同时侵染混合为害。

【防治方法】

参见山茶中山茶花腐病防治方法。

4. 杜鹃花叶肿病

【寄主】杜鹃花、山茶花、油茶等。

【症状】叶片受到侵染后,叶片正面初为淡黄色半透明的圆形斑,后为黄色下陷;叶背面淡红色,肥厚肿大,随后隆起呈瘿瘤,瘿瘤表面有厚厚的灰白色粉层,如饼干状,叶枯黄早落。严重时叶柄病斑连片,畸形肥厚。嫩梢发病时,顶端产生肉质莲状叶,或为瘤状,后干缩为囊状。花瓣感病后,异常肥厚,呈不规则的瘿瘤。杜鹃的叶片及幼嫩组织均可受害,使杜鹃叶、果及梢畸形,降低观赏性。

【病原】担子菌门日本外担菌(*Exobasidium japonicum*)。

【发病规律】病菌以菌丝体在病组织中越冬或越夏。病害的发病盛期在春末夏初和夏末秋初。低温高湿平均气温为15~20℃,相对湿度为80%以上利于病害发生。

【防治方法】

(1) **农业防治** 发现病叶及时摘除,减少侵染源。

(2) **化学防治** 发芽前喷2~5°Bé的石硫合剂;发病期,喷施65%的代森锌500~600倍液,或0.3~0.5°Bé的石硫合剂3~5次。

5. 梨冠网蝽

参见火棘中梨冠网蝽的相关内容。

6. 六点始叶螨

【学名】*Eotetranychus sexmaculatus*，蜱螨目叶螨科。
【寄主】杜鹃花、石榴、茶花、油桐、楝树等。
【为害状】若螨、成螨多在叶背沿中脉及支脉两侧为害，使叶受害处呈黄色，并密布丝网；发生严重时，叶片枯黄脱落。
【形态特征】
成螨　雌螨浅黄色，椭圆形，体长 0.39~0.5mm；体侧具黑色小斑点。雄螨体型较小，长约 0.32mm；尾部较尖削。
卵　圆形，初产时无色透明，后呈淡黄色，近孵化时赤灰白色；卵壳上具 1 根竖短丝。
幼螨　初孵时乳白色，近圆形，无斑点；取食后出现斑点，足 3 对。
若螨　体浅黄色，足 4 对。
【发生规律】1 年发生 20 多代，以成螨或卵在叶背上越冬。当平均温度为 16℃ 左右时，自卵孵出至成螨出现，平均需 20 天。1 年有 2 次发生高峰期，通常在 4 月下旬至 5 月，10 月下旬至 11 月。雌螨主要两性生殖，也可孤雌生殖。卵多产于叶脉两侧。该虫有吐丝结网习性。发生量与温度、降雨和天敌数量有关。
【防治方法】
参见木槿中朱砂叶螨的防治方法。

二十一、大叶黄杨

大叶黄杨（*Euonymus japonicus*），卫矛科卫矛属；常绿灌木或小乔木。高可达8m，全株近无毛；小枝绿色；叶厚革质，有光泽，倒卵形或椭圆形，长3~6cm；先端尖或钝，基部楔形，锯齿钝。花序总梗长2~5cm，花绿白色，4基数。果扁球形，淡粉红色，4瓣裂。种子有橘红色假种皮。花期5—6月；果期9—10月。

1. 大叶黄杨白粉病

【寄主】大叶黄杨。

【症状】主要为害幼嫩新梢和叶片，多发生于叶背。发病时，先在嫩叶表面产生白粉小圆斑，后逐渐扩大，病斑逐渐扩展成圆形白粉层，老病斑上的白粉层变灰白色。严重时，整个叶片布满白粉，叶片皱缩，出现褪色斑块，甚至病叶纵卷，新梢扭曲、萎缩。

【病原】无性态真菌，正木粉孢霉（*Oidium euonymi-japonicae*）。

【发病规律】病菌以菌丝在病残体上越冬。大叶黄杨白粉菌发生侵染，与寄主植物叶片的发育有密切关系；一般只侵染幼嫩叶片，因而发病的峰值主要决定于抽梢的情况。一般峰值出现于4—5月。同时，病斑的发展也与叶的幼老关系密切；随着叶片的老化，病斑发展受限制，在老叶上往往形成有限的近圆形的病斑；而在嫩叶上，病斑扩展几乎无限，甚至布满整个叶片。以后，病害发展停滞下来，尤其7—8月在病斑上常常出现白粉寄生菌，严重时，整个病斑变成黄褐色。在发病期间雨水多则发病严重；徒长枝叶发病重；栽植过密，行道树下遮荫的绿篱，光照不足、通风不良、低洼潮湿等因素都可加重病害的发生。

【防治方法】

参见紫薇中紫薇白粉病的防治方法。

2. 大叶黄杨炭疽病

【寄主】大叶黄杨。

【症状】初期发病时，病菌从叶片的叶肉侵入，使病部出现褐色不规则斑点，开始湿腐状，病健界限不太明显，随病菌的发展，叶片上病斑部位枯黄，生出近同心轮纹状小黑点，直观看去分布很有规律。导致叶片提早脱落。

【病原】无性态真菌，胶孢炭疽菌（*Colletotrichum gloeosporiodies*）。

【发病规律】病菌以菌丝体或孢子盘在病枝、病叶组织中越冬。翌年5—6月，温度适宜时分生孢子萌发，常从寄主伤口侵入。此病寄生性不强，只能从伤口侵入，发生期比叶斑病稍迟。

【防治方法】

参见碧桃中桃炭疽病防治方法。

3. 天竺葵轮纹病

【寄主】大叶黄杨、天竺葵。

【症状】发病初期，感病叶片上产生褪绿斑，以后病斑逐渐扩大，形成较大的圆形病斑。病斑暗褐色，具同心环纹。发病后期，病斑上出现黑绿色霉层，为病原菌的分生孢子。

【病原】无性态真菌，链格孢菌（*Alternaria tennuis*）。

【发病规律】病原菌以菌丝体在病组织内越冬，环境条件适宜时产生分生孢子，分生孢子借风雨传播进行侵染为害。生长季内，分生孢子可重复侵染植株。

【防治方法】

（1）**农业防治** ①增施基肥、合理灌溉、控氮增钾、壮树抗病。②秋末冬初剪除病枝，清扫落叶，集中销毁，减少侵染源。

（2）**化学防治** ①发病前，喷施1∶2∶200波尔多液，或0.3~0.5°Bé石硫合剂。②发病期，喷施80%代森锌可湿性粉剂600~800倍液，或50%多菌灵可湿性粉剂、70%甲基硫菌灵可湿性粉剂均为800~1 000倍液，或50%苯菌灵可湿性粉剂1 000~1 500倍液，每隔10~15天喷施1次，连喷3~4次。

4. 卫矛矢尖盾蚧

【学名】*Unaspis euonymi*，半翅目盾蚧科。

【寄主】大叶黄杨、金边黄杨、卫矛、红叶石楠、木槿、丁香、常春藤、鸢尾、金银花、山茶花等。

【为害状】成虫、若虫群聚于嫩枝、叶片上，吸食汁液，使树叶枯黄早落，生长停滞。为害严重时枝条与叶片均呈白色，枝条上密集重叠，造成整株死亡。

【形态特征】

雌成虫 介壳长梨形，长1.4~2mm；褐至紫褐色，前端尖，后端宽，常弯曲，背有浅中脊1条；壳点2个，位于前端，黄褐色。虫体宽纺锤形，长约1.4mm，橙黄色，体前部膜质；臀叶3对，中叶大而突，端部略叉开，内缘略长于外缘，有细锯齿；第2和第3叶相仿，均双分，呈球状突出；背腺稍小于缘腺，每侧60余个，按节排成不太整齐的亚缘、亚中组；第1~2腹节之腹面有腺瘤，中胸至第1腹节腹面侧缘各有小管腺1群；缘腺7对；板缘刺成双排列；围阴腺5群。

雄成虫 介壳长条形，长约1mm，白色，溶蜡状背面有纵脊3条；壳点1个，位于前端，黄褐色。

若虫 黄褐色，椭圆形。

【发生规律】1年发生3代，以受精雌成虫在寄主枝叶上越冬。第1代雌蚧虫产卵盛期为5月上旬至下旬，第2代雌蚧虫产卵盛期在7月中旬，第3代雌蚧虫产卵盛期在9月中旬。每雌产卵约50粒。第1代发育较整齐，第2代发育极不整齐，各虫态重叠现象严重，成虫、若虫为害枝叶，以内层隐蔽处小枝上分布最多。

【防治方法】

（1）**农业防治** 结合修剪，剪去虫枝、虫叶。要求刷净、剪净、集中销毁。

（2）**化学防治** 在若虫孵化期，可喷施22.4%螺虫乙酯悬浮剂2 000~3 000倍液，或40%啶虫·毒死蜱乳油1 000~2 000倍液，喷雾防治。

（3）**生物防治** 保护和利用天敌瓢虫、大草蛉、寄生蜂等天敌。

5. 日本龟蜡蚧

参见蜡梅中日本龟蜡蚧相关内容。

6. 大叶黄杨长毛斑蛾

【学名】*Prgeria sinica*，鳞翅目斑蛾科。

【寄主】大叶黄杨、金边黄杨、金心冬青卫矛、扶芳藤、丝棉木等树木。

【为害状】初孵幼虫群集在嫩梢上取食，常造成连片枝叶卷缩枯萎；3龄后进入暴食期，常将叶片吃光，仅残留叶柄。幼虫食量不足时，还可转移为害，削弱树势，损伤树形，影响观赏。

【形态特征】

成虫 雌虫体长8~12mm，翅展25~30mm；前翅半透明，基部黄色，其余部分灰黑色；胸部两侧及腹部末端生有黄毛，其余部分生有黑褐色长毛。雄蛾触角羽毛状，雌蛾触角栉齿状，体型较大。

卵 长0.5~0.7mm，椭圆形，淡褐色，上被胶质和雌蛾脱落的腹毛。

幼虫 老熟幼虫体长约16mm，淡黄绿色，头部黑色，背上有7条平行的黑线，身体各节密被白色短毛。

蛹 长9~11mm，卵形；初时黄白色，后变褐色，腹部背面亦有7条黑色纵纹。

茧 长约14mm，宽约6mm；近椭圆形，灰褐色。

【发生规律】1年发生1代，以卵在枝梢上越冬。翌年3月—4月中旬，卵开始孵化，初孵幼虫群集在芽上为害，将芽吃成网状；2龄幼虫群集在叶背，取食下表皮和叶肉，残留上表皮；3龄后开始分散为害，将叶片吃成孔洞、缺刻，重者吃光叶片。幼虫期30~35天，5月中下旬幼虫老熟，吐丝下垂入2~3cm表土中结茧化蛹。蛹期109天左右。9月中旬羽化出成虫产卵、越冬。

【防治方法】

（1）**农业防治**　人工摘除卵块和捕杀幼虫。

（2）**化学防治**　发生期喷施20%氰戊菊酯乳油2 000~3 000倍液。

（3）**生物防治**　保护和利用天敌瓢虫、草蛉、寄生蜂等。

7. 黄刺蛾

参见紫薇中黄刺蛾的相关内容。

8. 黄杨绢野螟

【学名】 *Diaphania perspectalis*，鳞翅目草螟科。

【寄主】 大叶黄杨、瓜子黄杨、雀舌黄杨、小叶黄杨、朝鲜黄杨、冬青卫矛等植物。

【为害状】 以幼虫食害嫩芽和叶片，常吐丝缀合叶片，于其内取食。受害叶片枯焦，暴发时可将叶片吃光，造成黄杨成株枯死，影响景观。

【形态特征】

成虫　体长14~19mm，翅展33~45mm；头部暗褐色，头顶触角间的鳞毛白色；触角褐色；下唇须第1节白色，第2节下部白色，上部暗褐色，第3节暗褐色；胸、腹部浅褐色，胸部有棕色鳞片，腹部末端深褐色；翅白色半透明，有紫色闪光；前翅前缘褐色，中室内有2个白点，一个细小，另一个弯曲成新月形，外缘与后缘均有1褐色带，后翅外缘边缘黑褐色。

卵　椭圆形，长0.8~1.2mm，初产时白色至乳白色，孵化前为淡褐色。

幼虫　老熟时体长42~60mm，头宽3.7~4.5mm；初孵时乳白色，化蛹前头部黑褐色，胴部黄绿色，表面有具光泽的毛瘤及稀疏毛刺；前胸背面具较大黑斑，三角形，2块；背线绿色，亚被线及气门上线黑褐色；气门线淡黄绿色，基线及腹线淡青灰色；胸足深黄色，腹足淡黄绿色。

蛹　纺锤形，棕褐色，长24~26mm，宽6~8mm；腹部尾端有臀刺6枚，以丝缀叶成茧，茧长25~27mm。

【发生规律】 1年发生3代，以第3代的低龄幼虫在叶苞内做茧越冬。翌年4月中旬开始活动为害，然后开始化蛹、羽化；5月上旬始见成虫。越冬代整齐，以后存在世代重叠现象，10月中旬以3代幼虫开始越冬。各代（越冬代除外）各虫态平均历期：卵9天，幼虫26天，蛹8天，成虫9天；幼虫一般5~6龄，越冬代则为9~10龄。

【防治方法】

（1）**农业防治**　①冬季清除枯枝卷叶，将越冬虫茧集中销毁，可有效减少翌年虫源。②利用其结巢习性在第1代低龄阶段及时摘除虫巢，化蛹期摘除蛹茧，集中销毁，可减轻当年的发生为害。③利用成虫的趋光性诱杀。在成虫发生期于黄杨科植物周围的路灯下利用灯光捕杀其成虫，或在黄杨集中的绿色区域设置黑光灯等进行诱杀。

（2）**化学防治** 用药剂防治的关键期，为越冬幼虫出蛰期和第1代幼虫低龄阶段，喷施45%丙溴·辛硫磷乳油1 000~1 500倍液，或20%氰戊菊酯乳油2 000~3 000倍液，或90%晶体敌百虫1 000倍液。

（3）**生物防治** 保护和利用天敌凹眼姬蜂、跳小蜂、白僵菌、寄生蝇等。

9. 星天牛

参见紫薇中星天牛的相关内容。

二十二、栀子花

栀子花（*Gardenia jasminoides*），茜草科栀子属；常绿灌木。高 1~3m，小枝有块状毛；叶对生或 3 枚轮生，椭圆形或倒卵状，长 6~12cm；先端渐尖，全缘，两面常无毛；侧脉 8~15 对。花单生，浓香；花萼 5~8 裂，结果时增长，裂片线形；花冠高脚碟状，常 6 裂，白色或乳黄色；冠管长 3~5cm，裂片倒卵形或倒卵状长圆形，长 1.5~4cm，宽 0.6~2.8cm。果椭圆形或近球形，长 1.5~7cm，直径 1.2~2cm，有翅状棱 5~9 条；宿存萼片长可达 4cm，宽可达 6mm。花期 3—8 月；果期 5 月至翌年 2 月。

1. 栀子花缺铁黄化病

【寄主】栀子花。
【症状】叶片褪绿，首先发生在枝端嫩叶上，从叶缘开始褪绿，向叶中心发展，叶色由绿变黄，逐渐加重。叶肉变成黄色或浅黄色，但叶脉仍呈绿色；以后全叶变黄，进而变黄白色、白色；叶片边缘出现灰褐色至褐色，坏死干枯；全株以顶部叶片受害最重，下部叶片正常或接近正常，病害严重的地块，植株逐年衰弱，最后死亡。
【病原】黄化病因栽培条件不适，如土壤过黏、石灰质过多、碱性重、低洼潮湿、铁素供应不足等引起，是重要的生理性病害。
【发病规律】石灰质土壤地区易发生。
【防治方法】
参见红叶石楠中黄化病防治方法。

2. 栀子花煤污病

参见枸骨中枸骨煤污病的相关内容。

3. 扁刺蛾

【学名】*Thosea sinensis*，鳞翅目刺蛾科。
【寄主】栀子花、山茶、白杨、海棠、月季、枫杨、大叶黄杨、樟树、悬铃木、榆、柳、紫荆、梅、牡丹、芍药、桂花、广玉兰、紫薇、紫藤、白兰、榕树、木波罗、桃花心木、槐树、刺桐、油桐、柑橘等80余种植物。

【为害状】幼虫啃食寄主植物的叶，造成缺刻或孔洞，严重时常将叶片吃光，残留叶柄或主脉，严重影响树势生长。

【形态特征】

成虫　雌蛾体长13~18mm，翅展28~35mm，体褐色；前翅顶角处斜向1条褐色线至后缘；前翅暗灰褐色，中室处向后缘斜伸。雄虫体长约10mm，翅展26~31mm；雄蛾中室上角有1个黑点；后翅灰褐色；前胸足各连接关节具1白斑，是其易于辨别的重要特征。

卵　扁长，椭圆形，长1.1~1.4mm；孵化前呈灰褐色，初孵前淡黄绿色。

幼虫　体长21~24mm，较扁平；背部稍隆起，形似龟甲。全体绿色或黄绿色，背线白色，体边缘两侧各有10个疣状突起。其上生有刺毛，每1体节背面有2个小丛刺毛，第4节背面两侧各有1个红点。

蛹　近椭圆形，形似鸟蛋；体长10~15mm，淡黑褐色。

茧　淡褐色，在邻近浅土中结茧。

【发生规律】1年发生1~3代，以2代为主，老熟幼虫在土中结茧越冬。翌年4月中旬至5月中旬变蛹。第2代茧大部分越冬，仅少数于年内羽化，继续繁殖。局部第3代幼虫11月上旬后，来不及结茧的即被冻死。全年以第1代发生量较大。成虫羽化时间多在夜间，白天静伏叶背或杂草丛中，夜出活动，具有较强的趋光性，交尾后次日晚产卵。卵多产于叶面，偶产叶背，散生。初孵幼虫先食卵壳，2龄后转至叶背，6龄幼虫取食全叶仅留叶柄。发生严重时，能将全株吃光，影响树体生长，降低观赏价值。

【防治方法】

参见紫薇中黄刺蛾防治方法。

4. 中国绿刺蛾

【学名】*Parasa sinica*，鳞翅目刺蛾科。

【寄主】栀子花、桃、梨、李、樱桃、紫藤、杨、柳、榆、梅花、樱花等花木。

【为害状】幼虫啃食寄主植物的叶，造成缺刻或孔洞；严重时常将叶片吃光。初龄幼虫群集食害叶肉，造成网状；稍后，蚕食叶片，严重影响生长，使树势衰弱。

【形态特征】

成虫　体长12mm左右，翅展21~28mm；头顶和胸背绿色，腹背灰褐色，末端灰黄色。前翅绿色，基部灰褐色斑在中室下缘呈三角形，外缘灰褐色带，向内弯，呈齿形曲线；后翅灰褐色，臀角稍带淡黄褐色。

卵　呈块状鱼鳞形；单粒卵扁平椭圆形，初产时稍带蜡黄色，孵化前变深色。

幼虫　体长15mm左右，绿色；老熟幼虫具红色粗背线，两侧具蓝边及黄白色宽边，体背在中后胸有1对黄色肢刺，上生黑刺，体侧也有一列黄色肢刺，并混生黑刺。初为乳白色，隔天后即变成黄白色，羽化前为黄褐色。

【发生规律】1年发生2代，以蛹在树体上茧内越冬。翌年5月化蛹，成虫分别于5

月下旬至6月上旬和8月上旬出现，少数有3代。卵多产在叶背，少数产在叶表面。初龄幼虫有群集性。老熟幼虫在被害株基部松土层中结茧。夏季第1代也有少数在枝叶上结茧。

【防治方法】

参见紫薇中黄刺蛾防治方法。

5. 柑橘粉虱

【学名】*Dialeurodes citri*，别名通草粉虱、柑橘绿粉虱、橘黄粉虱，半翅目粉虱科。

【寄主】栀子花、桂花、牡丹、常春藤、女贞、丁香、矮牵牛、石榴、梅、柑橘、樱桃、月桂、茉莉等多种植物。

【为害状】若虫寄生于叶背，吸汁为害；受害叶变黄，且诱发煤污病，影响观赏。

【形态特征】

成虫 雌虫体长约1.2mm，被白色蜡粉；翅白色半透明，复眼红褐色；分上下两部，中有一小眼相连。触角第3节较第4、5两节之和长。第3~7节上部有多个膜状感觉器。雌成虫略小，体长0.96mm左右。

卵 椭圆形，长约0.2mm；淡黄色，卵壳平滑，以卵柄着生于叶上，在卵的周围常附有白色蜡粉。

若虫 初孵时，淡黄绿色；体扁平，椭圆形；体周缘有17对小突起，体周围有白色蜡丝，呈放射状；虫龄越大，蜡丝越长。蛹壳近椭圆形，黄绿色，体长约1.35mm，宽约0.81mm；自胸气道口至横脱缝前的两侧微凹陷。胸气道明显，气道口有两瓣。

蛹 成虫未羽化前蛹壳呈黄绿色；羽化后蛹壳白色，透明，壳薄而软；壳缘前端、后端各有1对小刺毛管孔状，圆形；其后缘内侧有多数不规则的锐齿。

【发生规律】1年发生4代，以若虫在寄主植物叶背越冬。成虫白天活动，卵聚产于嫩叶背或芽缝间；每雌可产卵130粒，若虫孵出后经爬行一段距离，即在叶背固定取食汁液；3龄蜕皮变成伪蛹，再蜕皮为蛹。若虫群集为害新梢嫩叶，并诱发煤污病，影响生长。

【防治方法】

（1）**农业防治** 冬春季节，剪除带卵枝，保持通风透光，并清除枯枝落叶，减少虫源。

（2）**化学防治** 发生期，可用20%甲氰菊酯乳油2 500~3 000倍液，或10%吡虫啉可湿性粉剂1 000~1 500倍液，或22.4%螺虫乙酯悬浮剂2 000~3 000倍液等药剂进行喷雾防治。

二十三、八角金盘

八角金盘（*Fatsia japonica*），五加科八角金盘属；常绿灌木。高可达 5m，幼枝叶具易脱落的褐色毛；叶掌状 7~9 裂，径 20~40cm；裂片卵状长椭圆形，有锯齿，表面有光泽。叶柄长 10~30cm，花两性或单性；伞形花序再集成顶生大圆锥花序；花小，白色，子房 5 室。浆果紫黑色，直径约 8mm。花期秋季；果期翌年 5 月。

1. 八角金盘疮痂型炭疽病

【寄主】八角金盘。

【症状】可为害叶片、叶脉、叶柄和果柄。叶片病斑的典型症状为正面灰白色，疥癣状略增厚；病斑背面圆形疣状突起明显，病斑中间开裂，病部发硬发脆。病斑多时，病叶可开裂、皱缩、畸形，最后病叶干枯而死。

【病原】无性态真菌，胶孢炭疽菌（*Colletotrichum gloeosporioides*）。

【发病规律】病菌以菌丝体在发病组织内越冬。八角金盘疮痂型炭疽病菌能向病株的其他健康叶片，特别是新生叶扩散、蔓延，也可缓慢地向邻近健株和邻近八角金盘种植块扩散、蔓延，但扩散蔓延的速度较慢。

【防治方法】

（1）**农业防治** 发现病叶及时剪除，深埋或销毁，以减少侵染源。

（2）**化学防治** 发病期可喷施 75% 百菌清可湿性粉剂，或 50% 多菌灵可湿性粉剂 800~1 000 倍液，或 80% 代森锌可湿性粉剂 600~800 倍液，或 80% 炭疽福美可湿性粉剂 500~800 倍液，连用 2~3 次，间隔 7~10 天。必要时喷施 0.5% 磷酸二氢钾溶液或双效微肥 300 倍液，有利于增强抗病性。

2. 褐软蜡蚧

【学名】*Coccus hesperidum*，半翅目蜡蚧科。

【寄主】八角金盘、广玉兰、无花果、桂花、月季、菊花、棕榈、线兰、夹竹桃、木兰、龙舌兰、柚、橙、柑橘、紫杉、穗花杉、苏铁、香樟、香蕉、山茶、茶、枇杷、樱桃、苹果、梅、杏、李、桃、枸杞、番木瓜、杨、柳、枫、枣等多种植物。

【为害状】若虫和雌成虫刺吸芽、枝干、叶片以及根部的汁液，嫩枝和根部受害常肿胀且易纵裂而枯死。排泄蜜露常引起煤污病发生,影响光合作用。

【形态特征】

成虫 雌虫体扁平或背面稍有隆起,卵圆形,长3~4mm;前端窄狭,后端较宽,体两侧不对称,向一边略弯曲;体背面颜色变化很大,通常有浅黄褐色、绿色、黄色、棕色、红褐色等。体中央有1条纵脊隆起,绿褐色;在隆起周围深褐色,边缘较浅、较薄,绿褐色;体背面具有2条褐色网状横带,并具有各种图案。气门凹陷处,有白蜡粉;触角7~8节;足较细弱;体缘毛通常尖锐,或顶端具有齿状分裂。

卵 长椭圆形,扁平,淡黄色。

若虫 初孵体长椭圆形,扁平;淡黄褐色,长约1mm。背面中央有纵脊纹,越长大越明显,但至成虫期纵脊纹反而不明显或不完整。体缘有缘毛,尾端有一对较长的尾毛,外形与成虫近似。

【发生规律】1年发生2~5代,发生代数,因地而异;以雌成虫或若虫在茎叶上越冬。早春开始为害茎、叶,严重时茎叶上密布一层虫体。各代若虫孵化期分别为2月下旬、5月下旬、7月下旬、9月下旬,每雌产卵70~100粒,卵经数小时即孵化。

【防治方法】

参见碧桃中朝鲜球坚蚧防治方法。

二十四、红花檵木

红花檵木（*Loropetalum chinense*），金缕梅科檵木属；常绿或半常绿灌木。树皮暗灰或浅灰褐色，多分枝。嫩枝红褐色，密被星状毛；叶革质互生，卵圆形或椭圆形，长2~5cm；先端短尖，基部圆而偏斜，不对称，两面均有星状毛，全缘，暗红色。花瓣4枚，紫红色线形，长1~2cm，花3~8朵簇生于小枝端。蒴果褐色，近卵形。花期4—5月，花期长，30~40天；果期8月。

1. 山茶花叶病毒病

【寄主】红花檵木、山茶。
【症状】叶片上出现黄色斑块与绿色斑块相间的花叶为害状，叶脉褪绿呈明脉状；叶上有时也出现大小不同的黄色环斑，环斑内有绿色组织；发病后期环斑坏死。该病影响植株生长势，病株略矮。
【病原】病毒界，山茶花叶黄斑病毒（camellia yellow mottle leaf virus，CYMLV）。
【发病规律】病毒除借助带毒的繁殖材料如接穗、鳞茎、块根、块茎等传播外，主要是通过蚜虫和飞虱等昆虫，以及螨类、土壤中的真菌、线虫等媒介体进行传播。有的种类只传播一种病毒，也有的可传播多种病毒；还有某一种病毒由多种蚜虫传播的。
【防治方法】
（1）农业防治　及时清理病株并立即销毁。
（2）化学防治　①发病初期，可喷施黄叶速绿植物病毒复合液500倍液，或5%菌毒清可湿性粉剂400倍液，或50%病毒A可湿性粉剂500倍液，或20%盐酸吗啉胍可溶性粉剂500倍液，每隔10~15天喷施1次。②有蚜虫发生时，喷施50%啶虫脒水分散粒剂12 000~15 000倍液，或22.4%螺虫乙酯悬浮剂3 500~4 000倍液，或10%吡虫啉可湿性粉剂1 000~1 500倍液防治蚜虫。

2. 红花檵木立枯病

【寄主】红花檵木、雪松、五针松、杜仲、白玉兰、喜树、紫丁香、木香、淡竹、金森女贞等多种植物。
【症状】主要有种芽腐烂、茎叶腐烂、幼苗猝倒、苗木立枯4种症状。①烂芽型

(地中腐烂型)：播种后7~10天，生出胚根、胚轴时，被病菌侵染，破坏种芽组织而腐烂。②猝倒型（倒伏型）：幼苗出土后60天内，嫩茎尚未木质化，病菌自根颈处侵入，产生褐色斑点，迅速扩大呈水渍状腐烂，随后苗木倒伏。此时苗木嫩叶仍呈绿色，病部仍可向外扩展。猝倒型症状多发生在幼苗出土后的1个月内。③茎叶腐烂型：幼苗1~3年生都可发生。幼苗出土期，若湿度过大、苗木密集或撤除覆盖物过迟，病菌侵染引起幼苗茎叶腐烂。在连雨天湿度大、苗密时，大苗也会发生此种类型。腐烂茎、叶上常有白色丝状物，干枯茎叶上有细小颗粒状块状菌核。④立枯型（根腐型）：幼苗出土木质化后，在发病条件下，病菌侵入根部，引起根部皮层变色腐烂，苗木枯死且不倒伏。红花檵木根腐症状较明显。

【病原】引起立枯病的原因，可分非侵染性病原和侵染性病原两类。非侵染性病原包括以下因素：圃地积水，造成根系窒息；土壤干旱，表土板结；地表温度过高，根颈灼伤；还有农药污染等原因。侵染性病原，主要是隶属假菌界卵菌门霜霉目腐霉属（*Pythium* sp.），隶属无性态真菌的丝核菌属（*Rhizoctonia* sp.）和镰刀菌属（*Fusarium* sp.）。

【发病规律】该病菌为害1~3年生幼苗，特别是出土1个月以内苗最易感病，发病后也易流行。引起幼苗猝倒和立枯病的病原菌腐生性很强，可在土壤中长期存活，所以土壤带菌是最重要的侵染来源。病原菌可借雨水、灌溉水传播，在适宜条件下进行再侵染。该菌习居土中，多从根尖、剪口和伤口等处侵入，沿内皮层蔓延。也可直接透入寄主表皮，破坏输导组织。地下水位较高或积水地段，特别是栽植过密，或在花坛、草坪低洼处栽植的植株发病较多，传播迅速，死亡率高。土壤黏重、透气不良、含水率高或土壤贫瘠处均易发病。

【防治方法】

（1）**农业防治** ①在根部增施肥料，促使根部发育。②采取以栽培技术为主的综合防治措施，培育壮苗。

（2）**化学防治** ①在播种、栽植前进行土壤消毒，可选用40%福尔马林50mL/m³加水6~12L，在播种、栽植前半个月喷施土中并用塑料薄膜覆盖7天后揭去薄膜，揭去薄膜5天后可栽植。种子消毒用0.5%高锰酸钾溶液（60℃）浸泡2小时。②幼苗出土后，发病初期若土壤湿度大、黏重、通透差，要及时改良并晾晒，再用30%噁霉灵水剂800~1 000倍液，或70%敌磺钠可溶粉剂800~1 000倍液，或70%甲基硫菌灵可湿性粉剂500~600倍液浇灌；根据病情，可连用2~3次，间隔7~10天。对于根系受损严重的，配合使用促根调节剂使用。

3. 康氏粉蚧

【学名】*Pseudococcus comstocki*，半翅目粉蚧科。

【寄主】红花檵木、金叶女贞。

【为害状】若虫和雌成虫刺吸芽、枝干、叶片上，及根部的汁液，嫩枝和根部受害常肿胀且易纵裂而枯死。排泄蜜露常引起煤污病发生，影响光合作用。

【形态特征】

成虫 雌成虫体长约5mm，宽约3mm左右；椭圆形，淡粉红色，被较厚的白色蜡粉；体缘具17对白色蜡刺，前端蜡刺短，向后渐长，最末1对最长约为体长的2/3。触角丝状7~8节，末节最长，眼半球形；足细长；雄成虫体长约1.1mm，翅展2mm左右，紫褐色；触角和胸背中央色淡。前翅发达透明，后翅退化为平衡棒；尾毛长。

卵 椭圆形，长0.3~0.4mm；浅橙黄被白色蜡粉。

若虫 雌3龄，雄2龄。1龄椭圆形，长约0.5mm，淡黄色体侧布满刺毛。2龄体长约1mm，被白蜡粉，体缘出现蜡刺。3龄体长约1.7mm，与雌成虫相似。

雄蛹 体长约1.2mm，淡紫色。

茧 长椭圆形，长2~2.5mm；白色棉絮状。

【发生规律】 河北、河南1年发生3~4代，以卵囊在各种枝干缝隙及土石缝处越冬，少数以若虫和受精雌成虫越冬。寄主萌动发芽时开始活动，卵开始孵化分散为害，第1代若虫盛发期为5月中下旬，6月上旬至7月上旬陆续羽化，交配产卵。第2代若虫6月下旬至7月下旬孵化，盛期为7月中下旬，8月上旬至9月上旬羽化，交配产卵，第3代若虫8月中旬开始孵化，8月下旬至9月上旬进入盛期，9月下旬开始羽化，交配产卵越冬；早产的卵可孵化，以若虫越冬；羽化迟者交配后不产卵即越冬。

【防治方法】

参见碧桃中朝鲜球坚蚧防治方法。

二十五、牡 丹

牡丹（*Paeonia suffruticosa*），芍药科芍药属；落叶小灌木。高可达2m，肉质根肥大。二回三出复叶，小叶卵形至长卵形，长4.5~8cm，宽2.5~7cm；顶生小叶3裂，裂片2~3裂，侧生小叶2~3裂或全缘。花单生枝顶，直径10~30cm，单瓣或重瓣；花色丰富，紫、深红、粉红、白、黄、绿等色。苞片及花萼各5枚；花盘紫红色，革质，全包心皮。蓇葖长圆形，密生黄褐色硬毛。花期4—5月；果期8—9月。

1. 芍药灰霉病

【寄主】牡丹、芍药。

【病原】无性态真菌，主要由芍药葡萄孢（*Botrytis paeoniae*）和灰葡萄孢（*Botrytis cinerea*）两种病原菌引起。

【症状】主要为害叶、叶柄、茎及花。叶片染病初，在叶尖或叶缘处生近圆形至不规则形水渍状斑；后病部扩展，大小1cm或更大，病斑褐色至灰褐色或紫褐色，有的产生轮纹。湿度大时病部长出灰色霉层。叶柄和茎部染病生水浸状暗绿色长条斑，后凹陷褐色变软腐，造成病部以上的倒折。花染病花瓣变褐烂腐，产生灰色霉层，常引起叶片坏死脱落，失去观赏价值。

【发病规律】病菌以菌核随病残体或在土壤中越冬。翌年3月下旬至4月初萌发，产生分生孢子进行初次侵染；连续阴雨、多雾、湿度高时易大流行，造成大面积落花或株腐。当土壤温度过低或植物通风不良，该菌猖獗造成严重为害。

【防治方法】

（1）**农业防治** 及时清除枯枝、落叶、病花，集中销毁。

（2）**化学防治** 发病初期，喷施50%腐霉利可湿性粉剂或50%异菌脲可湿性粉剂1 000~1 500倍液，或50%甲基硫菌灵可湿性粉剂500~600倍液，或65%甲霉灵可湿性粉剂1 000倍液，或1∶1∶100的波尔多液。

2. 芍药轮纹斑点病

【寄主】牡丹、芍药。

【症状】主要为害叶片。发病时叶片上病斑网形或近圆形，直径4~10mm；数量多，淡褐色至灰白色，边缘褐色；老病斑有明显的同心轮纹，病斑中央生灰黑色霉状物，即病菌的子实体。

【病原】无性态真菌，黑座假尾孢（*Pseudocercospora variicola*）。

【发病规律】病菌以菌丝体和分生孢子在病组织上或病落叶中越冬，成为翌年初侵染源。条件适宜时产生分生孢子，借风雨传播，从伤口或直接侵入。7—8月发病，下部叶片先发病，夏季暴雨发病严重。

【防治方法】

（1）**农业防治** 秋季和早春，清除留在牡丹园地面的病残落叶，剪除茎基部病残枝，集中销毁或深埋。

（2）**化学防治** 发病初期，喷施25%咪鲜胺乳油800~1 000倍液，或50%多·锰锌可湿性粉剂400~600倍液，或50%多菌灵可湿性粉剂800~1 000倍液。连用2~3次，间隔7~10天。

3. 芍药炭疽病

【寄主】牡丹、芍药等。

【症状】主要为害叶片、花梗、叶柄及嫩枝。叶片初染病时，叶面出现褐色小斑点；逐渐扩大成圆形至不规则形大斑，大小一般为4~25mm；发生在叶缘的为半圆形，病斑扩展受主脉及大侧脉限制，病斑多为褐色。有些品种叶斑中央灰白色，边缘黄褐色，后期病斑中央开裂；有时呈穿孔状，7—8月病斑上长出轮状排列的黑色小粒点，即病原菌的分生孢子盘。湿度大时分生孢子盘内溢出红褐色黏孢子团，成为识别该病的特征病状。嫩茎、花柄、花梗染病产生梭形稍凹陷的条斑，红褐色；大小3~7mm，后期灰褐色，边缘红褐色。

【病原】无性态真菌，胶孢炭疽菌（*Colletotrichum gloeosporioides*）。

【发病规律】病原菌以菌丝体在病株中越冬。翌年环境适宜时越冬的菌丝产生分生孢子盘和分生孢子；在雨露下，分生孢子传播和萌发；高温多雨年份发病较严重，通常以8—9月降雨多时为发病高峰。

【防治方法】

参见碧桃中桃炭疽病防治方法。

4. 牡丹花叶病毒病

【寄主】牡丹、芍药、风信子、水仙、郁金香等。

【症状】牡丹环斑病毒在叶片上产生深绿和浅绿相同的同心轮纹圆斑，同时有小的坏死斑，植株不矮化；烟草脆裂病毒有变化大小不一的环斑或轮斑，有时则呈不规则形；牡丹曲叶病毒引起植株明显矮化，下部枝条细弱扭曲，叶黄化卷曲。

【病原】

（1）牡丹环斑病毒（peony ringspot virus，PRV）：病毒粒体球状。

（2）牡丹曲叶病毒（peony leaf curl virus，PLCV）：由嫁接传染。
（3）烟草脆裂病毒（tobacco rattle virus，TRV）：病毒粒体杆状。
【发病规律】用病株分株繁殖或作嫁接材料，以及田间蚜虫大量发生时发生严重。
【防治方法】
参见红花檵木中花叶病毒病的防治方法。

5. 牡丹疫病

【寄主】牡丹、芍药等。

【症状】主要为害茎、叶、芽。茎部染病初，生长条形水渍状溃疡斑，后变为长达数厘米的黑色斑；病斑中央黑色，向边缘颜色渐浅。近地面幼茎染病，整个枝条变黑枯死。病菌侵染根颈部时，出现茎腐。叶片染病多发生在下部叶片，初呈暗绿色水渍状，后变黑褐色，叶片垂萎。该病症状与灰霉病相近，但疫病以黑褐色为主，略呈皮革状，一般看不到霉层，而灰霉病呈灰褐色，长有灰色霉层。

【病原】假菌界卵菌门，恶疫霉（*Phytophthora cactorum*）。

【发病规律】病菌以卵孢子及菌丝体随病残体留在土中越冬。翌年牡丹生长期遇大雨之后，就能出现一个侵染及发病高峰。连阴雨多、降水量大的年份易发病，雨后高温或湿气滞留发病重。该菌发育适温25℃，最高30℃，最低10℃。

【防治方法】

（1）**农业防治** 选择高燥地块或起垄栽培，防止茎基部淹水。发现病株及时挖除，集中处理。

（2）**化学防治** ①病穴用生石灰或43%甲醛，或70%敌磺钠可湿性粉剂500倍液进行土壤消毒。②发病初期及时喷施25%甲霜灵可湿性粉剂300~500倍液，或58%甲霜·锰锌可湿性粉剂400~600倍液，或38%噁霜·嘧酮菌酯水剂800~1 000倍液，或80%多·福·福锌可湿性粉剂800~1 000倍液喷雾防治。

6. 牡丹白纹羽病

【寄主】牡丹、芍药、海棠、梅、桃、蜡梅等。

【症状】根系被害，开始时须根霉烂，以后扩展到侧根和主根。病根缠绕有白色或灰白色的丝网状物，即根状菌索。后期霉烂根的柔软组织全部消失，外部的栓皮层如鞘状套于木质部外面；有时在病根木质部形成黑色圆形的菌核。地上部根际出现灰白色或灰褐色的薄绒布状物，此为菌丝膜形成，植株地上部逐渐衰弱死亡。

【病原】子囊菌门，褐座坚壳菌（*Rosellinia necatrix*）。

【发病规律】病菌以菌丝体、根状菌索在土壤中或病残体中越冬。环境条件适宜时，首先侵害新根的柔软组织；被害细根软化腐朽甚至消失，后逐渐延及粗大的根。此外，病健根相互接触也可传病；远距离传病，则通过带病苗木的转移。该病常年发生，5—8月蔓延很快。

【防治方法】

（1）**农业防治** 建园时选栽无病壮苗。如有苗木染病时，可用10%的硫酸铜溶液，或20%的石灰水，70%甲基硫菌灵可湿性粉剂500倍液浸根1小时后再栽植。

（2）**化学防治** 种植前进行土壤消毒，用98%噁霉灵可溶性粉剂2 000~3 000倍液进行浇灌。发病期，用25%丙环唑乳油1 000~1 500倍液，或30%噁霉灵水剂1 000~1 200倍液，或70%敌磺钠可溶性粉剂800~1 000倍液浇灌，用药前若土壤潮湿，建议晾晒后再灌透。

7. 牡丹根结线虫病

【寄主】牡丹、芍药等。

【症状】在细根上产生，根部受害后，在主根和侧根上形成大小不等的虫瘿，直径1~2cm。切开虫瘿可见白色粉状物，显微镜下可观察到梨形的线虫雌虫。严重时，被害苗木根系瘿瘤累累，根结连成串；后期瘿瘤龟裂、腐烂，根功能严重受阻，致使根末端死亡。病株地上部分生长衰弱、矮小、黄化，有的甚至整株枯死。

【病原】动物界线虫门，北方根结线虫（*Meloidogyne hapla*）。

【发病规律】该线虫多在土壤5~30cm处生存，常以卵或2龄幼虫随病残体在土壤中越冬，病土、病苗及灌溉水是主要传播途径。春季随着地温、气温逐渐升高，4月中下旬越冬卵开始孵化为2龄幼虫，2龄幼虫在土壤中移动寻找根尖；由根冠上方侵入定居在生长锥内，其分泌物刺激导管细胞膨胀，使根形成虫瘿或称根结。牡丹根结线虫1年重复侵染3次，完成其生活史。

【防治方法】

（1）**农业防治** ①清除病株及病残体处理，避免连作和取用病土栽植，以减少病源。②土壤消毒，可用干燥高温消毒，于夏秋季日平均气温20℃以上时，将病土摊放在室外水泥地上，厚8~10cm，进行暴晒，并常翻动，以杀死线虫。

（2）**化学防治** 可用98%棉隆微粒剂32~45g/m^{3}进行土壤消毒，或施5%辛硫磷颗粒剂3g/m^{3}与细土拌匀，施于播种沟内、种植穴内或植株地下根际周围。

8. 牡丹褐斑病

【寄主】牡丹、芍药等。

【症状】叶表面出现大小不同的苍白色斑点，一般直径为3~7mm大小的圆斑。一片叶中少时有1~2个病斑，多时可达30个病斑。病斑中部逐渐变褐色，正面散生十分细小的黑点；放大镜下绒毛状，具数层同心轮纹。相邻病斑合并时形成不规则的大型病斑。发生严重时整个叶面全变为病斑而枯死。叶背面病斑呈暗褐色，轮纹不明显。

【病原】无性态真菌，变色尾孢菌（*Cercospora variicolor*）。

【发病规律】病菌以菌丝体和分生孢子在病组织和病落叶中越冬，成为翌年的侵染来源。以风雨传播，从伤口直接侵入；多在7—9月发病，雨多时病重。下部叶先发病，管理粗放，土壤过干、过湿时发病重。

【防治方法】

(1) **农业防治** 秋末冬初剪除病枝，清扫落叶，集中销毁，减少侵染源。

(2) **化学防治** ①发病前，喷施1:2:200波尔多液或0.5°Bé石硫合剂。②发病期，喷施80%代森锌可湿性粉剂600~800倍液，或50%多菌灵可湿性粉剂800~1 000倍液，或70%甲基硫菌灵可湿性粉剂800~1 000倍液，或25%咪鲜胺乳油800~1 000倍液，每隔10~15天喷施1次，连喷3~4次。

9. 大蓑蛾

【学名】 *Eumeta variegata*，别名大袋蛾，鳞翅目袋蛾科。

【寄主】 牡丹、月季、海棠、蔷薇、梅、芍药、唐菖蒲、美人蕉、山茶、栀子花、悬铃木、银桦、侧柏、杜鹃花、桂花、水杉、雪松、广玉兰等植物。

【为害状】 幼虫体外有用植物残屑和丝织成的护囊，幼虫终生负囊生活，幼虫集中为害叶片、嫩枝皮，蚕食叶片呈孔洞和缺刻，短期内能将叶片吃光，残留枝条，越冬前固定护囊时，常将小枝树皮啃食，致使小枝树叶发黄或枯死，是灾害性害虫。

【形态特征】

成虫 雌雄异型。雌成虫体肥大，淡黄色或乳白色；无翅，足、触角、口器、复眼均有退化；头部小，淡赤褐色，胸部背中央有1条褐色隆基，胸部和第1腹节侧面有黄色毛；第7腹节后缘有黄色短毛带，第8腹节以下急骤收缩，外生殖器发达。雄成虫为中小型蛾体，翅展35~44mm；体褐色，有淡色纵纹。前翅红褐色，有黑色和棕色斑纹，后翅黑褐色，略带红褐色；前、后翅中室内中脉叉状分支明显。

卵 椭圆形，直径0.8~1.0mm；淡黄色，有光泽。

幼虫 雄虫体长18~25mm，黄褐色，蓑囊长50~60mm；雌虫体长28~38mm，棕褐色，蓑囊长70~90mm；头部黑褐色；胸部褐色有乳白色斑；腹部淡黄褐色；胸足发达黑褐色，腹足退化呈盘状，趾钩15~24个。

蛹 雄蛹长18~24mm，黑褐色，有光泽；雌蛹长25~30mm，红褐色。

【发生规律】 多数1年1代，以3~4龄幼虫，个别以老熟幼虫在枝叶上的护囊内越冬。气温10℃左右，越冬幼虫开始活动和取食，此间虫龄高，食量大；5月中下旬后幼虫陆续化蛹，6月上旬至7月中旬成虫羽化并产卵；当年1代幼虫于6—8月发生，7—8月为害最重。第2代的越冬幼虫在9月间出现，越冬前为害较轻；雌蛾寿命12~15天，雄蛾2~5天，卵期12~17天，幼虫期50~60天；越冬代幼虫240多天，雌蛹期10~22天，雄蛹期8~14天。成虫在下午羽化，雄蛾喜在傍晚或清晨活动；靠性引诱物质寻找雌蛾，雌蛾羽化翌日即可交配，交尾后1~2天产卵，每雌平均产650粒，个别高达3 000粒，雌虫产卵后干缩死亡。幼虫多在孵化后1~2天的下午先取食卵壳，后爬上枝叶或飘至附近枝叶上，吐丝黏缀碎叶营造护囊并开始取食；幼虫老熟后在护囊里倒转虫体并化蛹。

【防治方法】

(1) **农业防治** 发现虫囊及时摘除，集中烧毁。

(2) **化学防治** 幼虫发生期喷施90%晶体敌百虫1 000~1 200倍液，或50%辛硫磷乳油1 000~1 500倍液，或45%丙溴·辛硫磷乳油1 000~1 500倍液等药剂进行防治。

(3) **生物防治** 保护和利用天敌蓑蛾疣姬蜂、桑蟥疣姬蜂、大腿蜂等。

10. 桑褐刺蛾

【学名】*Setora postornata*，鳞翅目刺蛾科。

【寄主】牡丹、碧桃、山茶、樱花、桂花、重阳木、悬铃木、珊瑚树、香樟、乌桕、臭椿、杨、柳、月季、蜡梅、紫薇、芍药、一串红、海棠、常春藤、大丽花、白兰等。

【为害状】幼虫孵化后在叶背群集并取食叶肉，仅残留表皮和叶脉。此虫体表有毒毛，人触碰后有疼痛感，且奇痒难忍。

【形态特征】

成虫 体长15~18mm，翅展31~39mm；全体土褐色至灰褐色；前翅前缘近2/3处至近扁角或近臀角处，各具1条暗褐色弧形横线；两线内侧衬影状带，外横线较垂直，外衬铜斑不清晰，仅在臀角呈梯形；雌蛾体色、斑纹较雄蛾浅。

卵 扁椭圆形，黄色，半透明。

幼虫 体长约35mm，黄色，背线天蓝色；各节有背线前后各具1对黑点，亚背线各节具1对突起，其中后胸及第1、5、8、9腹节突起最大。

茧 灰褐色，椭圆形。

【发生规律】1年可发生1~2代，以老熟幼虫在树干附近土中结茧越冬。3代成虫分别在5月下旬、7月下旬、9月上旬出现。成虫夜间活动，有趋光性；卵多成块产在叶背，每雌产卵300多粒。幼虫孵化后在叶背群集并取食叶肉，半月后分散为害，继续取食叶片；老熟后入土结茧化蛹。

【防治方法】

参见紫薇中黄刺蛾防治方法。

11. 吹绵蚧

参见海桐中吹绵蚧相关内容。

12. 大黑鳃金龟

【学名】*Holotrichia diomphalia*，鞘翅目鳃金龟科。

【寄主】牡丹、杨、柳、榆、桑、核桃、苹果、刺槐、栎等多种果树。

【为害状】以成虫取食寄主的芽、叶和花，间或啃食果实。以幼虫食害寄主根部幼嫩组织。被害叶呈不规则缺刻或仅残留叶脉；易被病害感染变黑变腐；幼苗常被环剥，严重时寄主根部出现断根，或缺苗、断垄或削弱树势。

【形态特征】

成虫 体长 17~21mm，宽 8.4~11mm；长椭圆形，体黑至黑褐色，具光泽；触角鳃叶状，棒状部 3 节。前胸背板宽，约为长的 2 倍；两鞘翅表面均有 4 条纵肋，上密布刻点。前足胫外侧具 3 齿，内侧有 1 棘与第 2 齿相对；各足均具爪 1 对，爪中部下方有垂直分裂的爪齿。

卵 椭圆形，长约 3mm，初乳白色后变黄白色；孵化前近圆球形，洁白而有光泽。

幼虫 体长 35~45mm 左右，头部黄褐至红褐色，具光泽，体乳白色，疏生刚毛。肛门 3 裂，肛腹片后部无尖刺列，只具钩状刚毛群，多为 70~80 根，分布不均。

蛹 体长 20~24mm，初乳白色变黄褐至红褐色。

【发生规律】1~2 年发生 1 代，以幼虫和成虫在土中越冬。5—7 月成虫大量出现，成虫有假死性和趋光性，并对未腐熟的厩肥有强烈趋性；昼间藏在土中，夜间为取食、交配活动盛期。蛴螬始终在地下活动，与土壤温湿度关系密切；一般当 10cm 土温达 5℃时开始上升至表土层，13~18℃时活动最盛，23℃以上则往深土中移动。土壤湿润则活动性强，尤其小雨连绵天气为害加重。

【防治方法】

(1) **农业防治** ①该成虫具有假死性，可振落捕杀。②设置黑光灯诱杀成虫。

(2) **化学防治** ①成虫羽化期，可喷施 45%丙溴·辛硫磷乳油 1 000~1 500 倍液，或 90%晶体敌百虫 1 000 倍液毒杀成虫。②注意防治幼虫蛴螬，施用 5%辛硫磷颗粒剂撒入地面翻入幼虫活动的土层中。

(3) **生物防治** 保护和利用天敌益鸟、刺猬、青蛙、步行虫等。

二十六、绣线菊

绣线菊（*Spiraea salicifolia*），蔷薇科绣线菊属；落叶灌木植物。高可达 2m，小枝黄褐色，略具棱。叶长椭圆形至披针形，长 4~8cm，宽 1~2.5cm；边缘密生锐锯齿，两面无毛。圆锥花序生于当年生长枝顶端，长圆形或金字塔形，长 6~13cm，直径 3~5cm；花朵密集，粉红色，直径 5~7mm，花瓣卵形，先端圆钝。蓇葖果直立，具反折萼片。花期 6—8 月；果期 8—9 月。

1. 绣线菊白粉病

【寄主】绣线菊、金盏菊。
【症状】叶和茎均可受害。病发初期，在叶的正反面出现白色圆形的粉斑；进一步扩展形成不规则状，叶面似铺上一层白粉，茎部同样也有白粉覆盖，植株生长减缓，花朵变小，最后，病叶、茎发黄，整株枯死。
【病原】子囊菌门，绣线菊叉丝单囊壳（*Podosphaera minor*）。
【发病规律】病菌以闭囊壳或菌丝在被害叶、茎残体上越冬。主要通过空气或雨水传播，发病期间雨水多、栽植过密、光照不足、通风不良、低洼潮湿等因素均发病较重，尤以 5—6 月发病最重。
【防治方法】
（1）农业防治　及时清除枯枝落叶（病叶病株），集中销毁，减少侵染源。
（2）化学防治　发病期喷施 20%三唑酮乳油 1 500~2 000 倍液，或 50%多菌灵可湿性粉剂 800~1 000 倍液，或 70%甲基硫菌灵可湿性粉剂 1 000~1 200 倍液，连用 2 次，间隔 12~15 天。

2. 绣线菊蚜

【学名】*Aphis spiraecola*，半翅目蚜科。
【寄主】绣线菊、苹果、梨、沙果、李、杏等多种植物。
【为害状】成蚜、若蚜群集刺吸为害新梢、幼芽和叶片，受害叶片向叶背横卷。
【形态特征】
成虫　无翅胎生雌蚜，体黄色，复眼黑色，长约 1.5mm；有翅胎生雌蚜，体黄褐色；头黑褐色，胸背面黑褐色，有瘤状突起。

卵 椭圆形，黑绿色有光泽。

若虫 体鲜黄色，触角、复眼、足和腹管黑色。

【发生规律】1年发生10余代。以卵在枝条芽基部和裂皮缝里越冬。翌年3月开始孵化，若蚜集中到幼芽和叶上为害；并以孤雌生殖方式进行繁殖。5月下旬开始出现有翅胎生雌蚜迁飞扩散。5—6月因温湿度适宜，繁殖迅速，虫口密度增长极快，为害严重。8—9月发生数量减少。10月出现有性蚜，进行有性繁殖，交尾产卵越冬。雌蚜种群数量的变化与降水量大小有很大关系，6—7月天气干旱，雌蚜发生量大，为害严重。相反，在多雨的年份发生为害轻。

【防治方法】

参见碧桃中桃瘤蚜防治方法。

3. 大红蛱蝶

【学名】*Vanessa indica*，鳞翅目蛱蝶科。

【寄主】绣线菊、菊花、一串红、榆树、榉树等。

【为害状】幼虫吐丝卷叶，卷食幼苗嫩叶，破坏生长或导致植株生长缓慢；严重时全部叶片被包卷，呈现一片白色，植株枯死。

【形态特征】

成虫 体长约20mm，翅展60mm左右；前翅外半部有数个白色小斑，中部有宽广而不规则的云斑横纹。基部及后缘暗褐色，后翅暗褐色，外缘赤橙色，其中列生4个黑斑，内侧与橙色交界处还有数个黑斑。背面还有4~5个网状纹。

卵 长椭圆形，竖立状，淡绿色；高约0.7mm，有纵脊10~11条。

幼虫 老熟时体长约32mm；背面黑色，左右亚背线各2列。腹部黄褐色；体上有黑褐色棘状肢刺，分枝还有小分枝；中、后胸各4枚，前8腹节各7枚，最后2腹节各2枚。刺毛通常黑色有光泽，偶有变为黄绿色，气门上、下线各2列，气门黑色有光泽。

蛹 灰绿褐色，圆锥状有棱角，体长约25mm；腹背有7列刺状突起，亚背线上1列最大，第1~4对刺状突起有金属光泽。

【发生规律】1年发生2~4代，以成虫在隐蔽避风处越冬。2月上中旬外出活动，3月初开始产卵，4月下旬为化蛹始期，5月初为化蛹盛期，10月中旬出现第2代成虫；大多数于寒冬时入蛰，少数个体年内尚见产卵，但不能完成发育。越冬代长达180天。成虫喜食花蜜，白天飞舞活动，分散产卵，产卵量一般不少于200粒。卵多单产在顶叶上，每叶产卵1~2粒，幼虫共5龄，在叶片卷包内取食。化蛹的幼虫先吐丝，将尾端钩缀于叶上，倒悬在卷叶中，再进行蜕皮化蛹。

【防治方法】

（1）**农业防治** ①成虫发生期可用捕虫网捕捉。②经常摘除有虫叶和虫蛹。

（2）**化学防治** 幼虫期喷施20%甲维·茚虫威5 000~6 000倍液，或100g/L联苯菊酯乳油 2 000~3 000 倍液。

（3）**生物防治** ①喷施每毫升含孢子 100 亿个以上的青虫菌可湿性粉剂 400~600 倍液，如另加茶枯饼效果更好。②收集患病核型多角体病毒的虫尸，经捣碎稀释后，进行防治。

4. 褐带卷叶蛾

参见海桐中褐带卷叶蛾相关内容。

二十七、小叶女贞

小叶女贞（*Liqustrum quihoui*），木犀科女贞属植物；落叶或半常绿灌木。高 2~3m，小枝被短柔毛；叶薄革质，椭圆形至倒卵状长圆形，长 1.5~5cm，宽 0.5~2cm；顶端钝，边缘微反卷，无毛，叶柄有短柔毛。花序长 7~21cm；花白色，芳香，近无柄；花冠筒与裂片等长；花药略伸出花冠外。果实椭圆形，长 5~9mm，紫黑色。花期 6—8 月；果期 10—11 月。

1. 小叶女贞缺铁黄化病

【寄主】小叶女贞、栀子花。
【症状】叶片褪绿，首先发生在枝端嫩叶上，从叶缘开始褪绿，向叶中心发展；叶色由绿变黄，逐渐加重；叶肉变成黄色或浅黄色，但叶脉仍呈绿色；以后全叶变黄，进而变黄白色，叶片边缘出现灰褐色至褐色，坏死干枯；全株以顶部叶片受害最重，下部叶片正常或接近正常；病害严重的地块，植株逐年衰弱，最后死亡。
【病原】生理性病害。
【发病规律】石灰质土壤地区易发生。小叶女贞因生长速度快发生缺铁性黄化病。
【防治方法】
参见棣棠中黄化病防治方法。

2. 小叶女贞煤污病

【寄主】小叶女贞。
【症状】发生在小叶女贞叶片上，严重时蔓延到芽、枝干上，病斑初期为黄褐色，上覆盖黑色霉层，后期霉层覆盖密实。
【病原】有性阶段为柳煤炱菌（*Capnodium salicinum*），属子囊菌门；无性阶段为烟霉菌属（*Fumago* sp.），属无性态真菌。
【发病规律】病菌以菌丝、分生孢子、子囊孢子在寄主植物病残体上越冬。当叶片表面有灰尘、蚜、蚧等蜜露或分泌物时，病原菌即侵染为害，可反复侵染，以 3—6 月和 9—11 月为害严重。

【防治方法】

参见紫薇中煤污病防治方法。

3. 小叶女贞炭疽病

参见碧桃中桃炭疽病相关内容。

4. 女贞尺蠖

【学名】*Naxa seriaria*，鳞翅目尺蛾科。

【寄主】小叶女贞、大叶女贞、垂丝丁香、紫丁香、白丁香、桂花、山茶花等。

【为害状】幼虫群集取食叶片，常将叶片蚕食一光。幼虫有吐丝结网习性，严重时网罩树冠，造成树木死亡，影响绿化美化效果。

【形态特征】

成虫 体长为14mm左右，翅展为38mm左右。体翅白色，略有灰色和金属光泽。翅外缘有两列黑点，前翅、后翅面上有黑色大斑。

卵 浅黄色，卵圆形。

幼虫 老熟时体长20mm左右，头壳黑色，体土黄色，体上有不规则黑斑。

蛹 浅黄色，有黑点。

【发生规律】1年发生1代，以幼虫在土中越冬。6月成虫开始羽化，成虫有趋光性。幼虫共8龄。幼虫在树冠上吐丝结网，当网内叶片食光后，即转移为害，先结网后取食。9月以大龄幼虫下树入土越冬。

【防治方法】

(1) 农业防治 ①虫害发生严重时，于晚秋或早春季节进行人工挖蛹，以消灭虫源。②成虫有趋光性，设置黑光灯诱杀成虫。

(2) 化学防治 发生期，喷施20%氰戊菊酯乳油1 000~2 000倍液，或90%晶体敌百虫1 000倍液。

5. 棉大卷叶螟

【学名】*Haritalodes derogata*，鳞翅目螟蛾科。

【寄主】小叶女贞、大丽花、悬铃木、吊灯花、木芙蓉、蜀葵、木槿、木棉、梧桐、海棠、栀子花、杨等。

【为害状】1~2龄幼虫群集叶背，取食下表皮及叶肉；4龄分散为害，吐丝卷叶，虫粪排于卷叶内。幼虫有转移为害习性，一片叶未吃光又转迁其他叶片上取食，并为害花蕾，影响观赏价值。

【形态特征】

成虫 体长10~14mm，翅展22~30mm；全体黄白色，闪光。胸背后有12个棕黑色小点排列4排，每1排中有1毛块。雌蛾在第8节的后缘有黑色横纹，前后翅的外缘线、亚外缘线、外横线、内横线均为褐色波状纹；前翅中央接近前缘处有似"OR"形的褐色斑纹，为其明显特征。雄蛾尾端基部有1条黑色横纹。

卵 椭圆形，扁平，长约0.12mm；初产时乳白色，以后变为淡绿色。

幼虫 全体青绿色，老熟时变为桃红色，体长约25mm。

蛹 红棕色，呈竹笋状，体长13~14mm；腹部第9节到尾端有刺状突起。

【发生规律】1年发生3~6代，以发生地区不同而世代不同，老熟幼虫在地面枯叶或老树皮层裂缝中越冬。越冬带成虫发生期在4月中旬至5月下旬，6—7月是为害盛期，为害期可延迟到10月下旬。末代老熟幼虫，此时尚未老熟，会因霜冻致死。成虫趋光性较强，羽化、交配、产卵都在夜间。卵散产叶背，偶有数粒产在一起，产于主脉基部或边缘较多。幼虫在晚上孵化，老熟幼虫在卷叶内化蛹。

【防治方法】

（1）**农业防治** ①清除枯枝落叶，消灭越冬虫蛹。②人工摘除卷叶虫苞，杀死幼虫和蛹。

（2）**化学防治** 掌握初龄幼虫群集取食进行防治，可用50%杀螟硫磷乳油1 000~2 000倍液喷施，毒杀幼虫。

（3）**生物防治** 保护和利用天敌小花蝽、草蛉、蜘蛛、螳螂等。

6. 白蜡绵粉蚧

【学名】*Phenacoccus fraxinus*，半翅目粉蚧科。

【寄主】小叶女贞、白蜡、柿、核桃、重阳木、悬铃木、复叶槭、臭椿等。

【为害状】以若虫、雌成虫聚集在嫩枝、幼叶吸食汁液为害。虫孵化后从卵囊下口爬出，在叶背叶脉两侧固定取食并越夏，秋季落叶前转移到枝干皮缝等隐蔽处越冬。雌虫取食期，从腺孔分泌黏液，布满叶面和枝条，如油渍状，导致煤污病发生。雌虫交尾后在枝干或叶片上分泌白色蜡丝形成卵囊，发生多时树皮上似披上一层白色棉絮。

【形态特征】

成虫 雌虫体长4~6mm，宽2~5mm；紫褐色，椭圆形，腹面平，背面略隆起，分节明显，被白色蜡粉；前、后背孔发达，刺孔群18对，腹脐5个。雄成虫黑褐色，体长2mm左右，翅展4~5mm。前翅透明，后翅小棒状，腹末圆锥形，具2对白色蜡丝。

卵 圆形，长0.2~0.3mm，宽0.1~0.2mm，橘黄色。

若虫 椭圆形，淡黄色，各体节两侧有刺状突起。

雄蛹 长椭圆形，淡黄色，体长1.0~1.8mm，宽0.5~0.8mm。

茧 长椭圆形，灰白色，丝质，长3~4mm，宽0.8~1.8mm。

卵囊 灰白色，丝质。有长短两型：长者长7~55mm，宽2~8mm，表面有3条波浪形纵棱；短者长4~7mm，宽2~3mm，长椭圆形，表面无棱纹。

【发生规律】1年发生1代，以若虫在树皮缝、翘皮下、芽鳞间、旧蛹茧或卵囊内越冬。翌年3月上中旬若虫开始活动取食，3月中下旬雌雄分化；雄若虫分泌蜡丝结茧化蛹，4月上旬为盛期，3~5天后雄虫羽化、交尾。4月初雌虫开始产卵，4月下旬为盛期，4月底至5月初产卵结束。4月下旬至5月底是若虫孵化期，5月中旬为盛期，若虫为害至9月以后开始越冬。

【防治方法】

参见紫薇中紫薇绒蚧的防治方法。

7. 灰纹带蛾

【学名】*Ganisa cyanugrisea*，鳞翅目带蛾科。

【寄主】小叶女贞、大叶女贞。

【为害状】幼虫啃食叶片形成缺刻，影响生长和观赏。

【形态特征】

成虫 雌蛾翅展76mm左右，雄蛾翅展60~65mm；体灰黑色，触角雌黄色，雄灰褐色；前翅顶角明显，顶角呈三角形，有黑褐色斑；顶角内侧至后缘有2条并列的黑色斜横线，两侧间灰色，横线外侧至外缘灰色或银灰色（雄），内侧呈4~5条深色波状纹；后呈4~5条波状深色斑纹，最外侧1条有2列深色小点，以雄蛾最明显，整个前后翅布满灰色鳞粉，有金属光泽。

卵 直径长约1.2mm，圆形，淡黄色。

幼虫 体长50~55mm，全体着红棕色毛，每一腹节两侧着生黑色毛丛，头尾杂黑色长毛，腹背具1条断续的白色背线。

蛹 棕褐色。

【发生规律】1年发生1代，以蛹在土表层越夏、越冬。翌年4月中下旬成虫开始羽化，经过取食花蜜作为补充营养后，进行交配产卵。将卵产于叶片上，多散产，或个别有成行排列。5月上中旬幼虫孵出至6月中下旬化蛹。卵期15~20天，幼虫期30~40天，蛹期长达11个月，成虫寿命为15~20天。成虫具有趋光性。

【防治方法】

参见蜡梅中黄刺蛾的防治方法。

8. 白星花金龟

【学名】*Protaetia brevitarsis*，鞘翅目金龟科。

【寄主】小叶女贞、雪松、蜀葵、月季、梅花、榆树、麻栎、海棠、木槿、杨、槐树、柑橘、构树、鸡冠花、美人蕉、桃、李、梨、苹果、樱花、杏、椿等。

【为害状】成虫不仅啃食叶、芽，更喜取食病虫为害的伤斑，造成较大的窟窿，对树势生长有很大的影响。幼虫不为害植物，仅取食腐殖质。

【形态特征】

成虫 椭圆形，背面扁平，体长18~24mm；全体黑紫铜色，带有绿色或紫色闪光。头方形，前缘微凹，稍向上翘起。前胸背板梯形，小盾片近三角形；前胸背板和翅鞘上散布不规则的白斑纹,并有小刻点列。腹部两侧及末端也有白斑纹。

卵 乳白色,圆形或椭圆形。

幼虫 体柔软肥胖而多皱纹,弯曲呈"C"形,体长24~39mm。头部褐色,胴部乳白色,腹末节膨大;肛腹片上的刺毛呈倒"U"形两纵列排列,每行刺毛19~22根。

蛹 裸蛹,卵圆形,体长20~23mm;先端钝圆,后端渐削。蛹外包有土室。

【发生规律】1年发生1代,以幼虫潜伏土中越冬。翌年6—7月成虫发生较多,常群集树上的果实、树干的烂皮、凹穴等部位吸取汁液,这种现象在雨后晴天常见。稍受惊迅速飞翔,对糖醋液有趋性。卵产于粪土堆里,孵化的幼虫则在土中生活。土层越厚,则入土越深,多雨时入土浅,干旱则入土较深。如持续下雨,土壤含水量过高,幼虫常逸出土表,在地面以背贴地,腹面朝上蠕动而行。幼虫不食生长的植物根,专食腐殖质。幼虫老熟后即吐黏液混合土或沙粒,结成土室,在其中化蛹。从结土室到变蛹,约需7天,羽化后在土室经7~10天,冲破土室而出。土室对幼虫有保护作用,因为破坏了土室,在自然环境条件下,极易被蚂蚁、步甲等天敌所猎食。无土室的幼虫不能变蛹,也不能羽化。

【防治方法】

(1) **农业防治** ①利用成虫的趋化性,进行糖醋液诱杀。②在成虫羽化期,闷热天气,利用黑光灯诱杀。③结合中耕、冬翻等措施杀灭幼虫,利用成虫入土出土习性,进行土壤处理。

(2) **化学防治** ①发生严重及成虫群集为害时,及时喷施75%辛硫磷乳剂1 000~2 000倍液,或10%吡虫啉可湿性粉剂1 000~1 500倍液。②用5%辛硫磷颗粒剂30kg/hm^{2}处理土壤,毒杀幼虫。

二十八、洒金珊瑚

洒金珊瑚（*Aucuba japonica*），山茱萸科桃叶珊瑚属；常绿灌木。叶片上有大小不等的黄色斑点，高可达 3m。丛生，树冠球形；树皮初时绿色，平滑，后转为灰绿色。叶对生，肉革质，矩圆形，缘疏生粗齿牙，两面油绿而富有光泽，叶面黄斑累累，酷似洒金。花单性，雌雄异株，为顶生圆锥花序，花紫褐色；核果长圆形。

1. 洒金珊瑚炭疽病

【寄主】洒金珊瑚、兰花、紫罗兰、米兰、扶桑、木槿、桃叶珊瑚、一品红、变叶木、茉莉、女贞、桂花、夹竹桃、金盏菊、七叶树、佛手、番木瓜等。

【症状】发病在叶片上，多从叶尖、叶缘发病，病斑圆形或不规则形，大小 5~8mm，边缘黑褐色，内部稍凹，灰褐色或灰黑色，后期着生小黑点，病健交界明显。感病后影响植株生长，提前落叶。

【病原】无性态真菌，胶孢炭疽菌（*Colletotrichum gloeosporioides*）。

【发病规律】病原菌以菌丝体或分生孢子盘和分生孢子在被害部的残体上越冬。翌年春暖产生分生孢子，经风雨和昆虫传播。多从伤口或气孔侵入，一年中可多次重复侵染，春季温湿条件适宜时，分生孢子繁殖快，产生较多，但以 7—9 月发生严重。

【防治方法】
参见碧桃中桃炭疽病相关内容。

2. 刺圆盾蚧

【学名】*Octaspidiotus stauntoniae*，半翅目盾蚧科。

【寄主】洒金珊瑚、大叶黄杨、女贞、夹竹桃、冬青、常春藤、桂花、广玉兰、含笑、木瓜、枸骨、八角金盘等。

【为害状】以若虫、雌成虫在叶片正面吮吸汁液，受害后影响植株生长，造成大量短枝枯萎，失去观赏价值，甚至凋萎而死。

【形态特征】

雌成虫 介壳圆形，直径约 1.5mm；灰棕色，很薄、平、半透明，边缘不规则；壳点 2 个，近中心或略偏。虫体粗壮，宽梨形，长约 1mm，黄色。

雄成虫 介壳椭圆形，长径约1.2mm，质地和色泽同雌性；壳点1个，位于近中心，羽化后背壳可见1个"U"形白线；体长约0.9mm，淡橙黄色至黄色，具翅1对，尾端交配器锥状突出，两侧各具白色长蜡丝1根。

卵 椭圆形，橙红色，长约0.2mm。

若虫 1龄时椭圆形，浅橙黄色；2龄时圆形，橙红色，雄性体变长，出现翅芽、交尾器。

蛹 长椭圆形，橙红色，长约0.8mm。

【发生规律】1年发生2~3代，以受精雌成虫越冬。翌年4月下旬雌成虫开始孕卵，5月下旬至6月中旬第1代若虫孵化，5月下旬为盛孵期。翌年4月中旬开始产卵，第1~3代若虫孵化期分别是5月上中旬、7月上中旬和8月中下旬。

【防治方法】

参见紫薇中紫薇绒蚧防治方法。

二十九、月　季

月季（*Rosa chinensis*），蔷薇科蔷薇属；半常绿或落叶灌木。高度因品种而异，通常高 1~1.5m，也有枝条平卧和攀援的品种。小枝散生粗壮而略带钩状的皮刺。小叶 3~5（7），广卵形至卵状矩圆形，长 2~6cm，宽 1~3cm；有锐锯齿，两面无毛，上面暗绿色，有光泽；叶柄和叶轴散生皮刺或短腺毛。托叶有腺毛，花单生或数朵排成伞房状；花柱分离；萼片常羽裂。果实球形，直径 1~1.5cm，红色。花期 4—10 月；果期 9—11 月。

1. 月季黑斑病

【寄主】月季、金樱子、白玉棠、黄刺玫、蔷薇等。

【症状】主要为害叶片、叶柄、茎及花梗、花蕾。叶片染病，叶面出现 3~21mm 黑褐色近圆形至不规则形病斑，边缘具分枝状菌丝束呈放射状向外扩展，后期病斑连成不规则形大斑。幼茎和叶柄染病，病斑多为长椭圆形，紫红色，周围组织略皱曲。病情严重时造成大量落叶，剩下秃枝和枯梢，影响生长。

【病原】无性态真菌，蔷薇放线孢菌（*Actinonema rosae*）。

【发病规律】病菌以菌丝体在寄主芽鳞、叶痕、枯枝及落叶上越冬。翌年春雨后产生分生孢子，借风雨传播蔓延。叶面上有水滴，温度适宜，分生孢子经 6~10 小时即可发芽侵入，经 3~6 天潜育即出现发病症状。

【防治方法】
参见碧桃中褐斑病的防治方法。

2. 月季锈病

【寄主】月季、玫瑰、蔷薇等。

【症状】该病主要为害叶、叶柄和芽，也可为害梢、花萼和果。春季受害叶片正面产生很小的橙黄色小孢，为病菌的性孢子器；稍后在叶片背面出现微隆起的橙黄色斑点，即锈孢子器，病斑外围常有褪色环圈。植株受害部位常隆起或过度生长或呈畸形，感病植株提早落叶。

【病原】担子菌门，短尖多胞锈菌（*Phragmidium mucronatum*）。

【发病规律】病菌在病芽或发病部位越冬，或以冬孢子在枯枝病叶和落叶上越冬。该病菌为单主寄生锈菌，即生活史中的5个阶段都在同一寄主上发生。翌年春，冬孢子萌发产生担孢子，担孢子萌发侵入新叶形成初侵染。在生长季节，夏孢子借风雨传播，由气孔侵入，可发生多次再侵染。温度对该病流行起关键作用。病菌冬孢子萌发的最适合温度为18℃左右，在25℃下担孢子难以形成。锈孢子萌发的最适温度为15~21℃。尽管大部分夏孢子在9~25℃下均可萌发，但萌发的最适温度为18~21℃。水分对锈孢子和夏孢子萌发也至关重要，一般孢子仅在有自由水的情况下才能萌发。

【防治方法】
参见山楂中梨桧锈病的防治方法。

3. 月季白粉病

【寄主】月季、蔷薇等多种植物。

【症状】该病的发生可引起病叶卷曲、枯焦，嫩梢可枯死，受害部位的表面布满白色粉层，花不能开放或花姿不整，影响植株的生长和观赏价值。

【病原】有性阶段属子囊菌门，毡毛单囊壳菌（*Sphaerotheca pannosa*）；无性阶段属无性态真菌，粉孢属（*Oidium* sp.）。

【发病规律】主要以菌丝在感病植株的休眠芽内越冬。翌年春季，叶芽一展开便布满白粉，这些分生孢子被风传到幼嫩组织上，在适宜的环境条件下萌发，并通过角质层和表皮细胞壁进入表皮细胞进行为害。一般在温暖、干燥或潮湿的环境易发病，降雨则不利于病害发生。施氮肥过多，土壤缺少钙或钾肥时易发该病，植株过密，通风透光不良，发病严重。

【防治方法】
参见紫薇中紫薇白粉病防治方法。

4. 月季根癌病

【寄主】月季、菊、石竹、夹竹桃、松、柏、罗汉松等。

【症状】病菌主要侵染月季根颈处，有时也为害枝条和地下根系。感病部位开始时出现近圆形淡黄色小瘤，表面光滑，质地柔软，以后病瘤逐渐增大成为不规则块状，在大的病瘤上又长出小病瘤。成熟瘤表面粗糙，间有龟裂、质地坚硬木栓化，褐色或黑褐色。感病植株矮化，缺乏生机，叶片变小，失绿黄化，提早脱落，花朵变细纤弱，重病株会死亡。

【病原】真细菌界薄壁细菌门，根癌土壤杆菌（*Agrobacterium tumefaciens*）。

【发病规律】根癌病菌可在病瘤内或土壤中的植株残体上存活1年以上。病菌若2年内得不到侵染机会，即失去致病力而死亡。根癌细菌可由灌溉水、雨水、嫁接条、耕作农具以及地下害虫等传播。远距离传病多是由带病苗木及种条的运输造成的。病菌须通过伤口才能侵入，如机械伤、虫伤、嫁接伤口等，植株根颈土壤接触处最易遭受侵染。从细菌入侵植株到出现为害状，一般需要数十天甚至 1 年以上。由于病原细菌具有诱发癌肿的质粒，当细菌侵入月季后，这种质粒就能入侵到寄主细胞核内的脱氧核糖核酸中，然后癌细胞就迅速增殖。栽于碱性湿度大的土壤植株发病率最高。

【防治方法】

(1) 农业防治　合理施肥，增强树势。清除病株，及时销毁。

(2) 化学防治　①栽植前，将根与根颈处浸入 500~2 000mg/kg 的链霉素溶液中 30 分钟，或 1%硫酸铜液中 5 分钟，清水冲洗后定植。②轻病株切除病瘤后用 1%中生菌素水剂 1 000~2 000 倍液，或 50∶25∶12 的甲醇、冰醋酸、碘片混合液，或金霉素膏涂敷病部，并用 3%甲霜噁霉灵水剂和 80%乙蒜素乳油 2 000 倍液混合液进行灌根。③刨除病根，挖开根颈部寻找患病部位，用小刀刮除病斑，用 30%乙蒜素乳油 500 倍液涂抹保护并晾根换土。

5. 月季长管蚜

【学名】*Sitobion rosirvorum*，半翅目蚜科。

【寄主】月季、蔷薇、玫瑰、梅花等。

【为害状】成虫、若虫群集于新梢、嫩叶、花梗及花蕾上刺吸汁液，使新梢伸展和发育受到抑制，开花不正常，引起煤污病，影响生长和观赏。

【形态特征】

成虫　无翅雌蚜体长 4mm 左右；体长卵形，黄绿色，有时橘红色。腹管长圆筒形，端部有瓦纹；尾片较长，长圆锥形，有曲毛 7~9 根。有翅雌蚜草绿色，第 8 腹节有块横带斑；尾片有曲毛 9~11 根。

若蚜　体长约 1mm，初孵出时白绿色，渐变为淡黄绿色。

【发生规律】1 年发生 10~20 代，以卵蚜在寄主腋芽、枝条上越冬。在气温 20℃左右，加之干旱少雨时，有利于其发生与繁殖。盛夏阴雨连绵不利于蚜虫发生与为害。秋季又迁回月季等冬寄主上为害与产卵。每年以 5—6 月、9—10 月发生严重。晚秋以后，以卵在月季的芽腋处越冬。

【防治方法】

参见紫薇中紫薇长斑蚜防治方法。

6. 玫瑰巾夜蛾

【学名】*Parallelia arctotaenia*，鳞翅目夜蛾科。

【寄主】月季、蔷薇、玫瑰等。

【为害状】幼虫啃食嫩叶，花蕾和花瓣，降低观赏价值。

【形态特征】

成虫　为中型蛾，全体暗灰褐色，体长 18~20mm，翅展 43~46mm。前翅中带窄，白色，布有细黑点，翅外缘灰白色。后翅中带白色锥形，外缘中后部白色，缘毛灰白色。

幼虫 青褐色，体长约60mm；有赭色细点，第1腹节背面有1对黄白色小眼斑，第8腹节背面有1对黑色小眼斑，第1、2腹节常弯曲成拱形，臀足很发达，常支撑全体竖立很久而不动。

【发生规律】 1年发生3~4代，以蛹在土中越冬。翌年5月中旬开始发现幼虫为害月季嫩叶、花蕾和花瓣，6月上旬第1代成虫出现，在月季上从5—10月末都可以发现幼虫为害，有世代重叠现象。成虫白天隐蔽在植物叶背或草丛中，夜出活动，具有趋光性；夜间外出觅偶交配、产卵，卵散产；一般1片叶片只产1粒卵，1株月季上常发现1头幼虫为害。在夏季幼虫期为30~40天，老熟幼虫在土中或落叶下吐丝结茧化蛹。蛹期10天左右，9—10月陆续化蛹在土中越冬。

【防治方法】
参见紫薇中黄刺蛾防治方法。

7. 月季茎蜂

【学名】 *Neosyrista similis*，膜翅目茎蜂科。

【寄主】 月季、蔷薇、玫瑰等。

【为害状】 以初孵幼虫蛀入嫩茎后使嫩茎萎蔫，倒折；并沿茎向下蛀食，影响生长，失去观赏价值。

【形态特征】

成虫 雌成虫体长约16mm，翅展22~26mm；体黑色有光泽，3~5腹节和第6腹节基部一半均赤褐色，第1腹节的背板露出一部分，1~2腹节背板的两侧黄色，其他翅脉黑褐色。雄成虫略小，翅展12~14mm；颜面中央有黄色。腹部赤褐色或黑色，各背板两侧缘黄色。

卵 黄白色，直径约1.2mm。

幼虫 乳白色，头部浅黄色，体长约17mm。

蛹 棕红色，纺锤形。

【发生规律】 1年发生1代，以幼虫在蛀害茎内越冬。翌年4月间化蛹，5月上中旬出现成虫。卵产在当年的新梢和含苞待放的花梗上，当幼虫孵化蛀入茎后就倒折、萎蔫。幼虫沿着茎干中心继续向下蛀害，直到地下部分。月季茎蜂蛀害时无排泄物排出，一般均充塞在蛀空的虫道内。10月后天气渐冷，幼虫结薄茧在茎内越冬，其部位一般距地面10~20cm。

【防治方法】

(1) **农业防治** 结合冬季修剪，剪除有褐色斑点的枝条，集中销毁，减少越冬幼虫的数量。

(2) **化学防治** 掌握成虫羽化高峰期至幼虫孵化期，可喷施45%丙溴·辛硫磷乳油1 000~1 500倍液，或25%吡蚜酮可湿性粉剂1 500~2 000倍液。

(3) **生物防治** 保护和利用天敌寄生蜂等。

8. 月季白轮盾蚧

参见海桐中黑蜕白轮蚧（又名月季白轮盾蚧）相关内容。

9. 史氏始叶螨

【学名】*Eotetranychus smithi*，真螨目叶螨科。
【寄主】月季、蔷薇等。
【为害状】以成螨和若螨在叶片背面吸取汁液，先为害下部叶片，后逐渐扩展到上部叶片。受害叶片出现灰白色小点或白色斑块，严重时叶片枯死脱落。
【形态特征】
雌成螨 椭圆形，红色，体长约0.4mm，体宽约0.25mm；体侧各有黑斑，足及颚体呈白色。
雄成螨 略小，体长约0.2mm，体宽约0.1mm。
【发生规律】5月初至10月底，在月季上连续为害。尤其在7—8月天气连续干旱和气温较高时，虫口数量迅速增多。如果连续几天阴雨，虫口数量会显著下降。主要在叶背面为害，有吐丝结网习性。卵多产在叶背面上脉两侧及丝网上。
【防治方法】
参见木槿中朱砂叶螨防治方法。

10. 绿盲蝽

【学名】*Apolygus lucorum*，半翅目盲蝽科。
【寄主】月季、菊花、大丽花、一串红、石榴、紫薇、木槿、桃、槐等。
【为害状】以成虫和若虫刺吸取食，为害叶芽、嫩叶和花蕾。受害叶出现黑斑和孔洞最终皱缩扭曲，受害花蕾在被害处渗出黑褐色汁液，生长点受害，造成腋芽丛生，甚至全叶早落。
【形态特征】
成虫 体黄绿色至绿色，长约5mm。复眼红褐色，前胸背板深绿色，被有许多小黑点，小盾片黄绿色。翅的革质部分全为绿色，膜质部分为暗黑色，半透明。
卵 黄绿色，香蕉形，长约1mm；卵盖乳黄色，中央凹，两端突。
若虫 体鲜绿色，复眼灰色；无翅，翅芽尖端黑色；体表密被黑细毛。
【发生规律】1年发生4~5代，以卵在寄主组织内越冬。翌年3—4月越冬卵孵化，各代成虫发生期分别为5—9月，每月1代。常出现世代重叠现象，成虫和若虫昼伏隐蔽处，夜间活动为害，以芽和嫩叶受害最重。成虫稍有趋光性。成虫和若虫喜温暖潮湿，当气温20℃，相对温度80%以上时，为害严重，故每年5月份发生最重，而在高温、干燥的7—8月间则为害较轻。

【防治方法】

（1）**农业防治** 及时清除绿地、圃地周围的杂草，减少虫体栖息隐蔽场所，不利其发生和繁殖。

（2）**化学防治** 在若虫孵化时或成虫发生期，用50%啶虫脒水分散粒剂12 000~15 000倍液，或40%啶虫·毒死蜱乳油1 500~2 000倍液喷雾防治。

（3）**生物防治** 保护和利用天敌寄生蜂、草蛉等。

11. 黄刺蛾

参见紫薇中黄刺蛾相关内容。

12. 黑刺粉虱

【学名】*Aleurocanthus spiniferus*，半翅目粉虱科。

【寄主】月季、蔷薇、米兰、玫瑰、茶花、樟树、白兰等。

【为害状】以若虫群集在植株叶背吸食汁液，叶片受害后形成黄斑。其排泄物易诱发煤污病，使枝叶变黑枯死，影响光合作用和呼吸作用。

【形态特征】

成虫 体橙黄色，长1.0~1.3mm，覆有白色蜡质状物。前翅紫褐色，具7个不规则的白色斑块，后翅淡紫色，较小，无斑。复眼红色，足黄色。

卵 香蕉形，基部有一小柄黏于叶背面。初产时淡黄色，孵化前呈紫黑色。

若虫 初孵若虫淡黄色，椭圆形，体周缘呈锯齿状，尾端有4根毛。老熟若虫体变黑色，体周围具明显的白色蜡圈，体背有14对刺毛。

蛹 黑色椭圆形，有光泽，长约1mm。蛹壳边缘锯齿状并附有白色蜡质。蛹背中央具1纵脊，蛹两侧边缘有刺毛，雌蛹11对，雄蛹10对。

【发生规律】1年发生4~5代，以老熟若虫或拟蛹在叶片背面越冬。翌年3月在原处化蛹，4月左右成虫羽化。成虫白天活动，群集于枝叶上交尾产卵。卵多产于叶背，老叶上为多。成虫有孤雌生殖，其后代发育雄虫。若虫孵化后不久，便吸汁为害。各代若虫盛发期约在5月下旬、7月中旬、8月下旬、9月下旬至10月上旬，除1、2代较整齐外，其余各代发生均不整齐，有世代重叠现象。

【防治方法】

（1）**农业防治** 剪除虫害枝、叶，减轻为害。

（2）**化学防治** 若虫、成虫发生期，可喷施50%啶虫脒水分散粒剂12 000~15 000倍液，或22.4%螺虫乙酯悬浮剂3 000~4 000倍液，或10%吡虫啉可湿性粉剂1 000~1 500倍液，喷雾防治。喷施叶背，该虫主要群集于叶背活动。

13. 桃一点斑叶蝉

【学名】*Erythroneura sudra*,半翅目叶蝉科。

【寄主】月季、桃、蔷薇、梅花、海棠、山茶、山楂、柑橘、樱花、龙柏、侧柏、扁柏等。

【为害状】成虫、若虫群栖叶背,刺吸汁液,使叶片出现失绿的白色小斑点,严重时全树叶片呈现苍白色,导致早期落叶,影响树势。

【形态特征】

成虫 体长3~4mm;全体绿色。羽化初期略有光泽,经数天后,全身被覆一薄层白色蜡质,光泽亦随之消失。头顶短而阔,头顶与额交界中央有1个大而圆的黑色斑点;复眼黑色。触角3节,黄绿色。前胸背板前半部黄色,后半部暗绿色;小盾片基缘近两基角处各有1条黑色斑纹。前翅端室部分不分叉,绿色,长方形,半透明翅脉黄绿色,后翅不具周缘脉;外缘有2个开口的端室,无色透明,翅脉暗色。

卵 肾形,长0.75~0.82mm,淡绿色。

若虫 翅芽黄绿色,复眼紫黑色。

【发生规律】1年发生4~6代,以成虫在树皮缝、杂草丛,以及常绿树龙柏、侧柏、圆柏、柳杉、马尾松等植株上越冬。越冬成虫在3月上中旬即开始从越冬寄主向月季飞迁,至3月下旬已全部迁离越冬寄主。当年7—9月虫口密度达到高峰。10月中旬开始飞迁越冬寄主,到11月中下旬全部飞迁到龙柏、侧柏等常绿树木上越冬。成虫在天气晴朗、温度升高时行动活跃,清晨及傍晚或风雨天气不活动。秋季干旱常几十头躲藏于一卷叶内。无趋光性,成虫羽化后隔日或数日后交配。成虫将卵产于寄主叶背主脉内,以近基部为多,少数亦在叶柄上,雌虫每天产卵1~11粒。每雌一生可产卵46~165粒。若虫喜群集为害,受惊时很快横向爬行。

【防治方法】

(1) **农业防治** 冬、春季节结合修剪,剪除有卵块的枝条,集中深埋或销毁,以减少虫源。

(2) **化学防治** ①5月中下旬防治第1代若虫孵化盛期。②7月中下旬防治第2代若虫盛孵期。选用10%吡虫啉可湿性粉剂1 200~1 500倍液,或45%丙溴·辛硫磷乳油1 000~1 500倍液,或50%马拉硫磷乳剂2 000倍液,喷雾防治。

三十、木芙蓉

木芙蓉（*Hibiscus mutabilis*），锦葵科木槿属；落叶灌木或小乔木。高 2~5m，在中亚热带至热带发育为乔木，在北亚热带地区为灌木。小枝、叶片、叶柄、花萼均密被星状毛和短柔毛。叶广卵形，宽 7~15cm，掌状 3~5（7）裂，基部心形，缘有浅钝齿。花单生枝端叶腋，径达 8~10cm，白色、淡紫色，后变深红色；花梗长 5~8cm，近顶端有关节。蒴果扁球形，有黄色刚毛及绵毛，果瓣 5；种子肾形，有长毛。花期 8—10月；果 10—11月成熟。

1. 木芙蓉白粉病

【寄主】木芙蓉、木槿、凤仙花、红花、百日草、波斯菊、大金鸡菊、三色堇等植物。

【症状】该病主要发生在叶部。患病植株叶部初期表面呈块状褪绿，出现黄白色斑驳，后在叶片背面产生白色菌丝层及粉状分生孢子。入秋后白色菌丝层上产生小粒点，初为黄色，后转黄褐色，最后变黑褐色。病叶枯黄早落，影响植株生长和观赏。

【病原】子囊菌门，棕丝单囊壳菌（*Sphaerotheca fusca*）。

【发病规律】该病为真菌中的子囊菌类，以菌丝体、闭囊壳在落叶上越冬。翌年5—6月开始散放出子囊孢子，经风雨传播到新叶上，孢子萌发长出菌丝，形成吸胞，自气孔侵入叶部组织吸取养分。后随菌丝成长不断形成分生孢子，反复侵染。在栽植过密，通风透光不良，空气湿度大的情况下发病重。

【防治方法】
参见紫薇白粉病防治方法。

2. 木芙蓉褐斑病

参见紫薇中紫薇褐斑病的相关内容。

3. 犁纹丽夜蛾

参见木槿中犁纹丽夜蛾相关内容。

4. 小绿叶蝉

【学名】*Empoasca flavescens*，半翅目叶蝉科。

【寄主】木芙蓉。

【为害状】以成虫和若虫刺吸植物的汁液，使被害叶片出现小白点，被害叶初现黄白色斑点渐扩成片，严重时全叶苍白早落，影响了植株的正常生长和观赏价值。

【形态特征】

成虫 体长3.3~3.7mm；淡黄绿至绿色，复眼灰褐至深褐色，无单眼；触角刚毛状，末端黑色。前胸背板、小盾片浅鲜绿色，常具白色斑点。前翅半透明，略呈革质，淡黄白色，周缘具淡绿色细边。后翅透明膜质，各足胫节端部以下淡青绿色，爪褐色；跗节3节；后足跳跃式。腹部背板色较腹板深，末端淡青绿色。头背面略短，向前突，喙微褐，基部绿色。

卵 长椭圆形，略弯曲，长径约0.6mm，短径约0.15mm；乳白色。

若虫 体长2.5~3.5mm，与成虫相似。

【发生规律】世代数因地而异，江苏、浙江1年发生9~10代，以成虫在落叶、杂草或低矮绿色植物中越冬。翌春桃、李、杏发芽后出蛰，飞到寄主上刺吸汁液，经取食后交尾产卵，卵多产在新梢或叶片主脉里。卵期5~20天；若虫期10~20天，非越冬成虫寿命30天；完成1个世代40~50天。因发生期不整齐致世代重叠。6月虫口数量增加，8—9月最多且为害重；秋后以末代成虫越冬。成虫、若虫喜白天活动，在叶背刺吸汁液或栖息。成虫善跳，可借风力扩散，日均气温15~25℃适宜其生长发育，28℃以上及阴雨连绵天气虫口密度下降。

【防治方法】

（1）**农业防治** 成虫出蛰前清除落叶及杂草，减少越冬虫源。

（2）**化学防治** 掌握在越冬代成虫迁入后，各代若虫孵化盛期，及时喷施50%啶虫脒水分散粒剂12 000~13 000倍液，或22%噻虫·高氯氟悬浮剂4 000~5 000倍液喷雾防治。

5. 棉大卷叶螟

【学名】*Haritalodes derogata*，鳞翅目螟蛾科。

【寄主】木芙蓉、法桐、杨、蜀葵、木槿、冬青、木棉、梧桐、海棠、栀子花、女贞等。

【为害状】幼虫在嫩叶上吐丝，缀叶为害，缀连成饺子状或筒状，发生严重时，可将叶片吃光。

【形态特征】

成虫 体长10~15mm，翅展为22~30mm；体浅黄色，翅面有深褐色波浪纹，前翅近前缘处有"OK"形斑。

卵 扁椭圆形。

幼虫 老熟时体长为 26mm 左右，绿色，有稀疏长毛，有不规则的褐色斑；胸足黑色明显。

蛹 红棕色，呈竹笋状。

【发生规律】1 年发生 3~6 代，世代重叠，以幼虫在杂草丛中、枯枝落叶层、粗皮缝中越冬。翌年春季化蛹，4—5 月成虫多在夜间羽化，趋光性较强，雌蛾将卵产在叶背面，以叶脉边缘为多，卵粒数量不等，卵期约 4 天。幼虫共 6 龄。初孵幼虫食叶肉，留下表皮，幼虫较活跃，3 龄后分散为害，有转移为害习性。幼虫吐丝将叶片卷成筒状，在其内取食为害，造成叶片破烂不堪。排粪和化蛹均在筒内，蛹期约 7 天。4 月下旬至 11 月上旬为幼虫为害期，11 月下旬越冬。

【防治方法】

(1) **农业防治** ①加强管理，及时清除杂草和枯枝落叶，减少越冬虫源。②剪除卷叶螟的筒状叶，消灭幼虫，以减少下代为害。

(2) **化学防治** 发生期，可用 45% 丙溴·辛硫磷 1 000~1 500 倍液，或 20% 氰戊菊酯乳油 1 000~2 000 倍液，或 20% 甲氰菊酯乳油 2 000~3 000 倍液，喷杀幼虫。

6. 小青花金龟

【学名】*Dxyletonia jucunda*，鞘翅目金龟科。

【寄主】木芙蓉、玫瑰、菊花、月季、葡萄、美人蕉、大丽花、石竹、萱草、金盏菊、榆树、柞木、槐树、柳、马尾松、云南松、罗汉松、杨、梅、丁香、桃、柑橘、柚、梨等。

【为害状】成虫食害多种植物的花蕾和花。严重为害时，常群集在花序上将花瓣、花蕊和雌花吃光，降低观赏价值。

【形态特征】

成虫 体暗绿色，体长 13~17mm。头部黑色，复眼和触角黑褐色。胸、腹部的腹面密生许多短毛。前胸背板和鞘翅均为暗绿或铜色，并密生许多深黄色短毛，无光泽。鞘翅上具有黄白色斑纹；腹部两侧各有 6 个黄白色斑纹，排成 1 行，腹部末端也有 4 个黄白色斑纹。足皆为黑褐色。

卵 球形，白色。

幼虫 老熟幼虫体长 32~36mm，头部较小，褐色，胴部乳白色，各体节多皱褶，密生绒毛。肛腹板上具有 2 行纵向排列的刺毛。

蛹 裸蛹，白色，尾端为橙黄色。

【发生规律】1 年发生 1 代，以成虫或幼虫在土壤中越冬。翌年 4—5 月花期成虫陆续出土活动。一般以晴天和气温较高的中午活动频繁，取食交配产卵最盛，飞翔最烈。成虫喜群集为害花朵，严重时在 1 个花序中可达 20~30 头，取食花蕊和花瓣，造成花而不实。若遇阴雨天气，则栖息于花中，不大活跃，日落后黄昏时飞回土中潜伏产卵，成虫产卵喜欢在腐殖质多的土壤中、荒地、枯枝落叶层下产卵，6—7 月始见幼虫，8 月后成虫逐渐减少。

【防治方法】

参见牡丹中黑鳃金龟防治方法。

7. 桑白盾蚧

【学名】 *Pseudaulacaspis pentagona*，别名桑白蚧、黄点蚧、桑拟轮蚧，半翅目盾蚧科。

【寄主】 木芙蓉、柚、梅花、樱花、碧桃、无花果、银杏、丁香、棕榈、山茶、枇杷、桃、杏、芭蕉、柑橘、槐树、朴、枫、葡萄等。

【为害状】 雌成虫、若虫群集枝干，吮吸汁液，严重时介壳密集重叠；受害后，花木生长不良；叶色发黄，枝梢枯萎，大量落叶，甚至枝条或全株死亡。一旦发生，不加以有效防治，3~5年可将全园毁坏。

【形态特征】

成虫　雌虫长约1mm，体阔扁平，略呈五角形，橙黄色。雌虫介壳笠帽形，灰白色，直径约2mm；中央有一橙色点。雄虫略小，呈纺锤形，橙色；雄虫介壳白色，长椭圆形，背面有3条纵隆起线。

卵　椭圆形，长约0.25mm；白色或橙黄色。

若虫　初孵时为长椭圆形。第2次蜕皮后虫体梨形，淡黄色或深黄色，雄虫蜕皮即化蛹。

蛹　体长椭圆形，橙色。

【发生规律】 1年发生2~4代，各地均以受精雌虫在原寄主上越冬。越冬雌虫以口针插入树皮下固定一处不动，早春树液开始流动后，即开始吸食汁液，形成卵粒，产卵于介壳内。孵出的若虫，在树干爬行5~10小时，寻找适宜地方固定取食。经2次蜕皮，即变成无翅雌虫。雄虫经2次蜕皮后，化蛹其中。卵期一般为3月下旬至4月下旬，6月中旬至6月下旬及8月中下旬，卵孵化期为4月下旬至5月上旬、6月末至7月上旬及8月下旬至9月初，雄蚧羽化期分别为5月末至6月初、7月上旬及9月下旬至11月上旬，尚有少数雌蚧产卵，因温度低，多不能孵化而死去。因此桑白盾蚧在各地发生期不甚整齐，给防治带来了一定困难。

【防治方法】

参见紫薇中紫薇绒蚧防治方法。

8. 朱砂叶螨

参见木槿中朱砂叶螨相关内容。

三十一、狭叶十大功劳

狭叶十大功劳（*Mahonia fortunei*），小檗科十大功劳属；常绿灌木。高可达2m，全体无毛；羽状复叶，小叶5~9枚，侧生小叶狭披针形至披针形；长5~11cm，宽0.9~1.5cm，顶生小叶较大，长7~12cm；边缘每侧有刺齿5~10，侧生小叶近无柄。花黄色，总状花序长3~7cm，4~10条簇生，花梗长1~4mm，无花柱。果实卵形，熟时蓝黑色，外被白粉。花期7—9月；果期10—11月。

1. 十大功劳白粉病

【寄主】狭叶十大功劳、杨树、大叶女贞等多种植物。
【症状】发病部位在叶、嫩梢，明显的特征是整个叶面出现白色粉状物。生长季节感病部位出现白色的小粉斑，逐渐扩大为圆形或不规则的白粉斑，严重时白粉斑相互连接成片。
【病原】有性阶段属子囊菌门，多丝叉丝壳（*Microsphaera multappendicis*）；无性阶段属无性态真菌，亚麻粉孢（*Oidium lini*）。
【发病规律】病原菌以菌丝体在叶中越冬。翌年病菌随芽萌发而开始活动，侵染幼嫩部位，产生新的病菌孢子，借助风力等方式传播。以5—6月、9—10月发生较多。夜间温度较低（15~16℃）相对湿度较高有利于孢子萌发及侵入，白天气温高（23~27℃），湿度较低（40%~70%）则有利于孢子的形成及释放。
【防治方法】
（1）**农业防治** 及时清除枯枝落叶（病叶病株），集中销毁，减少侵染源。
（2）**化学防治** 发病期，喷施20%三唑酮乳油1 500~2 000倍液，或50%多菌灵可湿性粉剂800~1 000倍液，或12.5%烯唑醇可湿性粉剂2 000~2 500倍液，25%丙环唑乳油1 000~1 500倍液，喷雾防治。连续喷施2次，间隔12~15天。

2. 十大功劳叶斑病

【寄主】狭叶十大功劳。
【症状】叶片上病斑圆形，叶尖叶缘不规则形；病斑中央灰白色，边缘褐色隆起；外缘紫红色，直径1~4mm；后期出现黑点病斑，集中时临近叶面变成紫红色。

【病原】无性态真菌,小檗叶点霉(*Phyllosticta berberidis*)。

【发病规律】病菌以菌丝或分生孢子在落叶上越冬,翌年产生分生孢子,借风雨传播进行初侵染。雨季发病重,可造成再侵染。

【防治方法】

(1) **农业防治** 秋末冬初剪除病枝,清扫落叶,集中销毁,减少侵染源。

(2) **化学防治** ①发病前,喷施1:2:200波尔多液或0.5°Bé石硫合剂。②发病期,喷施80%代森锌可湿性粉剂600~800倍液,或50%多菌灵可湿性粉剂800~1 000倍液,或70%甲基硫菌灵可湿性粉剂800~1 000倍液,或50%多·锰锌可湿性粉剂400~600倍液,每隔10~15天喷1次,连喷3~4次。

3. 十大功劳炭疽病

参见碧桃中炭疽病相关内容。

4. 糠片盾蚧

参见木槿中糠片盾蚧相关内容。

第二篇

草 本

一、葱 兰

葱兰（*Zephyranthes candida*），石蒜科葱莲属；多年生草本植物。鳞茎卵形，直径约2.5cm；具有明显的颈部，颈长2.5~5cm。叶狭线形，肥厚，亮绿色，长20~30cm，宽2~4mm。花茎中空；花单生于花茎顶端，下有带褐红色的佛焰苞状总苞，总苞片顶端2裂；花梗长约1cm；花白色，外面常带淡红色；花被片6，长3~5cm；顶端钝或具短尖头，宽约1cm，近喉部常有很小的鳞片；雄蕊6枚，长约为花被的1/2；花柱细长，柱头不明显3裂。蒴果近球形，直径约1.2cm，3瓣开裂；种子黑色，扁平。

1. 葱兰炭疽病

【寄主】葱兰、麦冬。

【症状】发病初期在线形叶上产生红褐色针尖大小的病斑，从叶基部至叶先端均有分布。随后，病斑逐渐扩大，呈梭形，长1.5~3cm；有时许多病斑连在一起而形成红褐色段斑，长5~8cm。发生在叶先端的病斑向下延伸，使叶片产生节状褪绿段斑，最后，褪绿段斑由黄变为红褐色卷曲状枯死，枯死部分可占整个叶片的1/5~3/5（严重时全叶枯死）。病健交界处界限明显。在病害发生严重时，整丛葱兰的大部分叶片呈红褐色卷曲状枯死。

【病原】无性态真菌，黑线刺盘孢（*Colletotrichum dematium*）。

【发病规律】病菌在病叶中越冬，翌年春季开始发病。病菌主要借助风雨传播，多从伤口侵染为害。病菌在生长季节可重复侵染多次，以5—6月发生较重，夏季高温期间发生程度有所减轻。高湿、土壤贫瘠、种植过密均利于病害的发生。

【防治方法】

参见碧桃中桃炭疽病的防治方法。

2. 葱兰夜蛾

【学名】*Brithys crini*，鳞翅目夜蛾科。

【寄主】葱兰、朱顶红、石蒜等植物。

【为害状】葱兰夜蛾严重时，可以取食完葱兰地上的全部茎叶。虽然葱兰茎叶被该虫取食后，地上部分仍能萌发生长，不造成葱兰的死亡，但是其生长势明显减弱，对葱兰的景观影响也日益显现，园林景观遭严重破坏。

【形态特征】

成虫 体中型至大型，体长 18~20mm，粗壮多毛，体色灰暗。触角丝状，少数种类的雄性触角羽状；单眼 2 个。胸部粗大，背面常有竖起的鳞片丛。前翅颜色灰暗，多具色斑；中室后缘有脉 4 支，中室上外角常有 R 脉形成的副室；后翅多为白色或灰色。

幼虫 主体黑色，具白色斑点；头部橙黄色，上有黑斑 4 枚。前胸橙黄，两侧各有 3 枚相连黑斑，背部中央具 2 枚黑斑；中、后胸各节前后各有白色斑 5 枚，接近胸足的 2 枚白斑相连，胸节间相连的腹面部分白色，且与胸部两侧下部的白斑相连接。具腹足的腹节间相连部分呈橙色，无腹足的腹部腹节间部分呈白色，与腹足基部白色斑相连接。

【发生规律】 1 年发生 5~6 代，末代老熟幼虫于 11 月下旬在植物附近入土，化蛹越冬。翌年 4—5 月羽化，产卵。幼虫一般喜欢群集于植物丛上取食，所排的粪便也多堆积在植物丛基部，粪便呈米白色，夏季炎热时，幼虫早晚取食，白天隐藏，在比较阴潮的林下，则幼虫整天取食。幼虫在 8—9 月份为害最严重。

【防治方法】

（1）**农业防治** 冬季或早春翻地，挖除越冬虫蛹，集中处理，减少虫口基数。

（2）**化学防治** 发生期，喷施 90% 晶体敌百虫 800~1 000 倍液，或 20% 氰戊菊酯乳油 2 000~3 000 倍液，或 45% 丙溴·辛硫磷乳油 1 000~1 500 倍液，可轮换用药，以延缓抗性的产生。

3. 小地老虎

【学名】 *Agrotis ipsilon*，鳞翅目夜蛾科。

【寄主】 葱兰、牡丹、香石竹等花木。

【为害状】 该虫是以幼虫咬食地面处根茎为害，导致缺株，严重影响植株的生长发育。

【形态特征】

成虫 体长 17~23mm，翅展 40~54mm；全体灰褐色。前翅有 2 对横纹，翅基部淡黄色，外部黑色，中部灰黄色，并有 1 圆环，肾纹黑色；后翅灰白色，半透明，翅周围浅褐色。雌虫触角丝状；雄虫触角栉齿状。

卵 为馒头形，直径约 0.5mm，高约 0.3mm；表面有纵横隆起纹，初产时乳白色。

幼虫 老熟时体长 37~47mm；圆筒形，全体黄褐色，表皮粗糙，背面有明显的淡色纵纹，满布黑色小颗粒。

蛹 长 8~24mm；赤褐色，有光泽。

【发生规律】 全国各地 1 年发生 2~7 代。越冬虫态一般认为是以蛹及幼虫在土内越冬。翌年 3 月下旬至 4 月上旬大量羽化。第 1 代幼虫发生最多，为害最重。1~2 龄幼虫群集幼苗顶心嫩叶，昼夜取食；3 龄后开始分散为害，共 6 龄。白天潜伏根际表土附近，夜出咬食幼苗，并能把咬断的幼苗拖入土穴内。其他各代发生虫数少。成虫夜间活动，有趋光性，喜吃糖、醋、酒味的发酵物。卵散产于杂草、幼苗、落叶上，而以肥沃湿润的土壤中卵粒较多。

【防治方法】

（1）**农业防治** ①清晨在缺苗、缺株的根际附近挖土捕杀幼虫。②利用成虫的趋光性，设置黑光灯诱杀。③放置糖醋酒液，按醋∶糖∶水∶酒（高浓度）质量比为4∶3∶2∶1，调匀后置于盆内，按每100m³放置1盆，每5天添加1次糖醋酒液，10天全部更换糖醋酒液进行诱杀。

（2）**化学防治** 幼虫期，可用15%毒·辛颗粒剂，撒施后翻入幼虫活动的土层中。成虫期，可用45%丙溴·辛硫磷乳油1 000~1 500倍液，或20%氰戊菊酯乳油2 000~3 000倍液，或90%晶体敌百虫1 000倍液，喷雾防治。

（3）**生物防治** 保护和利用天敌知更鸟、鸦雀、寄生蝇、寄生蜂、真菌等。

二、麦 冬

麦冬（*Ophiopogon japonicus*），百合科沿阶草属；多年生常绿草本植物。其根较粗，中间或近末端常膨大呈椭圆形或纺锤形的小块根，茎很短，叶基生成丛，禾叶状；苞片披针形，先端渐尖，种子球形，花期5—8月；果期8—9月。

1. 麦冬黑斑病

【寄主】麦冬。

【症状】受害麦冬叶尖开始发黄变褐，逐渐向叶基蔓延，病健交界处色泽较深；有时叶片上产生水渍状、不同颜色的病斑。发病后期，全叶发黄枯死，严重影响产量与质量。

【病原】无性态真菌，葱交链孢霉（*Alternaria porri*）。

【发病规律】病原菌在病残体上越冬。翌年4月中旬即开始发病。病害发展与雨水关系很大，雨季发病严重。田间可见到明显的中心病株，并迅速向四周蔓延，在适宜的温湿度条件下蔓延很快，成片枯死。

【防治方法】

（1）农业防治　选择叶色翠绿的无病健株做种苗。及时拔除中心病株，并补上健苗。加强管理，增施肥料。

（2）化学防治　发病较轻的地块，可剪除部分病叶，发病重的植株叶片可全部割除，使其重新长出新叶，再全面喷1∶1∶100的波尔多液，或80%代森锌可湿性粉剂600~800倍液，或50%多菌灵可湿性粉剂800~1 000倍液，或70%甲基硫菌灵可湿性粉剂800~1 000倍液，或25%咪鲜胺乳油800~1 000倍液，每10~14天喷施1次，连续喷施3~4次。

2. 蛴螬

【学名】*Mimela lucidula*，鞘翅目金龟科。

【寄主】麦冬及多种地被植物。

【为害状】蛴螬是金龟甲的幼虫，别名白土蚕。成虫通称为金龟甲或金龟子。为害多种植物和蔬菜。按其食性可分为植食性、粪食性、腐食性3类。其中植食性蛴螬食性广泛，为害多种农作物、经济作物和花卉苗木，喜食刚播种的种子、根、块茎以及幼苗，是世界性的地下害虫，为害很大。

【形态特征】虫体弯曲呈"C"形，多为白色，少数为黄白色。头部褐色，上颚显著，腹部肿胀。体壁较柔软多皱，体表疏生细毛。头大而圆，多为黄褐色，生有左右对称的刚毛，刚毛数量的多少常为分种的特征。如华北大黑鳃金龟的幼虫为3对，黄褐丽金龟幼虫为5对。蛴螬具胸足3对，一般后足较长。腹部10节，第10节称为臀节，臀节上生有刺毛，其数目的多少和排列方式也是分种的重要特征。

【发生规律】1~2年发生1代；幼虫和成虫在土中越冬，成虫即金龟子，白天藏在土中，晚上外出取食等活动。蛴螬有假死和趋光性，并对未腐熟的粪肥有趋性。成虫交配后10~15天产卵，产在松软湿润的土壤内，以水浇地最多，每头雌虫可产卵100粒左右。白天藏在土中，晚上8—9时进行取食等活动。幼虫蛴螬始终在地下活动，与土壤温湿度关系密切。当土表下10cm土温达5℃时开始上升土表，13~18℃时活动最盛，23℃以上则往深土中移动；至秋季土温下降到其活动适宜范围时，再移向土壤上层。因此蛴螬对果园苗圃、幼苗及其他植物的为害主要是春秋两季最严重。土壤潮湿活动加强，尤其是连续阴雨天气，春、秋季在表土层活动，夏季多在清晨和夜间到表土层。

【防治方法】
（1）**物理方法** 可设置黑光灯诱杀成虫。
（2）**化学防治** ①幼虫（蛴螬）期用40%毒·辛乳油1 000~1 200倍液灌根防治，或15%毒·辛颗粒剂，撒到地面翻入蛴螬活动的土层中。②成虫期可用45%丙溴·辛硫磷乳油1 000~1 500倍液，或90%晶体敌百虫1 000倍液，喷到地面，然后翻入蛴螬活动的土层。
（3）**生物防治** 保护和利用天敌茶色食虫虻、白僵菌等。

3. 沟金针虫

【学名】*Pleonomus canaliculatus*，别名铁丝虫、姜虫、金齿耙，鞘翅目叩甲科。
【寄主】麦冬、菊花等多种植物。
【为害状】以幼虫钻入植株根部及基部的近地面部分为害，蛀食地下嫩基及髓部，使植株幼苗地上部分叶片变黄、枯萎。

【形态特征】

雌虫 体长16~17mm，体扁平，深褐色；头部扁形，头顶呈三角形洼凹，触角11节，深褐色；前胸发达，前窄后宽。

雄虫 长14~18mm，体细长。

卵 近椭圆形，乳白色。

幼虫 金黄色，口器暗褐色，胸部到第10腹节背面沿背线有一细纵沟；尾节背面有近圆形之凹陷，两侧缘隆起，具3对锯齿状突起，尾端分叉。

蛹 纺锤形，深绿色。

【发生规律】3年发生1代，以各龄幼虫在土下越冬。老熟幼虫8月开始化蛹，9

月初羽化为成虫,并在土室中潜伏越冬。翌春季越冬成虫出土活动,4月中旬开始产卵,初孵幼虫不久即可取食为害。成虫白天躲藏于植物表土中,或田边杂草、土块下,夜晚在地面活动交尾。土壤湿润对沟金针虫活动有利;多年生植物种植地因土壤长期不翻耕,有利于其生存,发生较重。

【防治方法】

(1) **农业防治** 种植前要深耕多耙,及时深翻,以利于天敌取食及机械杀死幼虫和蛹;夏季翻耕暴晒,冬季翻耕冷冻,能消灭部分虫蛹。

(2) **化学防治** 用40%毒·辛乳油1 000~1 200倍液,灌根处理,或15%毒·辛颗粒剂撒到地面再翻入沟金针虫活动的土层中。

三、萱 草

萱草（*Hemerocallis fulva*），百合科萱草属；多年生草本植物。根状茎粗短，具肉质纤维根，多数膨大呈窄长纺锤形。叶基生成丛，条状披针形，长30~60cm，宽约2.5cm，背面被白粉。夏季开橘黄色大花，花葶长于叶，高可达1m以上；圆锥花序顶生，有花6~12朵，花梗长约1cm，有小的披针形苞片；花长7~12cm，花被基部粗短漏斗状，长可达2.5cm，花被6片，开展，向外反卷，外轮3片，宽1~2cm，内轮3片，宽可达2.5cm，边缘稍作波状；雄蕊6枚，花丝长，着生花被喉部；子房上位，花柱细长。花果期为5—7月。

1. 萱草根腐病

【寄主】 萱草。

【症状】 病菌为害植物的根部，幼苗或成株均可发病。初在须根表皮出现浅褐色病变，后变褐凹陷，绕根扩展一周后，致根干枯，染病株根系不发达，地上部矮小，叶色变淡，结荚减少。

【病原】 主要由无性态真菌的锐顶镰孢（*Fusarium acuminatum*）和串珠镰孢中间变种（*Fusarium moniliforme* var. *intermedium*）两种菌之间的变种引起。

【发病规律】 病原菌主要以菌丝或菌核随病残体在土壤中越冬，翌年条件适宜时开始侵染为害。栽培年限较长、栽培地块土质黏重、透气性差、土壤瘠薄、管理粗放、连续高温多雨、雨后易积水等多种原因引起发病较重。

【防治方法】

（1）**农业防治** 种植前要深耕多耙，及时深翻，夏季翻耕暴晒，减少侵染源。

（2）**化学防治** ①发病期，可喷施50%多菌灵可湿性粉剂500~600倍液，或70%甲基硫菌灵可湿性粉剂800~1 000倍液，或14%络氨铜水剂300倍液喷施茎基部或灌根。②用40%毒·辛乳油1 000~1 200倍液，浇灌土壤，防治地下害虫。

2. 萱草叶枯病

【寄主】 萱草。

【症状】 感病后在嫩叶正面中部，沿叶脉出现暗绿色针头大小的斑点，后扩大成水溃状半透明斑点，病斑呈梭形或纺锤形；后期病斑中央灰白色，边缘深褐色，干燥时易破裂。湿度大时病部长有淡红色霉层。病斑发生在叶尖，则叶尖枯死，若在叶片中部，则叶片折断，严重时可造成地上部全部枯死。

【病原】无性态真菌，秆褐霉菌（*Limonomyces culmigenus*）。

【发病规律】病菌以分生孢子或菌丝体在病叶或土壤中越冬，翌春3—4月即盛发流行。春季气温回升快、多阴雨天及栽植年限长的地块发病重。重施氮肥，而磷、钾肥不足会加重病害发生。

【防治方法】

(1) **农业防治** 合理轮作，适当增施磷、钾肥。

(2) **化学防治** 幼苗出土后，用0.6°Bé的石硫合剂喷施2~3次，每隔10天1次；发病初期，用75%百菌清可湿性粉剂800~1 000倍液，或50%甲基硫菌灵可湿性粉剂500~600倍液，或50%多菌灵可湿性粉剂800~1 000倍液，喷雾防治，间隔10~15天喷施1次，连续喷药2~3次。

3. 木橑尺蛾

【学名】*Biston panterinaria*，鳞翅目尺蛾科。

【寄主】萱草、鸢尾、刺槐、李、柳、山楂、珍珠梅、水杉、核桃、厚朴、马褂木、杨、榆树、桃、美人蕉、吉祥草等植物。

【为害状】幼虫啃食叶片成缺刻和孔洞；食量大，在缺食情况下，成群外迁，扩大为害，将叶片吃光。影响花木生长及观赏。

【形态特征】

成虫 体长20~23mm，翅展50~78mm。体黄白色。雌蛾触角丝状；雄蛾双栉状，栉齿较长并丛生纤毛。头顶灰白色，颜面橙黄色；喙棕褐色；下唇须短小。翅底白色，翅面上有灰色和橙黄色斑点。前、后翅的外线上各有1串橙色和深褐色圆斑。但圆斑隐显变异很大；中室端各有1个大灰斑。前翅基部有1个橙黄色大圆斑，内有褐纹。翅反面斑纹和正面相同；但中室端灰斑，中央橙黄色。

卵 长约1mm，扁圆形，绿色；卵块上覆有一层黄棕色绒毛，孵化前变为黑色。

幼虫 老熟幼虫体长60~85mm；幼虫的体色与寄生植物的颜色相近似，并散生灰白色斑点。头顶中央有凹陷成深棕色的"∧"形纹。前胸盾具峰状突起。气门椭圆形，两侧各有1个白色斑点。臀板中央凹陷，后端尖削。

蛹 纺锤形，长约30mm，宽8~9mm；初为翠绿色，后变为黑褐色，体表光滑，布满小刻点。

【发生规律】河南1年发生1代，以蛹在土中越冬。成虫羽化盛期为7月中下旬，幼虫孵化盛期为7月下旬至8月上旬，老熟幼虫于9月为化蛹盛期。成虫多为夜间羽化，晚间活动，羽化后即行交尾，交尾后1~2天内产卵。卵多产于植物的皮缝里或石块上，块产，排列不规则并覆盖一层厚的棕黄色绒毛。成虫趋光性强，白天静伏在树干、树叶、杂草等处容易被发现。成虫寿命4~12天。卵期9~10天。幼虫孵化后即迅速分散，爬行快，稍受惊动，即吐丝下垂，借风力转移为害。初孵幼虫一般在叶尖取食叶肉，留下叶脉，将叶食成网状；2龄幼虫则逐渐开始在叶缘为害。幼虫共6龄，幼虫期40天左右。幼虫老熟即坠地化蛹，少数有吐丝下垂或顺树干爬行习性，老熟幼虫入土前先在地面爬行，选择土壤松软、阴暗潮湿的地方化蛹，如石块缝里、乱石堆中、树干周围和杂草中。化蛹入土深度一般在3cm左右。

【防治方法】

参见紫薇中绿色大蚕蛾防治方法。

4. 棉大造桥虫

【学名】*Ascotis selenaria*，别名尺蠖，鳞翅目尺蛾科。

【寄主】萱草、月季、蔷薇、菊花、一串红、万寿菊等植物。

【为害状】幼虫啃食叶片、花蕾、花瓣，造成植株残缺不全，影响生长和观赏。

【形态特征】

成虫　体长约15mm，雌翅展约45mm，雄翅展约38mm。雌体较粗壮，体色变异很大，一般为浅灰褐色，散布有黑褐及淡色鳞片，触角细长。雄蛾淡黄色，触角呈羽毛状。雌蛾暗灰色，触角呈鞭状，前翅顶白色，其内方为黑色；内横线及外横线、亚外缘线均为黑色，波形纹，内外线间有1白斑，周围黑褐色；外横线的上方有近三角形的黑褐斑，外缘有半月形黑斑。后翅斑纹与前翅相同。

卵　长约0.73mm，宽约0.3mm，青绿色，有深黑色及灰白斑纹，表面有很多凸粒。

幼虫　老熟幼虫体长40mm左右；体色变化较大，由黄绿变为青白色，背线淡青色，亚背线黑色，气门线黄褐色，气门亚线深褐黑色。第2、8腹节有2个较明显的毛瘤，腹部第6节及尾节各有足1对。

蛹　深褐色，全体光滑，体长约14mm；尾端有臀刺2根。

【发生规律】1年发生4~5代，以老熟幼虫在土中化蛹越冬。一般情况下，翌年4月上旬至下旬羽化成虫，4月中旬至5月上旬产卵。第1代幼虫于4月下旬至5月中旬孵出，5月底至6月下旬变蛹，6月上旬至7月上旬羽化、产卵。10月下旬至12月上旬化蛹越冬。全年以6—7月为害最严重。成虫羽化后白天静伏隐蔽处或植物枝叶间，飞翔力、趋光性强；夜出活动，交配、产卵，卵产于枝杈、叶背处；每雌产卵200~1 000粒。初孵幼虫能吐丝随风扩散到嫩枝叶上取食，喜以腹足和足攀于枝叶上自叶缘向内蚕食叶片。老熟幼虫吐丝垂落地面入土或在杂草丛中化蛹。

【防治方法】

(1) **农业防治**　①灯光诱蛾。②加强养护管理冬耕翻土，消灭越冬蛹，减少虫源基数。

(2) **化学防治**　低龄幼虫期，用20%除虫脲悬浮剂3 000~5 000倍液，或每毫升含孢子100亿个以上的*Bt*乳剂600~1 000倍液，或50%杀螟硫磷乳油1 000倍液喷雾防治。

5. 人纹污灯蛾

【学名】*Spilarctia subcarnea*，别名红腹白灯蛾、人字纹灯蛾，鳞翅目灯蛾科。

【寄主】萱草、木槿、芍药、鸢尾、菊花、月季等植物。

【为害状】初孵幼虫群聚叶背啃食叶肉，3龄后分散取食全叶，也食花和嫩梢，造成残缺不全，影响观赏。

【形态特征】

成虫 雄体长17~20mm，翅展46~50mm；雌体长20~23mm，翅展55~58mm。雄虫触角短，锯齿状，雌虫触角呈羽毛状。色彩、斑纹因个体而异，触角柄节有白色鳞片，颜面的一部分与下颚须先端黑色，各足的末端黑色。下唇须基部，前足腿节与翅的基部均为红色。腹部背面深红色至红色，每节中央有1块黑斑，两侧各有2块黑斑。身体大部分为黄白色。翅白色至黄白色，前翅表面臀脉室基部有1个黑点，中室前角也有黑点，自后缘中央至中室后角有1列黑点（2~5个），有的一部分消失或全部消失。后翅肘脉室末端有1个小黑点。前翅、后翅背面中室端有暗褐色纹，夏季出现赤色型，后翅带红色，前翅、后翅的背面淡红色。

卵 扁圆形，淡绿色，直径0.6mm左右。

幼虫 头部黑色，胴部淡黄褐色，背线不明显，亚背线暗绿色，气门线呈粗大条纹，腹面暗绿色，各节具10~16个突起，有数个簇生淡红色长毛，气门淡黄褐色，周缘黑色，胸足淡黑色，腹足先端暗色。

蛹 圆锥形，深紫褐色，尾端尖细；体面有许多细点，腹面扁平，背稍黑弧形，尾端生有12根短刚毛。

【发生规律】1年发生2~6代，以蛹在土中越冬。4—6月羽化为成虫，白天常静伏隐蔽处，晚上活动交配、产卵，卵产于叶背成块或成行，每处有几十粒至百余粒不等，每雌可产卵300~400粒。初孵幼虫群栖叶背取食叶肉，3龄后分散为害。幼虫具有假死性；成虫有趋光性。

【防治方法】

参见紫薇中黄刺蛾防治方法。

6. 小青花金龟

参见木芙蓉中小青花金龟的相关内容。

四、鸢 尾

鸢尾（Iris tectorum），又称蓝蝴蝶、紫蝴蝶、扁竹花等，鸢尾科鸢尾属；多年生草本。根状茎粗壮，花蓝紫色，蒴果长椭圆形或倒卵形，长 4.5~6cm，直径 2~2.5cm；成熟时自上而下 3 瓣裂；种子黑褐色，梨形，无附属物。花期 4—5 月，果期 6—8 月。

1. 鸢尾轮纹病

【寄主】鸢尾。
【症状】发生普遍，为害严重时引起叶片焦枯。这种叶斑病引起独特的"眼斑"，大小病斑相似，逐渐连片，中心浅灰色，边缘深褐，病斑多发生于叶片上半部。初期为微小带有水渍状边缘的褐色斑易与细菌性叶斑混淆。
【病原】无性态真菌，鸢尾生链格孢（Alternaria iridicola）。
【发病规律】病原菌以菌丝体在病残叶中越冬，条件适宜时产生分生孢子，借风雨传播。植株进入开花期后，病害加重，引起叶片过早死亡。病菌不侵入根状茎和根部，但容易侵入花蕾。
【防治方法】
参见大叶黄杨中天竺葵轮纹病防治方法。

2. 鸢尾细菌性软腐病

【寄主】鸢尾、仙人掌、风信子、虎尾兰、仙客来、君子兰、郁金香、百合、兰花、广东万年青、樱草、百枝莲、花叶芋、番红花等肉质多汁植物。
【症状】感病后外形保持完整，皮层破裂后溢出黏液，与空气接触后，由灰色至暗褐色软腐全株死亡，影响观赏。
【病原】真细菌界薄壁细菌门，主要有两种：胡萝卜软腐欧文氏菌胡萝卜致病变种（Erwinia carotovora）和海芋欧文氏菌（Erwinia aroideae）。
【发病规律】病菌在土壤和病残组织中越冬。生长最适温度范围 25~30℃，属喜温细菌。对氧要求不严格，在缺氧情况下也能生长发育，以 pH 值 7.2 为最适宜，在土壤病残株组织中可长期存活，但当组织腐烂后，只能存活两个星期。该菌借雨水、灌溉水、肥料和昆虫传播，从伤口侵入。厌氧条件下，细菌进入维管束在厌气条件下繁殖，消解导管的薄壁部,自然条件下,感染率高,存在潜伏侵染,在植株衰退时或贮藏运输中导致严重发病。

【防治方法】

(1) **农业防治** ①改善生态环境,加强养护管理,避免连作。土壤进行消毒,盆栽的病土应进行换土。发现病株,及时清除销毁,拔除病株的病穴应施石灰或其他杀菌剂灭菌。②当土壤中含有大量软腐病细菌时,应采用高畦隔土渗灌或滴灌,避免喷灌、浇水将病菌带至整个花圃全面发病。③在发病期间,应特别注意通风排水,保持根部干燥,以防根部发病。

(2) **化学防治** ①发病初期,可向植株基部喷施1∶1∶100的波尔多液或1%中生菌素水剂1 000~2 000倍,每隔半月喷1次,连喷2~3次。②可用400mg/L链霉素或土霉素液顺茎灌注。③用杀虫剂杀灭植株上的蚜类、螨类及防治地下害虫,减少虫伤,降低病菌侵染机会。

3. 唐菖蒲枯萎病

【**寄主**】鸢尾、唐菖蒲、番红花、小苍兰等肉质多汁植物。

【**症状**】主要发生于球茎上,叶、花根上也可受侵染。感病球茎表面最初出现水渍状、红褐色至暗褐色病斑不规则,略凹陷,呈环状萎缩、腐烂。病部长出白色丝状物。病害严重时,整个球茎变成黑褐色,干腐。因球茎受害程度不同,对植株生长发育的影响也不尽相同,受害重的球茎种植后不能抽芽,或成苗柔弱,很快死亡。受害轻的球茎,虽然可以抽芽、开花,但最后还是叶尖变黄并逐渐向下蔓延,致使全株枯死。花朵受侵染后,花瓣变窄,向上歪,不能正常开放,花色变深。

【**病原**】无性态真菌,尖孢镰刀菌(*Fusarium oxysporum*)。

【**发病规律**】该病菌在土壤内或病球茎的苞皮上越冬。只要环境条件适宜,无论在生长期间或贮藏期内,病菌均可侵染。带菌球茎在贮藏阶段遇温暖气候,病害会扩展蔓延。种植带病球茎或连作、施用氮肥过多,发病均严重。雨天挖掘球根也易感病。

【**防治方法**】

(1) **农业防治** ①加强栽培管理,重病花圃地要避免连作。严防伤口,挑选无病球茎作繁殖材料。②栽培期间发现病株立即拔除,予以销毁。适当增施磷肥以提高抗病力。③收获时,应在晴天挖掘球茎,尽快晾晒使其充分干燥后放置于通风良好处贮藏并仔细检查;清除感病球茎。球茎贮藏的温度以5℃以下为宜。

(2) **化学防治** ①球茎处理,种植前将球茎在50%多菌灵500倍液中浸泡30分钟,或用50%福美双可湿性粉剂50倍液浸泡后再种植。②收获后对带病的球茎可用热水处理(只能用于充分休眠的子球茎),先将子球茎置于35℃以下水中1周时间;再放于0.5%福尔马林液浸2小时;冲洗后,在57℃热水中浸30分钟,然后取出立即使其冷却,经充分干燥后冷藏,便可控制贮藏期发病。

4. 幼苗猝倒病

【寄主】鸢尾、松、刺槐、银杏、海棠、菊花、金鱼草、一串红、凤仙花、蒲包花、马蹄莲、天竺葵等幼苗。

【症状】种子在萌发前出土后可致烂种，幼苗展出幼叶后茎基部呈水渍状变色为淡褐至黑褐色，并凹陷缢缩；不等幼叶凋萎，苗即猝倒。插枝基部也易遭受侵染，呈水渍状，变成褐色腐烂；或植株细根腐烂，表现突然萎蔫等。幼苗过密，地面潮湿时，此病发展快，数日内即可成片猝倒，在残体上常有白色棉絮状菌丝层。

【病原】假菌界卵菌门，腐霉菌（$Pythium$ sp.）。

【发病规律】该病为典型的土壤病害，土壤带菌传播、侵染、发病等都与水有密切关系。病原菌为土壤习居菌，腐生性强，能在土壤中长期存活，以卵孢子在土中越冬。4月下旬开始侵染，5月、8月、9月发病最严重，孢子囊可直接萌发或产生游动孢子借雨水传播进行再侵染，高湿、温度适宜、幼苗过密、长势衰弱等，有利于病菌侵染和发病。

【防治方法】

（1）**农业防治** 采取播种前漫灌浇水，使土壤保持充足的水分，直至幼苗出土20天以内严格控制漫灌浇水，控制病害的发生。

（2）**化学防治** 播种前土壤消毒和出苗后加强检查，发现病株及时进行根部浇灌药剂。可用1%的硫酸亚铁溶液 $2\sim4kg/m^3$ 进行根部施药，或72%甲霜·锰锌可湿性粉剂300~400倍液进行根部浇灌防治。

5. 木橑尺蛾

参见萱草中木橑尺蛾相关内容。

6. 卫矛矢尖盾蚧

参见大叶黄杨中卫矛矢尖盾蚧相关内容。

7. 短额负蝗

【学名】$Atractomorpha\ sinensis$，别名尖头蚱蜢，直翅目锥头蝗科。

【寄主】鸢尾、一串红、凤仙花、鸡冠花、三色堇、千日红、长春花、金鱼草、冬珊瑚、菊花、月季、茉莉、扶桑、大丽花、栀子花、唐菖蒲等。

【为害状】初龄若虫群集叶背啃食成网状，稍大分散为害，将叶片吃成缺刻孔洞；严重时将全叶吃光，仅留主枝，降低花卉的观赏价值。

【形态特征】

成虫 体长21~32mm，体有淡绿、褐、淡黄等色；头额锥形，复眼至头顶端的距离为复眼直径的1.1倍（长额负蝗为1.5倍），前翅绿色，后翅基部红色；端部绿色。

卵 卵块外有黄褐色分泌物封固，单粒卵为乳白色略呈弧形。

若虫 初孵若虫体淡绿色布有白色斑点，触角末端膨大，色较其他节为深。复眼黄色，前、中足紫红色斑点呈鲜明的红绿色彩。

【发生规律】1年发生2代，以卵在土中生活越冬。冬暖年份1—2月野外仍可见个别成虫或若虫，春暖后能继续完成发育。越冬卵翌年4月下旬开始孵化，5—6月中旬为孵化盛期；5月下旬至7月下旬为第1代成虫羽化，开始产卵；第2代6月下旬至8月中下旬孵出，8月中旬至10月中下旬羽化，陆续至霜冻前；并于11月下旬至12月中旬产卵越冬。成虫、若虫多栖息在枝叶上取食，有群集为害习性。喜选择荒地杂草较少的地方产卵，卵成块产于土中，外包胶质物，每块10~25枚。交尾时，雄虫在雌虫背上随雌虫爬行数天而不散，雌虫背负着雄虫，故而得名为负蝗。

【防治方法】

（1）**农业防治** 发现初孵若虫集中为害叶片，随时捕杀。

（2）**化学防治** 发生严重为害时可用5%甲维·高氯微乳剂1 000~1 500倍液，或22%噻虫·高氯氟悬浮剂4 000~5 000倍液，或100g/L联苯菊酯乳油2 000~3 000倍液，或20%甲维·茚虫威悬浮剂5 000~6 000倍液等喷雾防治。

8. 神泽氏叶螨

【学名】*Tetranychus kanzawai*，蜱螨目叶螨科。

【寄主】鸢尾、百日草、菊花、金鱼草、蔷薇、牵牛花、樱等。

【为害状】通常在叶片背面为害，使害叶出现黄色小斑点，受害叶片变褐早落。

【形态特征】

雌螨 体红色，长约0.52mm，宽约0.31mm；须肢端感器柱形，背感器小枝状。气门沟末端呈"U"形弯曲，后半体背表皮纹呈菱形图形。

雄螨 体长约0.34mm，宽约0.16mm；阳具末端弯向背面形成端外向型锤状。

【发生规律】1年发生数代，以雌螨在落叶或残留叶背面越冬。雌螨通常在越冬前体色变红，翌年春体色转为赤褐色，并开始产卵。春夏间每雌繁殖量大。在高温干燥条件下，约10天完成1代。世代重叠。

【防治方法】

（1）**农业防治** 及时清除残枝虫叶，集中销毁

（2）**化学防治** ①冬季休眠期，可喷3~5°Bé石硫合剂，杀死在枝干上的越冬螨。②发生期，喷施10%苯丁·哒螨灵乳油1 000~1 200倍液，或1.8阿维菌素乳油2 000~2 500倍液。

（3）**生物防治** 保护和利用天敌草蛉、小花蝽、捕食性蜘蛛等。

9. 无斑弧丽金龟

参见紫荆中无斑弧丽金龟相关内容。

五、玉 簪

玉簪（*Hosta plantaginea*），百合科玉簪属；多年生宿根草本花卉。根状茎粗厚，叶卵状心形、卵形或卵圆形，先端近渐尖，基部心形；花葶具几朵至十几朵花，花的外苞片卵形或披针形，花单生或 2~3 朵簇生，白色，芬香，蒴果圆柱状，有三棱，花果期 8—10 月。

1. 玉簪炭疽病

【寄主】玉簪、一叶兰等。

【症状】叶上病斑多发生在叶缘或叶面。病斑近圆形，灰白色至灰褐色，外缘呈黄褐色或红褐色，后期出现轮状排列的黑色小粒点。除叶片外，叶柄和茎也染病，产生长条形病斑。

【病原】无性态真菌，甜菜刺盘孢（*Colletotrichum omnivorum*）。

【发病规律】病菌在土壤中或病叶组织上越冬。翌年产生分生孢子，借气流或淋水传播，进行初侵染及再侵染。南方每年有 2~3 个发病高峰，北方则只有 1 次发病高峰。连续降雨、降水量大，发病重。

【防治方法】
参见碧桃中桃炭疽病防治方法。

2. 玉簪斑点病

【寄主】玉簪、栀子花等。

【症状】主要为害叶片，多从老叶上叶尖或叶缘开始发病。初呈褪绿小斑点，后逐渐扩大形成半圆形至不规则形的成片大斑；大小 5~20mm，边缘青褐色，分界不太明显，中间呈灰白色，后期斑上密生黑色小粒点。严重时病斑汇合连片，导致叶片枯黄。影响产量和质量。

【病原】无性态真菌，叶点霉属（*Phyllosticta* sp.）。

【发病规律】高温高湿条件有利于病害发生。该病发病的适宜温度为 22~28℃，相对湿度 85% 以上。但高温干旱而夜间结露的情况下，也易发病。此外，缺肥、缺水，或大水漫灌、生长不良等都容易发病。

【防治方法】

(1) **农业防治** 秋末冬初剪除病枝，清扫落叶，集中销毁，减少侵染源。

(2) **化学防治** ①发病前，喷施1∶2∶200波尔多液，或0.5°Bé石硫合剂。②发病期，喷施80%代森锌可湿性粉剂600~800倍液，或50%多菌灵可湿性粉剂800~1 000倍液，或70%甲基硫菌灵可湿性粉剂800~1 000倍液，或50%多·锰锌可湿性粉剂400~600倍液，每隔10~15天喷施1次，连喷3~4次。

3. 玉簪灰霉病

【寄主】玉簪、鹤望兰、四季报春、瓜叶菊、八仙花、象牙红、蔷薇、秋海棠、大丽花、菊花、香石竹、紫罗兰、天竺葵等。

【症状】病菌主要发生在叶片、叶柄、花瓣，初发病时病斑暗绿色至暗黄白色小斑，水渍状；在高温，高湿条件下，病斑发展迅速，呈褐色不规则状；导致大片腐烂，并长出灰色霉层，干燥时呈灰褐色。被害花瓣病斑散生，较小，圆形至椭圆形；病斑边缘色较深，中部为黄褐色水渍状坏死，发展后期花梗及残败花瓣上布满了灰色霉层，影响观赏。

【病原】无性态真菌，灰葡萄孢菌（*Botrytis cinerea*）。

【发病规律】病菌以菌核在寄主植物病残组织中越冬。翌年气温在15℃左右，湿度在90%的情况下形成灰霉层，并产生大量的分生孢子，借风、雨昆虫传播；或在有伤口的条件下迅速侵入感病。空气温度增高病害随之加重。

【防治方法】

(1) **农业防治** ①及时清除病残体，减少病源积累。在秋季和早春可进行翻土暴晒，减少土中病菌，盆栽植物应进行换土，以利植株健康成长，提高抗病能力。②病害发生常在潮湿不通风的情况下，温室要注意控制湿度，加强通风透光。露地栽培要避免过度浇水和喷灌，防止病菌随水流而传播。

(2) **化学防治** 春、夏初多雨季节，可用1∶1∶150~200波尔多液喷施2~3次，保护新叶和花蕾，防止发病。发病期间，可用50%嘧菌环胺水分散粒剂800~1 000倍液，或50%腐霉利可湿性粉剂1 000~2 000倍液，每隔5~7天喷施1次，连续2~3次。

4. 玉簪白绢病

【寄主】玉簪及各种地被植物。

【症状】发生在苗木的根颈部或茎基部。感病根颈部皮层逐渐变成褐色坏死，严重的皮层腐烂。苗木受害后，影响水分和养分的吸收，导致生长不良，地上部叶片变小变黄，枝梢节间缩短，严重时枝叶凋萎，当病斑环茎一周后会导致全株枯死。在潮湿条件下，受害的根颈表面或近地面土表覆有白色绢丝状菌丝体。后期在菌丝体内形成很多油菜籽状的小菌核，初为白色，后渐变为淡黄色至黄褐色，以后变茶褐色。菌丝逐渐向下延伸及根部，引起根腐。有些树种叶片也能感病，在病叶片上出现轮纹状褐色病斑，病斑上长出小菌核。

【病原】无性态真菌，齐整小核菌（*Sclerotium rolfsii*）。白绢病又称菌核性根腐病和菌核性苗枯病。

【发病规律】白绢病菌是一种根部习居菌，以菌丝体或菌核在土壤中或病根上越冬。翌年温度适宜时，产生新的菌丝体，病菌在土壤中可随地表水流进行传播；菌丝依靠生长在土中蔓延，侵染苗木根部或根颈。病菌喜高温，病害多在高温多雨季节发生。6月上旬开始发病，7—8月气温上升至30℃左右时为发病盛期；9月末停止发病。高温高湿是发病的重要条件，气温30~38℃，经3天菌核即可萌发，再经8~9天又可形成新的菌核。在酸性至中性的土壤和沙质土壤中易发病；土壤湿度大有利于病害发生，特别是在连续干旱后遇雨可促进菌核萌发，增加对寄主侵染的机会。连作地由于土壤中病菌积累多，苗木也易发病；在黏土地、排水不良、肥力不足、苗木生长纤弱或密度过大的苗圃发病重。根颈部受日灼伤的苗木也易感病。

【防治方法】

（1）**农业防治** ①适时施肥、浇水、排水、中耕除草，促进苗木旺盛生长，提高苗木抗病能力。②冬季要进行深耕，将病株残体深埋土中，清除侵染来源。

（2）**化学防治** ①可用30%噁霉灵水剂600~800倍液喷淋土层进行土壤消毒；对感病较轻的苗木，可挖开根颈处土壤，晾晒根颈数日或撒生石灰，进行土壤消毒。②发病期，可用25%丙环唑乳油1 000~1 500倍，或70%敌磺钠可溶性粉剂800~1 000倍液，或25%嘧菌酯悬浮剂1 000~1 500倍液浇灌。

六、石 竹

石竹（*Dianthus chinensis*），石竹科石竹属；多年生草本植物。高 30~50cm，全株无毛，带粉绿色。茎由根颈生出，疏丛生，直立，上部分枝。叶片线状披针形，长 3~5cm，宽 2~4mm；顶端渐尖，基部稍狭，全缘或有细小齿，中脉较显。花单生，枝端或数花集成聚伞花序；花梗长 1~3cm；苞片 4 片，卵形，顶端长渐尖，长达花萼 1/2 以上；边缘膜质，有缘毛种子黑色，扁圆形。花期 5—6 月，果期 7—9 月。

1. 石竹炭疽病

【寄主】石竹、兰花、万年青、紫罗兰、金盏菊、扶桑、桂花等。

【症状】主要为害叶片，有时也侵染茎和果实。叶上病斑开始呈圆形，中央为浅褐色或灰白色，边缘深褐色或黑褐色；周围有褪绿色晕圈，后期病斑上产生黑色小点。散生或略呈轮状排列，在潮湿条件下，会出现橙黄色黏稠物。叶片上病斑随着病害的发展可扩展为长达数厘米不规则形的大斑，或病斑连接成片，最后引起叶片枯黄。茎受害出现不规则形或长条状黑褐色病斑。该病严重时不仅影响植株的正常生长，还会导致全叶枯死。

【病原】无性态真菌，胶孢炭疽菌（*Colletotrichum orchidearum*）。

【发病规律】病菌在病株上越冬，翌年春季当条件适宜时，借风雨传播到邻近植株叶片或嫩茎上，病菌在气温 25℃ 左右、湿度大的条件下萌发侵入，进行初侵染和再侵染，连作时常可成片发病。

【防治方法】

参见碧桃中桃炭疽病的防治方法。

2. 石竹灰霉病

【寄主】石竹、仙客来、金鱼草、紫罗兰、菊花、瓜叶菊、秋海棠、樱草、蔷薇等。

【症状】病害主要发生在花瓣和花蕾上，茎叶也会被感染。花瓣在芽中或开放后均感病，发病初期花瓣边缘开始出现淡褐色水渍状，花瓣常被灰色霉菌黏结在一起，上布满灰色霉层。如气候异常潮湿，造成腐烂，上有灰色的粉状孢子层，最后枯死。花蕾受害为水渍状不规则斑，变软腐烂，整个花期不能开放。干燥时，花瓣变褐色干枯脆裂。

【病原】无性态真菌，灰葡萄孢菌（*Botrytis cinerea*）。

【发病规律】病菌以菌核在病残体上越冬。气温20℃左右湿度90%以上，易传播发病，塑料棚及高温多湿的环境发病严重。

【防治方法】

参见玉簪中玉簪灰霉病防治方法。

3. 石竹枯萎病

【寄主】石竹、菊花、翠菊、唐菖蒲、紫荆等。

【症状】病菌从根部侵入，沿导管蔓延到植株顶端。地上部先从叶片尖端开始变黄，逐渐枯萎、脱落，并可造成枝条或整株枯死。一般先从个别枝条发病，后逐渐发展至整丛枯死。

【病原】无性态真菌，尖孢镰刀菌石竹专化型（*Fusarium oxysporum* f. sp. *dianthi*）。

【发病规律】该病由地下伤口侵入植株根部，破坏植株的维管束组织，沿导管蔓延到植株顶端，造成植株萎蔫，最后枯死。此病由真菌中的镰刀菌侵染所致。病菌可在土壤中或病株残体上越冬，存活时间较长，翌年6—7月，病菌借地下害虫及水流传播侵染根部。土壤微酸性，利于发病。发病的适宜温度为28℃左右。主要通过土壤、地下害虫、灌溉水传播。一般6—7月发病较重。

【防治方法】

（1）**农业防治**　①严格执行植物检疫发现有病苗，严禁交换输入和输出，应及时处理就地消灭。这是控制初侵染来源的重要措施。②苗期避免强烈阳光直晒，控制浇水量，雨后及时排水。③控制种植密度，合理施肥，不过量施用氮肥。④管理中避免苗木受伤，发现病株，及时拔除并烧毁。

（2）**化学防治**　①土壤消毒，用10%多菌灵可湿性粉剂5kg与1 000kg细土混合，撒入土表层后再翻入种植层。②插条也要消毒，插条在50%多菌灵可湿性粉剂800~1 000倍液中浸泡20~30分钟，晾干扦插。③苗木进行消毒处理，新栽植根部在1%硫酸铜溶液中浸泡3小时，或在20%石灰水中浸泡30分钟，处理后用清水冲洗再栽植。④发病初期，可用30%甲霜·噁霉灵（立枯灵）水剂800~1 000倍液，或20%甲基立枯磷乳油1 000~1 200倍液，或70%甲基硫菌灵可湿性粉剂800~1 000倍液，或50%苯菌灵可湿性粉剂1 000~2 000倍液等，10天后再喷施1次，也可撒石灰粉消毒。

4. 小青花金龟

参见木芙蓉中小青花金龟相关内容。

5. 银纹夜蛾

【学名】*Argyrogramma agnata*，鳞翅目夜蛾科。

【寄主】石竹、美人蕉、大丽花、一串红、海棠、菊花、槐、竹等花卉。

【为害状】该虫以幼虫食害叶片，造成缺刻和孔洞，发生严重时将叶片食尽。

【形态特征】

成虫 体长15~17mm，翅展32~35mm，体灰褐色。前翅灰褐色，具2条银色横纹，中央有1个银白色三角形斑块和一个似马蹄形的银边白斑。后翅暗褐色，有金属光泽。胸部背面有两丛竖起较长的棕褐色鳞毛。

卵 直径0.4~0.5mm，半球形，初产时乳白色，后为淡黄绿色，卵壳表面有格子形条纹。

老熟幼虫 体长25~32mm，体淡黄绿色，前细后粗；体背有纵向的白色细线6条，气门线黑色。第1、2对腹足退化，行走时呈曲伸状。

蛹 长18~20mm，体较瘦；前期腹面绿色，后期全体黑褐色，腹部1、2节气门孔明显突出，尾刺1对，具薄茧。

【发生规律】1年发生2~8代，因地而异，以老熟幼虫或蛹越冬。翌年4月可见成虫羽化，羽化后经4~5天进入产卵盛期。卵多散产于叶背。第2~3代产卵最多，成虫昼伏夜出，有趋光性和趋化性。初孵幼虫多在叶背取食叶肉，留下表皮，3龄后取食嫩叶成孔洞，且食量大增。幼虫共5龄，有假死性，受惊后会蜷缩掉落。在室温下，幼虫期10天左右；老熟幼虫在叶背吐白丝结茧化蛹。11月底至12月初仍可见成虫出现。

【防治方法】

参见木槿中梨纹丽夜蛾防治方法。

七、大丽花

大丽花（*Dahlia pinnata*），菊科大丽花属；多年生草本植物。有巨大棒状块根，茎直立；多分枝，高1.5~2m，粗壮。叶1~3回羽状全裂，上部叶有时不分裂，裂片卵形或长圆状卵形，下面灰绿色，两面无毛。头状花序大，有长花序梗，常下垂，宽6~12cm。总苞片外层约5个，卵状椭圆形，叶质，内层膜质，椭圆状披针形。舌状花1层，白色、红色，或紫色，长卵形，顶端有不明显的3齿，或全缘；管状花黄色，有时在栽培中全部为舌状花。瘦果长圆形，长9~12mm，宽3~4mm，黑色，扁平，有2个不明显的齿。花期6—12月；果期9—10月。

1. 大丽花灰霉病

【寄主】大丽花、杜鹃花等。
【症状】病害主要发生在嫩枝叶及芽上。在叶上，病斑初为暗绿色至暗黄白色小斑，水渍状。在高温条件下，病斑迅速扩大，呈褐色不规则状大片腐烂，并长出灰霉层，干燥时病部呈灰褐色。花瓣上病斑散生，较小，圆形至椭圆形，病斑边缘颜色较深，中部黄褐色水渍状坏死，后期花梗及败花上布满灰霉层。发病严重时，导致花瓣变褐，凋落或染病部位腐烂，影响观赏。
【病原】无性态真菌，灰葡萄孢菌（*Botrytis cinerea*）。
【发病规律】病菌以菌丝体在病残体上越冬，翌春产生分生孢子借风雨或昆虫传播，进行初侵染和再侵染，雨季易发病，7—8月连续大暴雨后易流行成灾。
【防治方法】
参见玉簪中玉簪灰霉病防治方法。

2. 大丽花黄萎病

【寄主】大丽花、黄栌、菊花等。
【症状】感病叶部表现为2种萎蔫类型。黄色萎蔫型：感病叶片自叶缘起叶肉变黄，逐渐向内发展至大部分或全叶变黄，叶脉仍保持绿色，部分或大部分叶片脱落。绿色萎蔫型：发病初期，感病叶表现失水状萎蔫，自叶缘向里逐渐变干并卷曲，但不失绿，不落叶，2周后变焦枯，叶柄皮下可见黄褐色病线。根、枝横切面上，部分形成完整或不完整的褐色条纹。剥皮后可见褐色病线，重病枝条皮下水渍状。花序萎蔫、干缩，花梗皮下可见褐色病线，树皮变黑。

【病原】无性态真菌，大丽轮枝菌（*Verticilliuw dahliae*）。

【发病规律】病菌以菌丝或菌核在病株残体中越冬。病原菌是植物土传病菌，通过健康植物的根与先前受侵染的残体接触传播，在土壤中的病体上存活至少2年。翌年6—7月，病原菌可直接从苗木根部侵入，也可通过伤口侵入。病害发展速度及严重程度，与主要根系分布层中的病原菌数量成正相关。种植在含水量低的土壤中的植株，萎蔫程度有所增加。过量的氮会加重病害，而增施钾肥可缓解病情。

【防治方法】

(1) **农业防治**　及时清除病枝、病株，集中销毁。

(2) **化学防治**　发病初期，可用30%噁霉灵水剂1 000~1 200倍液，或30%精甲·嘧霉灵水剂1 000~1 500倍液喷施。

3. 大丽花褐斑病

【寄主】大丽花、凤仙花、观赏辣椒、向日葵等。

【症状】病斑多发生于叶缘，圆形、半圆形或不规则形，后期呈暗褐色大斑，有时病斑上散生轮纹，中央部呈灰色，散生黑色小点，枝梢、花器、花瓣出现暗褐色、灰褐相间的病斑，不能正常开花。

【病原】无性态真菌，链格孢菌（*Alternaria alternata*）。

【发病规律】病菌在大丽花病叶残体中越冬，成为翌年的侵染来源。病害发生在6—9月，借雨水和伤口侵染发病。植株过于密集，通风不良，以及潮湿的环境发病均较严重。

【防治方法】

参见紫薇中紫薇褐斑病的防治方法。

4. 大丽花茎枯病

【寄主】大丽花、油棕、李等。

【症状】主要为害茎和果实，也为害叶和叶柄。茎部出现伤口易感染此病。病斑初为椭圆形，褐色凹陷溃疡状，后沿茎上下扩展到全株，严重时病部变深褐色干腐，并可侵入维管束；果实染病时侵染绿果或红果。初为灰白色小斑块，后随病斑扩大凹陷变褐色，长出黑霉，引起腐烂。该病原菌产生的交链孢酸转移到植株上部后，可在叶面形成不规则的褐斑。病斑继续扩大时，叶缘卷曲，最后茎干枯或全株死亡，别于早疫病。

【病原】无性态真菌，毛精壳孢（*Choetospermum chaetosprum*）。

【发病规律】病原随病残体在土壤中越冬，借风、流水或滴水传播，7月高温多湿此病常发病严重。

【防治方法】
（1）**农业防治**　清除病叶、叶柄、茎，并集中处理。
（2）**化学防治**　发病初期，用75%百菌清可湿性粉剂700~1 000倍液，或58%甲霜·锰锌可湿性粉剂400~600倍液，或70%甲基硫菌灵可湿性粉剂800~1 000倍液，间隔10天，再喷1次。

5. 菊花叶枯线虫病

【寄主】大丽花、菊花、翠菊、百日菊、金光菊、西番莲、百合、蒲包花等。
【症状】主要为害叶片，也能侵染花芽和花朵。严重时，叶卷曲凋落。叶片感病后出现淡黄色至黄褐色斑，常受大叶脉的限制，呈三角形或多角形坏死斑块，最后病叶卷缩变褐色或黑色枯死。
【病原】动物界线虫门，菊花滑刃线虫（*Aphelenchoides ritzemabosi*）。
【发病规律】该线虫1年发生10代左右，以成虫或幼虫在病落叶、土壤里等处越冬。翌年春末夏初，雌虫沿根系及茎从土中爬到叶上，多从气孔侵入为害，在细胞间蔓延，当雨水或浇水、喷水叶面湿度大时，促使线虫大量移动，传播蔓延。在土质疏松、连栽等情况下发病较重。
【防治方法】
参见牡丹中牡丹根结线虫病防治方法。

6. 大丽菊螟

【学名】*Ostrinia furnacalis*，鳞翅目螟蛾科。
【寄主】大丽花、菊花、大波斯菊、美人蕉、唐菖蒲等。
【为害状】幼虫从花芽和叶柄茎部钻入茎内为害，蛀入孔附近颜色变黑，孔外有虫粪，破坏茎秆组织，影响养分输送，造成植株萎蔫、倒折，甚至死亡。
【形态特征】
成虫　雄蛾较小，体长约10mm，翅展20~26mm。头、胸和前翅黄褐色，前翅上有2条褐色波浪状横纹，外横线暗褐色，呈锯齿状，与外缘平行有1条褐色带；后翅淡褐色。雌蛾体长12~15mm，翅展25~35mm；前翅嫩黄色，近翅基2/3内有几条棕色条纹，距翅基2/3处有1条褐色波状线纹，后翅灰白色或褐色。

卵　扁平，短椭圆形，20~60粒卵形成不规则的鱼鳞状卵块；初产乳白色，后变黄色，孵化前呈现黑点。

幼虫　成熟后长20~30mm，初孵时淡黄白色，后灰褐色或淡红褐色，胴部背面有暗褐色纵纹3条，背中线明显，半透明，褐色。身体各节有4个横排的深褐色突起。

蛹　黄褐色至赤褐色，纺锤形，细长，长约14mm，宽约3.1mm；尾部具有小钩刺5~8个。

【发生规律】1年发生3~4代，以幼虫在茎秆中越冬。翌年5月成虫羽化，6月中旬至 7 月中旬第 1 代幼虫出现，经 25~30 天，成熟后在大丽花心叶或茎内化蛹。第 2 代幼虫出现在 7 月下旬至 8 月下旬，为害严重，10 月底钻入茎秆越冬。

【防治方法】

(1) **农业防治** ①消灭越冬虫源，在入冬前剪除大丽花的茎秆，集中处理；在产卵期间，采集卵块，进行消灭，减少孵化后的幼虫为害。②在成虫盛发期，设置黑光灯诱杀成虫。

(2) **化学防治** 如幼虫已蛀入茎秆，可从蛀入孔向茎内注入药剂，用 80% 敌敌畏乳剂 200 倍液，或 90% 晶体敌百虫 800~1 000 倍液，或 20% 甲氰菊酯乳油 2 000~3 000 倍液。

7. 棉蝗

【学名】*Chondracris rosea*，直翅目斑腿蝗科。

【寄主】大丽花、蒲葵、散尾葵、棕榈、美人蕉、木麻黄、柑橘、相思树、菊花、唐菖蒲等。

【为害状】以成虫、若虫啃食寄主叶片，为害严重时，可将叶片吃光或仅留叶柄或主脉，影响生长和观赏。

【形态特征】

成虫 雄虫体长 48~52mm，雌虫体长 55~77mm；体色鲜绿带黄。触角丝状。前胸背板中隆线突起，淡黄色，两侧各具 3 条横沟，第 1 条甚短，第 2、3 条长达侧面下方，前翅背面青绿色，后翅扇状，中部与基部淡紫红色，翅长超过后足腿节顶端。前足、中足的基节和腿节均绿色，胫节和跗节为淡紫红色。后足特别发达，青绿色，胫节细长，淡紫红色，其外侧具刺 2 列。

卵 长椭圆形，稍弯曲，长 6~7mm；聚生成卵块，卵块长 60~80mm，每块有卵 72~90 粒。

若虫 共 6 龄，初孵若虫体长约 8mm；淡绿色，头部特大，末龄雌若虫体长 54~64mm，末龄雄若虫体长 45~54mm；触角 28 节，长 16~21mm，翅芽长 15~18mm。

【发生规律】1 年发生 1 代，以卵块在土中越冬。越冬卵于 5 月下旬至 6 月下旬孵出，7 月中旬至 9 月羽化，8 月中下旬羽化盛期，10 月中旬至 11 月底成虫逐渐死去。若虫期 50~60 天，成虫寿命 90~100 天。成虫羽化后，经一段补充营养取食后交尾，一生可交尾多次。卵产于 6~10cm 深的土中，块生，每块含卵量 50~140 枚。成虫、若虫栖息于枝叶上，白天活动取食，1、2 龄稍有群集性。温暖湿润的气候，有利于发生。

【防治方法】

参见鸢尾中短额负蝗的防治方法。

8. 银纹夜蛾

参见石竹中银纹夜蛾相关内容。

9. 桃赤蚜

【学名】*Myzus persicae*，半翅目蚜科。

【寄主】大丽花、菊花、郁金香、百日草、香石竹、一品红、金鱼草、仙客来、蜀葵、桃花、李等。

【为害状】以成虫和若虫在叶片上吸汁为害，受害叶变黄，向背面不规则卷缩。发生严重时，叶干枯早落。桃赤蚜同时还是菊花和香石竹等花卉病毒病的重要传播媒介昆虫。

【形态特征】

无翅胎生雌蚜 体黄绿或赤褐色，长约 2.2mm，卵圆形。腹部较长，圆筒形，有瓦纹，端部黑色；尾片圆锥形，有 6~7 根曲毛。

有翅胎生雌蚜 体形和大小似无翅蚜，头、胸黑色，腹部绿色、黄绿色或褐色；触角第 3 节小圆次生感觉圈 9~11 个；腹管、尾片形状如无翅蚜。

卵 椭圆形，初为绿色，后变为黑色。

若虫 蚜体小，与无翅胎生蚜相似，淡绿色或淡红色。

【发生规律】1 年发生 20~30 代。在寒冷地区以卵在枝梢、芽腋等处越冬；在温暖地区以无翅胎生雌蚜在三色堇等十字花科植物上越冬。翌年春季，卵孵化为若虫为害或无翅胎生蚜开始活动繁殖为害，先群集在芽上，后转移到花和叶。初夏进行孤雌生殖，产生有翅蚜，到处扩散为害。夏季高温，降雨多，不适宜蚜虫生长繁殖，虫口数量下降。以卵越冬的桃赤蚜，可于秋季雌雄交尾产卵越冬。

【防治方法】

参见碧桃中桃瘤蚜防治方法。

10. 侧多食跗线螨

参见山茶中侧多食跗线螨相关内容。

11. 温室白粉虱

【学名】*Trialeurodes vaporariorum*，半翅目粉虱科。

【寄主】大丽花、一串红、倒挂金钟、瓜叶菊、杜鹃、扶桑、茉莉、万寿菊、夜来香、佛手等 200 多种植物。

【为害状】以成虫、若虫刺吸温室花卉的嫩叶汁液，分泌蜜露，堆积于果、叶上引起煤污病，影响光合和呼吸作用，导致叶片萎蔫枯黄，甚至死亡。

【形态特征】

成虫 体长约 1.5mm，淡黄色，翅面覆盖白色蜡粉。

卵 长椭圆形，0.2~0.25mm；初产时淡黄色，后变黑色。

若虫 长卵圆形,扁平,淡黄绿色,体具长短不齐蜡质丝状突起。

伪蛹 实际是 4 龄若虫,长约 0.8mm;椭圆形,一般背具 11 对蜡质刚毛状突起。

【发生规律】1 年可发生 10 多代,在适宜温度可终年繁殖。温室白粉虱的生长发育、繁殖与温度有关。卵发育起点温度为 7℃左右;生存的最适温度为 20~28℃;在 30℃以上卵、若虫死亡率高,成虫寿命缩短,产卵少,甚至不繁殖。夏季凉爽,冬天越冬环境较好的地区发生较多,我国南方发生较少,这和夏季高温有关。在温室的保护设施中,冬季可继续繁殖为害。冬季在南方温暖地区卵可以在菊科植物上越冬。翌年春末,在越冬场所向阳畦和露地花卉上逐渐转移扩散,7—8 月成虫密度增长较快,8—9 月为害严重,10 月中下旬气温下降,虫口数量逐渐减少,并开始向温室内迁移继续繁殖为害。

【防治方法】

(1) **农业防治** ①严格执行检疫制度,调运苗木时应检疫有无温室白粉虱的卵、若虫、蛹壳、成虫等,须在隔离室中观察一段时间。对已有粉虱的苗木花卉应及时用 1mL/m³ 的敌敌畏熏蒸。②色板诱杀与拒避。可在温室内植株行间,挂插黄色粘板,可适当摇动受害植株使其受惊飞翔,落在黏胶板不能动弹。③在温室大门口、通风口,悬挂银白色的塑料条以拒避成虫侵入。

(2) **化学防治** 虫口密度大时,可喷施 80%烯啶·吡蚜酮水分散粒剂 2 500~3 000 倍液,或 12%噻虫·高氯氟悬浮剂 800~1 000 倍液,或 4.5%高效氯氰菊酯乳油 1 500~2 000 倍液,或 20%氰戊菊酯乳油 800~1 200 倍液,均匀喷雾。

(3) **生物防治** 保护和利用丽蚜小蜂、刺粉虱细蜂、斯氏寡节小蜂、黄色跳小蜂等来抑制温室白粉虱。

八、凤仙花

凤仙花（*Impatiens balsamina*），凤仙花科凤仙花属；草本植物。其叶互生，最下部叶有时对生；叶片披针形、狭椭圆形或倒披针形。花单生或2~3朵簇生于叶腋，无总花梗，白色、粉红色或紫色，单瓣或重瓣。茎粗壮，肉质，直立，不分枝或有分枝，无毛或幼时被疏柔毛。花期7—10月。

1. 凤仙花立枯病

【寄主】凤仙花、翠菊、百日菊、鸡冠花、三色堇、紫罗兰、大丽花、一品红、扶桑、含笑、唐菖蒲、松、杉、海棠、槐、柏、枫杨、文冠果、银杏、杨树等。

【症状】种芽腐烂在出土之前表现为地面缺苗；幼苗在木质化之前根颈基部产生水渍状褐色斑并凹陷萎缩呈猝倒状；病菌侵入幼苗或插枝的根、茎基处，产生水渍状浅褐色至深褐色大斑，表现植株萎蔫，腐烂而死；接触地面的叶尖也易产生褐色水渍状大斑引起叶腐；在潮湿情况下，病部有褐色菌丝体并有小土粒状的菌核。

【病原】无性态真菌，立枯丝核菌（*Rhizoctonia solani*）。

【发病规律】病菌以菌丝或菌核在土壤或病残体中越冬。于4月下旬（13~15℃）开始侵染，5月、8月、9月（18~22℃）发病最严重。土壤长期高湿、温度适宜、幼苗过密、通风透光差、幼苗生长缓慢和瘦弱、施氮肥过多而生长嫩弱、带菌量多的连茬地等，侵染发病均重。

【防治方法】
参见鸢尾中幼苗猝倒病防治方法。

2. 红天蛾

【学名】*Pergesa elpenor lewisi*，别名红夕天蛾，鳞翅目天蛾科。

【寄主】凤仙花、茜草、忍冬、葡萄等。

【为害状】幼虫群聚叶背啃食叶肉，也食花和嫩梢，造成残缺不全，严重时叶子被吃光，影响观赏。

【形态特征】

成虫 体翅红色为主，有红绿闪光。体长25~37mm，翅展52~71mm。头部两侧及背部有 2 条纵行的红色带，腹部背线红色，两侧黄绿色。外侧红色，靠近基半部黑色，翅反面较鲜艳，前缘黄色。

卵 球形。

幼虫 老熟时体长约 80mm，体褐色或绿色；体背由后胸至第 8 腹节有黑纹，第 1、2 腹节有眼状斑，尾角短小而下弯。

【发生规律】1 年发生 2~3 代，以蛹在浅土层中，用丝与土粒粘连成粗茧在其中越冬。各代成虫出现期分别为：越冬代 4 月上旬至 5 月中旬，第 1 代 5 月下旬至 7 月中旬，第 2 代 7 月下旬至 9 月下旬。成虫白天静伏在杂草、枝叶隐蔽场所，夜间活动，交配、产卵，卵产于寄主嫩梢及叶片端部。7 月间幼虫常为害凤仙花叶片，喜于晚上活动取食。

【防治方法】
参见夹竹桃中绿白腰天蛾防治方法。

3. 毛胫豆芫菁

【学名】*Epicauta ruficeps*，别名红头芫菁，俗称红头贼、红头兵，鞘翅目芫菁科。

【寄主】凤仙花、文竹、萱草、剑兰等多种花卉。

【为害状】成虫群聚叶背啃食叶肉，主要以成虫群集为害，大量取食寄主叶片、花瓣乃至果实，影响植株正常生长与结实，降低观赏品质。

【形态特征】

成虫 体长 15~22mm；体黑褐色，头部红色。雌成虫体比雄成虫长，前足胫节外侧密生黑色长毛，端刺 1 个，细而尖，触角基节 3 节有长毛，鞘翅外缘和末端有或无条纹。

【发生规律】南方 1 年发生 1 代，以假蛹在土中越冬。翌年 3 月中旬至 4 月下旬化蛹。成虫发生期在 4—9 月，以 5—6 月为发生盛期。成虫取食有群集性，并有假死性，受惊时，足部分泌黄色液体，此液有毒。沾到人体皮肤上能引起红肿起泡。成虫产卵在土中，聚生成块，其幼虫猎食直翅目及膜翅目针尾类昆虫的卵为食。幼虫化蛹于土中。

【防治方法】

(1) **农业防治** 在成虫群集为害时，可用网捕。把捕到的成虫毒死串挂起来，插于喜食的寄主植物附近，可用此虫拒避，减轻为害。

(2) **化学防治** 在成虫发生期可于早晨或下午，喷施 12%噻虫·高氯氟悬浮剂 2 000~2 500 倍液，或 100mg/L 联苯菊酯乳油 2 500~3 000 倍液喷雾，或 40%辛硫磷乳油 1 500~2 000 倍液均匀喷雾，或 20%氰戊菊酯乳油 2 000~3 000 倍液，均匀喷雾。

4. 朱砂叶螨

参见木槿中朱砂叶螨相关内容。

九、菊 花

菊花（*Dendranthema morifolium*），菊科菊属；多年生宿根草本植物。菊花高 60~150cm；茎直立，分枝或不分枝，被柔毛。培育的品种极多，头状花序多变化，形色各异，形状因品种而有单瓣、平瓣、匙瓣等多种类型，当中为管状花，常全部特化成各式舌状花；花期 9—11 月。雄蕊、雌蕊和果实多不发育。

1. 菊花花腐病

【寄主】菊花等菊科类植物。

【症状】花腐病主要为害花芽和花瓣，也为害叶片、叶柄及茎部。花芽染病变成深褐色至黑色，随之腐烂，腐烂斑沿花梗扩展造成花芽脱落。花瓣早期染病一侧受侵染，造成花冠畸形，花瓣变为褐色或棕褐色。花梗染病变黑软化，造成花冠下垂。叶片染病产生不规则形黑斑，有时沿叶柄扩展到茎部，受害茎上出现 2~3cm 长黑色条斑。

【病原】无性态真菌，菊花壳二孢（*Ascochyta chrysanthemi*）。

【发病规律】花腐病菌主要以分生孢子器或菌丝在病部或随病残体越冬。翌年春季产生子囊孢子和分生孢子，子囊孢子借气流传播到花瓣上，分生孢子主要借淋水溅射传播，条件适宜时能进行多次再侵染，生产上，染病的切花和插条可随花木调运进行远距离传播。该菌分生孢子器发育适温为 27℃ 和潮湿的条件，而子囊壳发育适温 21℃，喜低温，该病扩展迅速，可在短时间内致花腐烂；常致切花在运销过程中落花。该病有潜伏侵染现象，有时外表健康的扦插苗，栽植后花腐病突然发生。

【防治方法】

（1）**农业防治** 及时剪除病花或病株，集中处理。

（2）**化学防治** ①发病前喷施波尔多液 1∶1∶150 倍液 2~3 次，保护新叶和花蕾，抑制病菌。②发病初期，可喷施 65% 代森锌可湿性粉剂 500~600 倍液，或 50% 苯菌灵可湿性粉剂 1 000~1 500 倍液，或 50% 腐霉利可湿性粉剂 1 000~1 500 倍液，间隔 10 天，再喷施 1 次。

2. 菊花黑斑病

【寄主】菊花、野菊、甘菊、除虫菊等多种菊属植物。

【症状】病害发生在叶片上,初期为圆形紫小斑,后逐渐扩大为直径10~15mm,近圆形或不规则形病斑,红褐色至黑色,边缘不明显;有的病斑受到叶脉限制,呈不规则形,严重为害时,病斑相互愈合,叶片枯焦,下垂脱落;后期病斑上生有黑色小点,为病原菌分生孢子器。受害严重时,导致全株枯死。

【病原】无性态真菌,菊壳针孢菌(*Septoria chrysanthemella*)。

【发病规律】病菌以分生孢子器或菌丝在病残体上越冬。翌年春暖花开,温度适宜时,分生孢子器于降雨后溢出大量分生孢子,借风雨传播为害。秋季多雨,发病亦严重。适宜温度24~28℃。菊壳针孢菌侵入植株后,20~30天开始发病,高温潜育期缩短。此病在菊花整个生长期均可发病,但以秋菊发病严重。在7月插苗期至11月的开花期,若遇高温多雨的天气,发病较重。多年连作地发病重。不同品种对黑斑病的抗性亦有差异。

【防治方法】

参见紫薇中褐斑病防治方法。

3. 菊花脉斑驳病

【寄主】菊花、矮牵牛、百枝莲、秋海棠、蒲包花、百日菊、瓜叶菊、翠菊、矢车菊、大丽花、凤仙花、牡丹、芍药、旱金莲、马蹄莲、文殊兰、长春花、千日红等。

【症状】在菊花上表现为花叶,叶变形;幼小植株叶片出现褪绿带,斑驳,后期产生大量枯死斑,直至叶茎坏死;成株叶上产生三角形坏死斑,致叶片不舒展,有的花朵小或不能开放。

【病原】病毒界,菊脉斑驳病毒(chrysanthemum vein mottle virus,CVMV)。

【发病规律】主要通过蓟马(持久性)、叶蝉、菊姬长管蚜传播,汁液、接种和嫁接也可传播病毒。致死温度40~60℃。

【防治方法】

(1) **农业防治** ①发现病株及时拔除,减少病毒源及传播。②选择无病毒繁殖材料,杜绝和控制病毒发生、发展。

(2) **化学防治** 加强防治传毒昆虫,用3%啶虫脒乳油1 000~1 500倍液防治蓟马、菊姬长管蚜、叶蝉等。

4. 菊花枯萎病

参见石竹中枯萎病相关内容。

5. 一品红灰霉病

【寄主】菊花、大丽花、天竺葵、四季秋海棠、芍药、瓜叶菊、郁金香、一品红、月季等多种草本和木本花卉。

【症状】该病主要发生在叶片、叶柄上，也侵染花梗和花瓣。叶片感病后，往往从边缘开始出现暗绿色至黄白色水渍状小斑，在室内温度高的条件下，病斑迅速扩大，呈褐色发软的不规则形大斑，表面皱褶或略具轮纹；严重时，可全叶腐烂，变成灰褐色，干枯；叶柄或花梗感病后发生褐色软腐，常自病部向地面折倒，最后呈褐色，干枯。花瓣受害时，初期产生水渍状小斑，扩大后呈圆形至椭圆形，在有色品种上，病斑中央呈黄褐色，边缘颜色较深，最后花瓣变成褐色继而腐烂。在潮湿条件下，病部出现灰黄色霉层，并常产生黑色小粒状菌核。

【病原】无性态真菌，灰葡萄孢菌（*Botrytis cinerea*）。

【发病规律】该病菌以菌丝和分生孢子在土壤中的病残体上越冬。由气流传播，主要通过植株伤口侵入，对生长健壮的植株一般不易侵染。对花器和叶片有较强的致病力。该病在气温 20℃ 左右，易于发生。室内花盆摆放过密，造成通风不良，湿度大，同时植株接触摩擦使叶面出现伤口，造成有利于发病的条件。氮肥过多，组织嫩弱易发病。

【防治方法】

参见玉簪中玉簪灰霉病防治方法。

6. 菊姬长管蚜

【学名】*Macrosiphoniella sanborni*，半翅目蚜科。

【寄主】菊花、艾等。

【为害状】成蚜、若蚜从幼苗期到开花期都为害。吸取嫩梢、叶、花蕾及花朵的汁液，植株被害部分生长缓慢，叶片卷曲畸形脱落。严重影响菊花品质和降低菊花的观赏价值，是为害菊花的重要害虫。

【形态特征】

无翅孤雌蚜　体纺锤形，长约 1.5mm，宽约 0.70mm；赭褐色至黑褐色，有光泽；头部额瘤显著突起。触角细长长约 1.7mm，第 3 节次生感觉圈突起 15~20 个，分散于外侧。腹管短，圆筒形，基部宽，向端部渐细，尾片末端表面有网眼状，尾片暗褐色圆锥形。体具较粗长毛，末端尖，表面有齿状颗粒，有曲毛 11~15 根。

有翅孤雌蚜　体长卵形，长约 1.7mm，宽约 0.67mm；触角长约为 1.9mm，第 3 节小圆形突起的次生感觉圈 16~26 个。

【发生规律】1 年发生 10~20 代，温暖地区不发生有性蚜，寒冷地区，冬季在温室或暖房等处越冬。上海地区以无翅胎生雌蚜在菊株的叶腋芽等处越冬。翌年 3 月初开始活动，胎生小蚜全年发生高峰期 2 次，以 4 月中旬至 5 月中旬为繁殖盛期，虫口密度出现第 1 次高峰期。6 月上旬虫口密度开始下降，至 8 月下旬又开始回升，9—10 月下旬气温适宜，其生长发育快，为第 2 次繁殖盛期，虫口密度出现第 2 次高峰期。从 11 月中旬虫口数量逐渐下降，以无翅孤雌蚜群集在留种菊株或菊茬上越冬。南方没有明显的越冬期。全年为害菊花，并不迁移为害其他植物。

【防治方法】

参见碧桃中桃瘤蚜防治方法。

7. 褐足角胸叶甲

【学名】*Basilepta fulvipes*，鞘翅目叶甲科。

【寄主】菊花、野菊、艾、梅、葡萄、梨、李、樱桃、苹果等。

【为害状】幼虫食害根部，导致植株叶枯黄，成虫取食叶片和嫩心形成缺刻、孔洞，影响植株生长发育。

【形态特征】

成虫 体长3~4.3mm，宽2~3mm；卵圆形，具光泽，体色变异大，一般体背为铜绿色、蓝绿色、金绿色，头及前胸为棕红色，鞘翅为金绿色，亦有为棕红或棕黄色；腹面一般为黑色，亦有部分为黑褐色。触角和足一般黄褐色至黑褐色，部分为黑色。头部刻点粗密，触角丝状，雌虫达体长之半，雄虫达体长2/3。复眼黑色，近圆形，内缘稍凹。前胸背板宽约为长的2倍，两侧缘近中央略后有突出的小尖角，使前胸背板呈六角形，前胸背板盘区密布粗刻点，小盾片盾形，表面光滑，或具细微刻点。鞘翅基部及肩胛均隆起；盘区刻点，排列呈不规则纵行。

卵 长椭圆形，淡黄色。

【发生规律】1年发生1代，以中大幼虫在寄主根际土层中越冬。翌年越冬幼虫5月上旬开始化蛹，中旬为盛蛹期，并见成虫开始羽化。于5月中旬末始见成虫，5月下旬至6月初为盛发期，8月初仍可见到少数成虫。成虫于5月底至6月初开始产卵，至6月中旬为产卵高峰期。幼虫于6月中旬开始孵化，6月下旬为盛孵期。成虫取食叶片、嫩心，有假死性和群集性，卵成块产于叶片上，并分泌胶液将叶缘折叠，裹住卵块，不易察觉。孵化出幼虫随即钻入土中，以寄主植物的须根和腐殖质为食生活，幼虫发育完全后在根际土层中筑室化蛹。卵期8~10天，幼虫期最长约11个月，蛹期6~8天，成虫寿命2~3个月。

【防治方法】

（1）**农业防治** 加强养护管理，根据幼虫取食根部习性和老熟幼虫在土中化蛹等，勤中耕除草、树盘翻土等，可杀伤部分虫蛹，减少虫口密度。

（2）**化学防治** ①撒施5%辛硫磷颗粒剂1~1.5kg，混合细土15~20kg，拌匀撒于根际土面，可毒杀虫蛹。②掌握成虫盛发期和早孵化幼虫的同时，喷施40%辛硫磷1 000~1 500倍液，或50%杀螟硫磷乳油1 000~1 500倍液，或1.8%阿维菌素乳油2 000~2 500倍液喷雾。

8. 黑绒鳃金龟

【学名】*Maladera orientalis*，别名天鹅绒金龟子、东方金龟子，鞘翅目金龟科。

【寄主】菊花、柳、桑、榆树、松、黄檗、臭椿、凤凰木、梅花、白兰、米兰、重阳木、月季、玫瑰、紫荆、桃、梨、苹果等。

【为害状】 成虫主要食害寄主植物的嫩芽、新叶及花朵，尤其嗜食幼嫩的芽叶，常群集暴食，幼树受害更为严重。

【形态特征】

成虫 体长 8~9mm，卵圆形，雄虫比雌虫略小。全体黑褐或黑紫色，密被灰黑色短绒毛，具光泽。触角褐色，由 9 节组成。前胸背板密布刻点，其侧缘弧形，并有 1 列刺毛，鞘翅上 9 条隆起线两侧亦有刺毛，前足胫节外侧生 2 刺，内侧有 1 刺。后足胫节细长，有 2 枚端距，其端部内侧有钩状凹陷；腹部最后 1 对气门露出鞘翅外。

卵 椭圆形，长约 1mm；乳白色，有光泽，孵化前色泽变暗。

幼虫 老熟幼虫体长约 16mm；头部黄褐色，胴部乳白色，多皱褶；被有黄褐色细毛，肛腹片上有 28 根刺，横向排列成单行弧形。

蛹 体长 6~9mm；黄色，裸蛹，头部黑褐色。

【发生规律】 华北、西北各地 1 年发生 1 代，以成虫在土内越冬。翌年 4—5 月初，成虫大量出土活动，取食幼嫩芽、叶；为害盛期为 5—6 月中旬，6 月为产卵期，卵产于草荒地、绿肥地较多；以 5~10cm 深表土层内最多。卵期 9 天左右，6 月中下旬开始出现第 1 代幼虫，幼虫取食植物幼根。8—9 月 3 龄幼虫迁入土中 20~30cm 处作土室化蛹。蛹期约 10 天，羽化的成虫不再出土而进入越冬状态。成虫日落前后出土，飞翔力较强，往返于周围寄主植物上取食为害，并进行交尾。成虫活动最适宜温度 20~25℃，降水量大，湿度高，有利于成虫出土为害。晚上入土潜伏。成虫趋光性强，并具有假死性。

【防治方法】

参见牡丹中大黑鳃金龟防治方法。

9. 黄体鹿蛾

【学名】 *Amata grotei*，鳞翅目鹿蛾科。

【寄主】 菊花、山茶等。

【为害状】 幼虫分散取食叶片形成缺刻、孔洞，成虫吸食花蜜。

【形态特征】

成虫 成虫体长 10~15mm，翅展约 34mm；触角黑色，尖端白色，头、胸部黑色，额黄色，颈板翅基片黄色。前胸、腹部黑色，各腹节具有橙黄色横纹，前翅黑色，有 5 个透明斑；后翅后缘基部黄色，翅斑大。

卵 黄白色，椭圆形。

幼虫 体长 15~20mm，紫黑色。

蛹 长 10~13mm，暗褐色。

【发生规律】 1 年发生 2~3 代，成虫 5—6 月及 8—9 月出现，常飞至开花植物上吸食花蜜作为补充营养，产卵繁殖后代。每雌产卵 100 余粒或几十粒不等，将卵产于叶背；卵期 4~9 天，幼虫分散取食叶片形成缺刻、孔洞，老熟幼虫常缀叶或在落叶中化蛹，蛹一般10~12天。

【防治方法】
参见紫薇中绿尾大蚕蛾防治方法。

10. 菊小筒天牛

【学名】*Phytoecia rufiventris*，别名菊天牛、菊虎，鞘翅目天牛科。
【寄主】菊花、金鸡菊、蛇目菊、欧洲菊等菊科植物。
【为害状】成虫产卵时将菊花茎梢咬伤成1个小圆孔；伤口以上茎梢因失水枯萎，并易折断，幼虫从上而下蛀食茎根，导致整株死亡，失去观赏价值。

【形态特征】

成虫 体黑色，圆筒形，体长6~12mm，宽1.5~3mm；鞘翅薄，密被灰色稀疏绒毛。头部额板阔，刻点密，触角几乎与体等长。前胸背板中央具有1块赤黄色椭圆大斑，腹部及足呈橘红色。雄虫触角略比体长。

卵 长卵形，长2~3mm；淡黄色，表面光滑。

幼虫 淡黄色，圆筒形，体长9~10mm；头部小，黑色，前胸背近长方形，两侧缘各有1条深褐色凹陷，背板前半部为1个大型淡褐斑，中央有1条白色纵纹，背板后1/3处有颗粒状的"蝙蝠"形斑；腹部4~7节的背面隆起，腹末端圆形，有长而密集的刚毛。

蛹 黄褐色，体长约10mm。

【发生规律】1年发生1代，以老熟幼虫、成虫及蛹潜伏在根部越冬。翌年4—5月成虫飞出，白天在叶背活动，交尾产卵，产卵于被害茎梢内，咬伤切口变黑，茎梢上部枯萎，并易从伤口折断。幼虫孵化后即蛀入茎内，沿茎下干蛀食直至根部。9月幼虫老熟，在蛀道内化蛹。10月成虫羽化，并以成虫在根际越冬。但另有少数以老熟幼虫在蛀道内越冬，翌年早春化蛹，3—6月羽化为成虫。

【防治方法】

(1) **农业防治** ①加强养护管理，清除越冬期带虫的衰老根；幼虫孵化为害期，根据被害萎蔫或梢折断处，立即剪除伤痕下梢内的幼虫烧毁。②在5—6月成虫羽化期，于清晨浇水时进行捕捉，防止产卵。

(2) **化学防治** ①6—7月成虫产卵期及幼虫为害期喷药毒杀，可喷施90%晶体敌百虫1 000~1 200倍液等药剂，毒杀卵和初孵化幼虫。②幼虫为害期，用高压注射器注入25%灭幼脲胶悬剂50倍液，使药剂进入孔道，施药后可用胶泥封住虫孔，毒杀其中幼虫。③成虫为害期，在成虫补充营养时，可喷施40%辛硫磷乳油1 200~1 500倍液，毒杀成虫。

11. 大地老虎

【学名】*Agrotis tokionis*，鳞翅目夜蛾科。

【寄主】菊花、杉木、罗汉松、香石竹、月季花等。

【为害状】幼虫先取食近地面的叶片或将幼苗咬断，再拖到土穴内潜伏在土中取食。常将花圃内的菊花茎基部皮层组织咬破，呈环状后导致植株枯萎死亡。

【形态特征】

成虫 体头胸灰褐色，体长20~23mm，翅展52~62mm；雌蛾触角丝状，雄蛾触角栉齿状，栉齿分枝较长，向端部逐渐短小，直达末端。前翅灰黑色，肾状纹和环状纹均为褐色边。后翅灰黄色，外边有很宽的黑褐色，边缘毛淡色。腹部背灰褐色。

卵 半球形，宽约1.8mm，高约1.5mm；初产时浅黄色，渐变为灰褐色。

幼虫 体略平，老熟幼虫体长37~50mm，体黑褐稍带黄色。体上密布黑色圆形小颗粒。各腹节后部皱纹不明显。腹部每节背面有2对刚毛，后一对显著大于前一对，臀板黄褐色，上有深褐色纵带2条。

蛹 体长23~29mm；初为淡黄褐色，后渐变为赤褐色，将羽化时为黑褐色。腹部末端稍延长，黑褐色，着生较短而粗的刺1对，中间分开。

【发生规律】1年发生1代，以3~6龄幼虫在杂草丛或土中潜伏越冬。北方翌年4月中下旬开始活动为害，越冬后的幼虫，由于虫龄较长，食欲旺盛，是全年为害最烈时期。6月以老熟幼虫在土中3~5cm处筑土室越夏，越夏期长达90多天，8月下旬开始化蛹，9月中旬成虫开始羽化，10月上旬开始产卵，10月下旬进入越冬期。南方约于3月中旬至4月上旬开始活动为害，5—6月以老熟幼虫进行夏眠。夏眠后，虫体即在土室内化蛹。成虫白天静伏杂草间或枯叶上，夜出活动，趋光性不强，但有趋糖、醋、酒的习性。成虫交尾后次日即可产卵。卵一般产于土表或生长幼嫩的杂草茎叶上。4龄以前幼虫不入土蛰居，4龄以后幼虫伏于土表下，夜出活动觅食。越冬幼虫对低温抵抗能力很强，能耐-15℃下低温。越夏幼虫对高温虽有较高的抵抗力，但常因土壤过干、过湿或土室因耕翻等操作所破坏死亡率很高。

【防治方法】

（1）**农业防治** ①加强苗圃管理，进行中耕和清除杂草，减轻为害；诱杀成虫，根据其趋性，可用黑光灯或糖醋液诱杀成虫。糖醋液配法：红糖6份，醋1份，水10份，90%晶体敌百虫0.2份（先入水溶解），按比例配制，分入盆内，置于离地面30~40cm处，每200~300m³放置1盆，次晨取回，清除死蛾。②堆草诱杀幼虫，傍晚时在苗圃地堆放绿嫩草一堆，或以毒饵放于草堆下，次日清晨草堆下捡拾幼虫处死。

（2）**化学防治** ①用90%晶体敌百虫原液1份，加炒香后的饵料（豆饼麦麸）50份，再加适量的水，制成干湿适度撒开的毒饵，于傍晚撒施在根际周围。②严重时，可用40%辛硫磷1 500~2 000倍液浇灌根际周围，或用5%辛硫磷颗粒3g/m³撒施在幼虫活动的土层内。

12. 朱砂叶螨

参见木槿中朱砂叶螨相关内容。

十、金鱼草

金鱼草（*Antirrhinum majus*），玄参科金鱼草属；多年生草本植物。金鱼草株高 20~70cm，叶片长圆状披针形，总状花序；花冠筒状唇形，有白、红、紫、黄等色，蒴果卵形。因花状似金鱼而得名。

1. 金鱼草叶枯病

【寄主】金鱼草。

【症状】该病主要为害叶、叶柄和茎。叶上病斑多发生在叶尖和叶缘，初期出现水渍状、淡绿色斑点，扩大后呈圆形或不规则形大斑，浅褐色至灰白色，边缘暗褐色，中央有褐色不规则的条纹，表面散生小黑点。嫩叶感病后扭曲畸形，严重时叶片皱缩枯死，悬挂茎上而不落。

【病原】无性态真菌，金鱼草叶点霉菌（*Phyllosticta antirrhina*）。

【发病规律】叶点霉菌主要在病残体组织内和种子上存活越冬。通过浇水或雨滴飞溅传播。降雨和潮湿的环境条件，有利于病害发生；植株生长衰弱，有利于病菌侵染和寄生。露地栽培的金鱼草，常于6—7月发病。

【防治方法】

参见萱草中萱草叶枯病防治方法。

2. 金鱼草炭疽病

【寄主】金鱼草、朱蕉、兰花、紫罗兰、米兰、万年青、扶桑、一品红等。

【症状】主要为害叶片，受害叶片初为水渍状，病斑先从叶尖、叶缘开始，圆形或为不规则的褐色小点，直径1~2mm，后病斑逐渐相连，扩展为不规则大斑，叶尖为灰白色。围绕叶缘为褐色带状，直达叶柄，其叶缘内边为浅黄色晕圈，病菌由外向内发展，叶面布满褐色小病斑。后期病斑上散生小黑点即病菌的分生孢子盘。发病严重时，引起叶片枯焦死亡，亦可为害枝条，引起枝枯。

【病原】无性态真菌，金鱼草刺盘孢（*Colletotrichum antirrhini*）。

【发病规律】病菌在病残体组织上越冬。温室中的分生孢子可不间断地发生传播，翌年春3—4月产生的分生孢子，在室外，经风雨或昆虫传病，从伤口或气孔侵入，多从叶尖、叶缘发病。雨水多发病严重。

【防治方法】

参见碧桃中桃炭疽病防治方法。

3. 金鱼草疫病

【寄主】 金鱼草。

【症状】 该病多发生在定植后的植株上。发病初期，感病植株嫩茎或茎基部产生水渍状、暗绿色至浅黄色的病斑，以后迅速扩大，发展成暗褐色至黑色并腐烂。如果病斑环割茎部，植株随即枯死。在病部表面，有时可看到白色丝状物，为病原菌的菌丝体。

【病原】 假菌界卵菌门，恶疫霉菌（*Phytophthora cactorum*）。

【发病规律】 病原菌以卵孢子随病株残体在土壤中越冬。翌年萌发产生芽管，进行侵染为害。该病通过雨水和灌溉传播蔓延。感病植株上的病菌产生游动孢子，孢子可借风雨传播，进行重复侵染。连作地发病重，排水不良的低洼地发病多。

【防治方法】

参见牡丹中牡丹疫病防治方法。

4. 金鱼草灰霉病

【寄主】 金鱼草、瓜叶菊、菊花、大丽花、香石竹、紫罗兰、仙客来、三色堇、天竺葵等。

【症状】 病菌发生在叶、茎、花等部位，常引起水渍状褐斑，病斑较大，有时有轮纹，茎受害常软腐折倒；花瓣受害，变褐软腐；幼苗受害引起猝倒。

【病原】 无性态真菌，灰葡萄孢菌（*Botrytis cinerea*）。

【发病规律】 病菌以菌核在寄主植物病残组织中越冬。翌年春季当气温达15℃左右时，在病株腐败部分大量形成菌核，产生的分生孢子随风雨、昆虫传播，或从伤口等处侵染，侵入后迅速生长，在高温多湿的情况下，产生大量的分生孢子，进行重复侵染。

【防治方法】

参见牡丹中芍药灰霉病防治方法。

5. 金鱼草花叶病

【寄主】 金鱼草、四季报春、唐菖蒲、水仙、鸢尾、百合、仙客来、金盏菊等。

【症状】 植株感病后，幼叶表现浅绿相间，叶片增厚叶缘略向叶背卷曲，老叶则易坏死，植株生长早衰，易枯死，病株花表现杂色条纹。

【病原】 病毒界，黄瓜花叶病毒（cucumber mosaic virus，CMV）。

【发病规律】 在自然条件下，由多种蚜虫传播。病毒可以在某些多年生宿根植物上越冬。感病的越冬植物，成为新的侵染源。发生的程度与媒介蚜虫有密切关系，蚜虫发生的条件与病毒发生条件大体相一致。

【防治方法】

（1）农业防治　①发现病株及时拔除，清除杂草，杜绝传病侵染来源。②进行植物检疫，防止因苗木运输传播病毒。③选择无病健株进行宿根繁殖和播种繁殖。

（2）化学防治　防治传毒介体，可用50%啶虫脒水分散粒剂25 000~40 000倍液，或22.4%螺虫乙酯悬浮剂3 500~4 000倍液，防治蚜虫、叶蝉、飞虱、蓟马、甲虫、线虫、螨类等介体。消灭传播介体昆虫是防治病毒的重要措施之一，可有效控制花叶病。

6. 神泽氏叶螨

参见鸢尾中神泽氏叶螨相关内容。

7. 棉蚜

参见木槿中棉蚜相关内容。

8. 曲带弧丽金龟

【学名】 *Popillia pustulata*，鞘翅目丽金龟科。

【寄主】 金鱼草、草莓、黑莓、葡萄、玫瑰、合欢、菊科植物。

【为害状】 成虫喜欢取食上述植物花蕊或嫩叶，有时1朵花有虫10余头，先取食花蕊后取食花瓣，影响授粉或不结实。幼虫主要为害地下根部、吸足水分的种子和种芽。

【形态特征】

成虫　体长11~14mm，宽7~8.5mm；体椭圆形，棕褐泛紫绿色闪光。鞘翅茄紫有黑绿或紫黑色边缘，腹部两侧各节具白色毛斑区。头较小，唇基前缘弧形，触角9节。前胸背板缢缩，基部短于鞘翅，后缘侧斜形，中段弧形内弯。小盾片三角形。鞘翅扁平，后端狭，小盾片后的鞘翅基部具深横凹，臀板外露隆拱，上刻点密布，有1对白毛斑块。

卵　近圆形，白色，光滑。

幼虫　体长8~11mm，每侧具前顶毛6~8根，形成一纵列，额前侧毛左右各2~3根，其中2长1短。头长2.4~3.1mm，宽3.5~4.1mm；上唇基毛左右各4根。肛门背片后具长针状刺毛，每列4~8根，一般4~5根，刺毛列"八"字形向后岔开不整齐。

【发生规律】 1年发生1代，以3龄幼虫在土中越冬。翌年3月下旬至4月上旬升到耕作层为害地下部。4月下旬末化蛹，5月上旬羽化，5月中旬进入盛期。6月下旬成虫产卵，6月下旬至7月中旬进入产卵盛期，卵历期8~20天，成虫寿命40天，1龄幼虫历期14天，2龄187天，3龄长达245天，蛹期12天。成虫喜在清晨和傍晚活动，喜把卵产在1~3cm表土层，每粒卵外附有土粒形成的土球，球内光滑似卵室。幼虫多在 8—16 时孵化，4 小时后开始取食卵壳和土壤中有机质，10 天后取食根部。有的取食种子、种芽，3 龄后进入暴食期。

【防治方法】

参见夹竹桃中铜绿丽金龟防治方法。

十一、万寿菊

万寿菊（*Tagetes erecta*），菊科万寿菊属；一年生草本植物。其茎直立，粗壮，具纵细条棱，分枝向上平展。叶羽状分裂；沿叶缘有少数腺体。头状花序单生；总苞杯状，顶端具齿尖；舌状花黄色或暗橙色；管状花，花冠黄色；瘦果线形，基部缩小，黑色或褐色，被短微毛；冠毛有1~2个长芒和2~3个短而钝的鳞片。花期7—9月。

1. 万寿菊叶斑病

【寄主】万寿菊、文殊兰、叶子花、池杉、波斯菊、鸡冠花、美女樱、银杏、松、柏、栎等。

【症状】病菌发生在叶片上，病斑初为褐色小斑，四周有褪色的晕圈，扩大呈圆形、椭圆形或不规则形；边缘暗褐色，中部为黄白至灰褐色，后期病斑出现黑色粒状物，即病原菌的分生孢子器。发病严重时，病斑往往连成一片，叶片萎蔫枯干致死。

【病原】无性态真菌，壳针孢菌（*Septoria tegeticola*）。

【发病规律】病菌在植物的病残体上越冬。翌年春温度上升，分生孢子器萌动，开始侵染。一般多从伤口侵入为害，植株生长衰弱，温度过高，湿度大，通风不良，有利病害的发生。

【防治方法】
参见蜡梅中叶斑病防治方法。

2. 牧草盲蝽

【学名】*Lygus pratensis*，半翅目盲蝽科。

【寄主】万寿菊。

【为害状】以成虫、若虫刺吸植株嫩叶、嫩芽、花蕾汁液，使花蕾脱落、芽枯萎、叶片扭曲皱缩。

【形态特征】

成虫 体长5.8~7.3mm，长卵圆形；春夏青绿色，秋冬棕褐色；背面具黑色斑纹，刻点显著。深色个体前胸背板中部斑点、侧角及后缘中央、小盾片基部中央及革质片顶端均黑色。

卵 长约1.5mm,长卵形;浅黄绿色,卵盖四周无附属物。

若虫 若虫与成虫相似,黄绿色,翅芽伸达第4腹节,前胸背板中部两侧和小盾片中部两侧各具黑色圆点1个;腹部背面第3腹节后缘有1黑色圆形臭腺开口,构成体背5个黑色圆点。

【发生规律】1年发生4~5代,以成虫在杂草、树皮裂缝内、枯枝落叶下越冬。成虫产卵于植株花蕾缝隙、叶片主脉或嫩茎内。

【防治方法】
参见石榴中绿盲蝽防治方法。

3. 棉大造桥虫

参见萱草中棉大造桥虫相关内容。

4. 菊瘿蚊

【学名】*Diarthronomyia chrysanthemi*,双翅目瘿蚊科。
【寄主】万寿菊、菊花、早菊、悬崖菊、九月菊等菊科植物。
【为害状】主要以幼虫为害叶片,幼虫进入叶片后,取食刺激叶片,产生小型疱状虫瘿,虫瘿初为绿色,后渐变为紫红色,导致叶片扭曲畸形,发生严重时,菊花封顶不能正常生长和开花。

【形态特征】
成虫 体小,长约3mm;状如蚊虫,具膜质透明翅1对,具3条明显纵脉,无横脉。后翅退化成平衡棒,胸背灰黑色。
卵 淡褐色,椭圆形。
幼虫 无足,蛆形体黄至橙色,纺锤形,长约3.5mm。
蛹 长椭圆形,腹部橙红色,胸部及腹背等黑色。

【发生规律】在河北1年发生3~4代,以幼虫在土内越冬。翌年初夏幼虫开始为害,在叶片出现虫瘿,6—8月为发生高峰期。成虫羽化盛期在7—8月,成虫集中在嫩叶表面产卵,叶面覆一层丝状物,保护卵。3—4月开始孵化,不久,幼虫潜入叶片内,刺激叶片产生小型疱状虫瘿,叶片扭曲,植株生长不良。

【防治方法】
(1) **农业防治** 秋冬季深翻土壤,消灭越冬幼虫。
(2) **化学防治** 在初夏幼虫开始活动或在成虫羽化及幼虫刚孵化时,喷施10%吡虫啉可湿性粉剂1 000~1 500倍液,或20%甲氰菊酯乳油2 000~3 000倍液防治。
(3) **生物防治** 保护和利用天敌姬蜂、小蜂等。

5. 温室白粉虱

参见大丽花中温室白粉虱相关内容。

十二、一串红

一串红（*Salvia splendens*），唇形科鼠尾草属；多年生草本植物。高可达90cm，茎钝四棱形，叶卵圆形或三角状卵圆形，基部截形或圆形，上面绿色，下面较淡。顶生总状花序成串，长可达20cm以上，苞片卵圆形，花序轴被微柔毛，花萼钟形，与花冠同色。花冠红色、白色，花柱与花冠近相等；小坚果椭圆形，暗褐色。

1. 一串红叶斑病

【寄主】一串红。

【症状】该菌发生在叶片上，病斑初为褐色小斑，四周有褪色的晕圈，扩大呈圆形、椭圆形或不规则形，边缘暗褐色，中部为黄白色至灰褐色，后期病斑出现黑色粒状物，即病原菌的分生孢子器。发病严重时，导致植株生长发育不良，开花少，花形小，影响观赏。

【病原】无性态真菌，决明生棒孢（*Corynespora cassiicola*）。

【发病规律】病菌以分生孢子器在病残株组织上越冬。翌年春暖，分生孢子器在有水滴的条件下释放孢子，植株生长衰弱时从伤口侵入。一般雨水多、潮湿环境有利于病害的发生发展。

【防治方法】
参见萱草中萱草叶枯病的防治方法。

2. 一串红花叶病

参见金鱼草中金鱼草花叶病的相关内容。

3. 大红蛱蝶

参见绣线菊中大红蛱蝶相关内容。

4. 绿盲蝽

参见月季中绿盲蝽相关内容。

5. 温室白粉虱

参见大丽花中温室白粉虱相关内容。

6. 银纹夜蛾

参见石竹中银纹夜蛾的相关内容。

7. 大灰象甲

【学名】*Sympiezomias velatus*，鞘翅目象虫科。
【寄主】一串红、梨、枣、苹果、柑橘、核桃、板栗等。
【为害状】成虫取食花木的嫩尖和叶片，轻者把叶片食成缺刻或孔洞，重者把花木吃光成秆，造成缺苗断垄。幼虫先将叶片卷合并在其中取食，为害一段时间后再入土食害根部。

【形态特征】
成虫 体长9~12mm，灰黄或灰黑色，密被灰白色鳞片。头部和喙密被金黄色发光鳞片，复眼大而突出，前胸两侧略突，中沟细，中纹明显。鞘翅近卵圆形，具褐色云斑，每鞘翅上各有10条纵沟。后翅退化。头管粗短，背面有3条纵沟。

卵 长约1.2mm，长椭圆形；初产时为乳白色，后渐变为黄褐色。

幼虫 体长约17mm，乳白色；肥胖，弯曲，各节背面有许多横皱。

蛹 长约10mm，初为乳白色，后变为灰黄色至暗灰色。

【发生规律】在辽宁2年发生1代，第1年以幼虫越冬，翌年以成虫越冬。成虫不能飞，主要靠爬行转移，动作迟缓，有假死性。翌年3月开始出土活动，先取食杂草，待寄主发芽后，陆续转移到寄主上取食新芽、嫩叶。白天多栖息于土缝或叶背，清晨、傍晚和夜间活跃。4月中下旬从土内钻出，群集于幼苗取食。5月下旬开始产卵，成块产于叶片，6月下旬陆续孵化。幼虫期生活于土内，取食腐殖质和须根，对幼苗为害不大。随温度下降，幼虫下移，9月下旬达60~100cm土深处，筑土室越冬。翌春季越冬幼虫上升表土层继续取食，6月下旬开始化蛹，7月中旬羽化为成虫，在原地越冬。

【防治方法】
（1）**农业防治** ①春季和秋季深翻栽植地，可破坏成虫、幼虫、蛹在土壤中的生存环境，减少越冬数量。②在成虫发生期，利用其假死性、行动迟缓、不能飞翔之特点,于清晨前或傍晚后进行人工捕捉,先在树下铺塑料薄膜,振落后收集处理。

（2）**化学防治** ①在成虫发生盛期,喷施20%吡虫啉乳油2 000~3 000倍液,或40%辛硫磷乳油1 000~1 500倍液,或90%晶体敌百虫1 000倍液,毒杀羽化出土的成虫。②幼虫期可用15%毒·辛颗粒剂,撒施地面翻入幼虫活动的土层中,毒杀幼虫。

十三、百 合

百合（*Lilium brownii* var. *viridulum*），百合科百合属；多年生球根草本植物。株高70~150cm，鳞茎球形，淡白色；先端常开放如莲座状，由多数肉质肥厚、卵匙形的鳞片聚合而成。花大，多白色，漏斗形，单生于茎顶。蒴果长卵圆形，具钝棱；种子多数卵形，扁平。6月上旬现蕾，7月上旬始花，7月中旬盛花，7月下旬终花；果期7—10月。

1. 百合炭疽病

【寄主】百合。
【症状】叶片染病，病斑近椭圆形和长条形，黄褐色稍凹陷，严重时可使茎叶枯死。鳞片染病初生浅褐色斑，后变浅黑褐色，略凹陷，致花芽不生长，呈褐色至黑色。染病花瓣上现水渍状小圆斑，融合成不规则褐色斑。
【病原】无性态真菌，百合炭疽菌（*Colletotrichum lilii*）。
【发病规律】病菌以菌丝体或分生孢子盘在病株组织内越冬，翌春继续发育产生分生孢子进行再侵染，新病斑形成后，又产生分生孢子进行多次再侵染。鳞茎在贮藏过程中，也可继续发病。鳞茎受潮、受冻、受伤易发病。
【防治方法】
参见碧桃中桃炭疽病防治方法。

2. 百合叶枯病

【寄主】百合。
【症状】叶上产生圆形或椭圆形病斑，大小不一。浅黄色到浅褐色。在某些品种中，斑点浅褐色，围有清晰的红紫色边缘，在潮湿条件下，斑点很快覆有一灰色霉层，病斑干时变薄，易碎裂，透明，一般呈灰白色。严重时，整叶枯死。
【病原】无性态真菌，百合葡萄孢（*Botrytis liliorum*）。
【发病规律】病菌以菌丝或菌核在落下的病组织残体上越冬。翌年产生分生孢子侵染为害，可多次重复侵染；温室过分潮湿时容易发病。植株过密时发病重，偏施氮肥发病重。

【防治方法】
参见萱草中萱草叶枯病防治方法。

3. 百合灰霉病

【寄主】 百合。
【症状】 一种百合普遍发生的病害。主要为害叶片，也可侵染茎部和花。受感染的百合叶片及花器官，经常会出现叶片焦枯、花苞畸形及后期花瓣萎蔫等为害状。主要为害叶片，也侵染茎、芽和花等部位。叶斑多生于叶片顶端，产生圆形或卵圆形，浅黄色至浅褐色，边缘浅红色至紫色大小不一的斑点，使生长点变软腐败。天气潮湿时，病斑上生灰色霉层，干燥时，病斑变薄而脆，半透明状，浅灰色，严重时整叶枯死。花蕾受害逐渐产生大的褐色斑点，花瓣褐斑至花腐成粘连状腐烂，茎上病斑覆有灰色霉层，常折断。

【病原】 无性态真菌，椭圆葡萄孢（*Botrytis elliptica*）。
【发病规律】 病菌以菌丝体在寄主被害部位或以菌核遗留在土壤中越冬。当春季温度升高，越冬的菌丝体会在短时间内形成大量的分生孢子，借空气、雨水及中耕除草来接触百合叶片或花瓣，发芽后菌丝体芽管可直接穿透角质层侵入百合寄主细胞或经由伤口及气孔侵入，来完成初侵染；发病后病部又产生分生孢子进行再侵染。

【防治方法】
参见玉簪中玉簪灰霉病防治方法。

4. 百合叶线虫病

参见大丽花中菊花叶线虫病相关内容。

5. 细菌性软腐病

参见鸢尾中细菌性软腐病相关内容。

十四、郁金香

郁金香（*Tulipa gesneriana*），百合科郁金香属；多年生草本植物。叶3~5枚，条状披针形至卵状披针状，花单朵顶生，大型而艳丽，花被片红色或杂有白色和黄色，有时为白色或黄色，长5~7cm，宽2~4cm；6枚雄蕊等长，花丝无毛，无花柱，柱头增大呈鸡冠状，花期4—5月。

1. 百合花叶病

【寄主】百合、郁金香。

【症状】病菌株叶出现花叶为害状，同一花上颜色不均，呈现褪绿斑驳或出现坏死斑。

【病原】病毒界，主要有百合潜隐病毒（lily latent virus，LLV）、郁金香碎色病毒（tulipe breaking virus，TuBV）。

【发病规律】百合潜隐病毒除汁液传毒外，还有几种蚜虫也能传播病毒，病毒主要是通过鳞茎蔓延到翌年。

【防治方法】

（1）农业防治　及时拔除病株并集中处理。

（2）化学防治　可用10%吡虫啉可湿性粉剂1 200~1 500倍液防治蚜虫，或15%病毒必克可湿性粉剂600~800倍液，或5%菌毒清水剂400倍液，或20%病毒A可湿性粉剂400~500倍液，喷雾防治。

2. 郁金香炭疽病

【寄主】郁金香。

【症状】病害发生在叶片、叶柄、花柄上，叶上生出半圆形（叶缘）、近圆形病斑，边缘黑褐色，中部颜色较淡；初为水渍状，后期轮生许多小黑点。

【病原】无性态真菌，炭疽病属（*Colletotrichum* sp.）。

【发病规律】病菌以菌丝体和分生孢子盘在病残体组织中越冬，分生孢子借风雨、昆虫传播，从伤口和气孔侵入，高温多雨季节、栽培环境湿度大、通风不良、偏施氮肥、生长势弱、有伤口等利于发病和蔓延，发病严重。

【防治方法】

参见碧桃中桃炭疽病防治方法。

3. 郁金香褐斑病

【寄主】郁金香。

【症状】受侵染的叶芽发育不良,呈畸形卷曲状,嫩芽受害后长出来的叶片即变卷曲。如环境潮湿,病组织上会产生大量灰霉状分生孢子,殃及邻近健株而使叶片感病,因此鳞茎的生长受到极大影响。花受害后,开始出现白色或浅黄褐色病斑,随即迅速扩大而枯落,或变为褐色而干枯。花梗上也会出现环带状,上面有时发生分生孢子层。该病发生的每个阶段花朵都极易感病。

【病原】无性态真菌,郁金香葡萄孢(*Botrytis tulipae*)。

【发病规律】病原菌以菌核在感病植株的茎叶组织内越冬,在温室内也可以菌丝或分生孢子形式越冬。翌年春季产生大量分生孢子,借风雨传播到健壮植株上,进行初侵染。4月雨水多,且当气温达到20℃左右时最易发病。在黏重的土壤与排水不良的圃地,发病较重。浇水过多湿度大易诱发该病。

【防治方法】

参见紫薇中紫薇褐斑病防治方法。

4. 郁金香灰霉病

【寄主】郁金香、仙客来、菊花、芍药、香石竹、石竹、金鱼草、大丽花、海棠等。

【症状】该病发生于植株的叶、叶柄、叶鞘、花和花梗等部位。发生于叶部则形成不规则的病斑;发生于花瓣上则形成褐色小斑点,进一步发展则产生灰霉。

【病原】无性态真菌,郁金香葡萄孢(*Botrytis tulipae*)。

【发病规律】以菌核在土中越冬或以菌丝体在被害植株的叶片上越冬。翌年春季当气温达20℃左右时,空气湿度又大,则产生分生孢子,随风雨飞散传播,在叶缘、叶柄、花瓣等处发芽侵染寄主组织,不久形成病斑,并不断产生分生孢子,一经飞散,反复侵染,一般在空气湿度大或温室栽培通风不良时发病严重。

【防治方法】

参见玉簪中玉簪灰霉病防治方法。

5. 郁金香碎色病

【寄主】郁金香属和百合属植物。

【症状】在郁金香叶片上出现浅绿色或灰白色条斑,有时形成花叶或花纹。在红色或紫色品种上产生碎色花,花瓣上形成大小不等淡色斑点或白色条斑,或不规则斑点;

有黄色或白色花的郁金香品种，花瓣本身就缺乏花色素，杂色斑驳表现不明显。

【病原】病毒界，郁金香碎色病毒（tulipe breaking virus，TuBV）。

【发病规律】郁金香碎色病可由多种蚜虫传播致病，因此在蚜虫大发生的年份，碎色病发生较重。另外带病的种球逐年变小，也可感染病毒，以带病菌种球栽培，在消过毒的土壤中栽培往往也发病。病毒也经汁液接种和嫁接鳞茎进行传播。

【防治方法】

（1）**农业防治**　①对引进的郁金香种球，应该采用茎尖培养与热处理相结合的方法脱毒。建立无病毒母本园，以获取无毒苗。②发现病株应及时拔除并销毁，以减少病毒源。③郁金香不宜与百合属植物毗邻种植，以免相互传染病毒。

（2）**化学防治**　蚜虫发生期可用50%啶虫脒水分散粒剂12 000~13 000倍液，或10%吡虫啉可湿性粉剂1 000~1 500倍液喷雾防治蚜虫，减少病毒的传播。

6. 郁金香细菌性软腐病

参见鸢尾中细菌性软腐病相关内容。

7. 桃蚜

参见石榴中桃蚜的相关内容。

十五、芍 药

芍药（*Paeonia lactiflora*），芍药科芍药属；多年生草本植物。芍药块根由根颈下方生出，肉质，粗壮，呈纺锤形或长柱形，粗 0.6~3.5cm。花瓣呈倒卵形，花盘为浅杯状，花期 5—6 月，花一般着生于茎的顶端或近顶端叶腋处，原种花白色，花瓣 5~13 枚。果实呈纺锤形，种子呈圆形、长圆形或尖圆形。

1. 芍药炭疽病

参见牡丹中芍药炭疽病相关内容。

2. 芍药轮纹病

【寄主】芍药、牡丹。
【症状】主要为害叶片。初期叶上产生圆形或半圆形病斑，褐色至黄褐色，直径 2~10mm，同心轮纹明显；发病后期病斑上生淡黑色霉层，为病原菌分生孢子梗和分生孢子。发病严重时整个叶面布满病斑而枯死。
【病原】无性态真菌，黑座假尾孢菌（*Cercospora variicolor*）。
【发病规律】病菌以菌丝体和分生孢子在病残组织上越冬，翌年产生分生孢子引起初侵染，以后又不断引起再侵染，扩大为害。分生孢子通过风雨、气流传播。病菌喜高温，发生期较叶霉病晚，多雨和露水重的秋季发病重。
【防治方法】
参见牡丹中牡丹轮纹斑点病防治方法。

3. 芍药红斑病

【寄主】芍药、牡丹。
【症状】叶片初生绿色小点，然后扩大为直径 3~5mm 的暗紫红色斑，边缘不明显，病斑可继续扩展，叶片正面病斑紫红色，叶背病斑栗褐色，病斑多有轮纹。病斑在叶缘时可致叶片扭曲。潮湿时叶背病部产生暗绿色霉层，茎和叶柄产生开裂下陷病斑；潮湿时枯死茎上也生霉层。

【病原】无性态真菌，牡丹枝孢霉（*Cladosporium paeoniae*）。

【发病规律】芍药红斑病的病害为病菌以菌丝体在病株残茎和落在地面的病茎、病果壳上越冬。翌年3月降雨或潮湿条件下，越冬病菌产生分生孢子，经气流和雨水飞溅流动传播到刚萌发的新叶上，引起初次侵染。芍药红斑病发病时，病残体未清除的，初次侵染严重，而病残体被清除的，则初次侵染轻。病菌的生长和分生孢子的萌发需温暖条件，在20~24℃条件下，病害的潜育期为5~6天，潮湿条件有利于病害的发展和分生孢子的形成。

【防治方法】

参见紫薇中紫薇褐斑病防治方法。

4. 牡丹根结线虫病

参见牡丹中牡丹根结线虫病相关内容。

5. 桃蚜

参见石榴中桃蚜相关内容。

6. 日本龟蜡蚧

参见蜡梅中日本龟蜡蚧相关内容。

7. 二星叶蝉

【学名】*Erythroneura apicalis*，半翅目叶蝉科。

【寄主】芍药、菊花、大丽花、一串红、桃树等。

【为害状】该虫主要为害叶片，受害叶片会失绿呈小白点，随着受害的严重程度，白点汇集成大斑。严重时叶片呈苍白色，提早脱落。

【形态特征】

成虫　体长3~4mm，有红褐色和黄白色两种。以黄色种为多。前胸背板前缘有圆形小黑丝3枚，排成1列；盾板上有两个大型黑斑，所以称作二星叶蝉。前翅斑纹不规则，且浓淡不一；后翅无端脉。

卵　黄白色，长椭圆形；稍弯曲，长约0.5mm。

若虫　黄白色型、红褐色型两种，成熟时体长约2mm；有尾部常向上举。

【发生规律】1年发生2~3代，以成虫在石缝、杂草丛中越冬。翌年4月开始活动产卵，卵散产于叶背叶脉内或绒毛下。第1代若虫5月下旬至6月中旬为盛孵期；第2代若虫于7月上旬至8月上旬发生；第3代若虫发生在9月上旬至10月下旬。若虫比红褐色型若虫早发生2周。前者第1代成虫在6月上旬羽化；后者第1代成虫在6月下旬羽化。成虫和若虫均在叶背取食，严重时叶片呈苍白色，提早枯萎脱落。

【防治方法】

（1）**农业防治** 秋后清扫落叶，铲除杂草，减少越冬成虫。

（2）**化学防治** 若虫为害期，使用20%啶虫脒可湿性粉剂2 000~4 000倍液，或10%吡虫啉可湿性粉剂1 200~1 500倍液喷雾防治。

8. 人纹污灯蛾

参见萱草中人纹污灯蛾相关内容。

十六、酢浆草

酢浆草（*Oxalis corniculata*），酢浆草科酢浆草属；多年生草本植物。株高10~40cm，地下具球形根状茎，白色透明。基生叶，叶柄较长，三小叶复叶，小叶倒心形，三角状排列。花从叶丛中抽生，伞形花序顶生，总花梗稍高出叶丛，花期4—10月。

1. 酢浆草根腐病

【寄主】酢浆草科酢浆草属植物。

【症状】主要为害幼苗，成株期也能发病。发病初期，仅仅是个别支根和须根感病，并逐渐向主根扩展，主根感病后，早期植株不表现症状，后随着根部腐烂程度的加剧，吸收水分和养分的功能逐渐减弱，地上部分因养分供不应求，新叶首先发黄，在中午前后光照强、蒸发量大时，植株上部叶片才出现萎蔫，但夜间又能恢复。病情严重时，萎蔫状况夜间也不能再恢复，整株叶片发黄、枯萎。此时，根皮变褐色，并与髓部分离，最后全株死亡。

【病原】假菌界，卵菌门的樟疫霉（*Phytophtora cinnamomi*）。

【发病规律】该病常与沤根症状相似，属假菌界病害。病菌在土壤中和病残体上越冬，根茎一般多在3月下旬至4月上旬发病，5月进入发病盛期，其发生与气候条件关系很大。苗床低温高湿和光照不足，是引发此病的主要环境条件。育苗地土壤黏性大、易板结、通气不良致使根系生长发育受阻，也易发病。另外，根部受地下害虫、线虫的为害后，伤口多，有利于病菌的侵入。在此环境下，采取播种、扦插的草本花卉易受害，发病时间一般多在3月下旬至4月上旬，5月进入发病盛期。所栽植的立地条件不适应易发病，地势低洼，土壤黏重板结，排水不良、管理不当、透气不良，造成根系呼吸困难受阻，根部积水腐烂、地下害虫为害或栽植伤口杀菌不彻底，传染病菌从伤口侵入，均易感病。

【防治方法】

（1）**农业防治** ①精耕细整土地，悉心培育壮苗，在移植时尽量不伤根，精心整理，避免积水沤根，施足基肥。②定植后要根据气温变化，适时适量浇水，防止地上水分蒸发、苗体水分蒸腾，隔绝病毒感染。③分别在花蕾期喷施磷肥，增强植株营养促进植株健康生长，增强抗病能力。

（2）**化学防治** ①发现发病严重的病株拔除烧毁。②用25%吡唑醚菌酯悬浮剂

1 000~1 500倍液，或58%甲霜·锰锌可湿性粉剂400~600倍液，喷施根部翻入土壤。

2. 酢浆草岩螨

【学名】*Petrobia harti*，真螨目叶螨科。
【寄主】酢浆草、一串红、香石竹、白玉兰、月季、文竹等花卉。
【为害状】以幼螨、若螨、成螨口针刺破植物组织，然后吮吸汁液，在叶片正、反面均可为害。受害叶片呈黄白色或黄绿色小斑点，小点密集呈黄色斑块，严重时叶片发黄、皱缩，甚至枯焦、萎蔫。在同一为害期，有卵、幼螨、若螨、成螨同时存在。
【形态特征】
雌螨 体椭圆形，长约0.63mm，宽约0.53mm，深红色；气门沟末端呈不规则的弯曲或扩大；背毛26根，粗壮，顶端钝圆，具锯齿，着生在粗大的突起上。第1对足细长，长度约为体长的2倍；爪间突爪状，具两列指向腹侧的黏毛。
雄螨 体菱形，长约0.40mm，宽约0.22mm；背面呈菱形，体橘黄色；体背两侧黑斑明显。第1对足长度几乎为体长的3倍。
卵 圆球形，光滑。
幼螨 体背面呈圆形，体躯呈红色，背面隐约有黑斑。足3对，淡黄色。
若螨 背面呈椭圆形，体躯上均现黑斑。足4对，橘黄色；足比成螨短，前足长与体长相近。
【发生规律】1年发生10~20代，以受精雌成螨在土块缝隙、树皮裂缝及枯枝落叶等处越冬。全年有初夏和仲秋2个虫量高峰。卵多数产在酢浆草叶片背面，少数产在叶正面和叶柄上。虫口密度高、发生早的植株在5月下旬就出现成片枯焦的现象，多数酢浆草在6月上旬至7月下旬陆续发黄。夏季，酢浆草因该螨为害和高温干燥环境，整株枯黄无叶。在同一株紫叶酢浆草中，酢浆草岩螨先在边缘为害，后扩展到植株中间。有越夏习性，秋季阴雨低温时，返回植株上取食为害。
【防治方法】
参见木槿中朱砂叶螨防治方法。

3. 灰巴蜗牛

【学名】*Bradybaena ravida*，软体动物门腹足纲柄眼目巴蜗牛科。
【寄主】酢浆草、月季、蜡梅、杜鹃、佛手、兰花、白三叶、红三叶等。
【为害状】取食茎、叶、幼苗，严重时造成缺苗断垄。
【形态特征】
壳体 中等大小，壳质稍厚，坚固，呈圆球形。壳高约19mm、宽约21mm，有5.5~6个螺层，顶部几个螺层增长缓慢、略膨胀，体螺层急骤增长、膨大。壳面黄褐色或琥珀色，并具有细致而稠密的生长线和螺纹。壳顶尖。缝合线深。壳口呈椭圆形，口缘完整，略外折，锋利，易碎。轴缘在脐孔处外折，略遮盖脐孔。脐孔狭小，呈缝隙状。个体大小、颜色变异较大。

卵 圆球形，白色。

【发生规律】1年发生1代，寿命可达2年，11月下旬以成贝和幼贝在潮湿的灌木、石块、花木根部的土块、缝隙及残株落叶、宅前屋后的物体下越冬。翌年3月上中旬开始活动，该蜗牛白天潜伏，傍晚或清晨取食，遇有多天阴雨整天栖息在植株上。4月下旬到5月上中旬成贝开始交配，后不久把卵成堆产在植株根颈部的湿土中，初产的卵表面具黏液，干燥后把卵粒粘在一起成块状，初孵幼贝多群集在一起取食，长大后分散为害，喜栖息在植株茂密低洼潮湿处。温暖多雨天气及田间潮湿地块受害重；遇高温干燥条件，蜗牛常把壳口封住，潜伏在潮湿的土缝中或茎叶下，待条件适宜时，如下雨或灌溉后，于傍晚或早晨外出取食。11月中下旬开始越冬。

【防治方法】

（1）**农业防治** ①根据蜗牛夜出活动取食的特性，设瓦块、菜叶、杂草或扎成的树枝引诱它们白天躲藏在其中，清晨或阴雨天可人工捕捉，集中杀灭，减轻为害程度。②改变和制造不利于蜗牛生存环境条件。温室要通风透光，清除各种杂物与杂草，力求室内清洁干净。田间加强中耕除草，松土，使卵暴露土表爆裂。

（2）**化学防治** 可用5%辛硫磷颗粒，或8%灭蜗灵颗粒剂，或6%蜗牛净颗粒，上述药剂与适量的豆渣或豆饼粉混合成毒饵，傍晚撒施受害株附近根部的行间，蜗牛接触药剂2~3天后分泌大量黏液而死亡，防治适期以蜗牛产卵前为宜，蜗牛幼期时可再防治1次。

4. 野蛞蝓

【学名】*Agriolimax agrestis*，俗名鼻涕虫，又叫蜒蚰虫，软体动物门腹足纲柄眼目蛞蝓科。

【寄主】酢浆草、仙客来、瓜叶菊、铁线蕨、洋兰、海棠等。

【为害状】取食植株的茎、叶、幼苗，轻者叶片被吃成缺刻、孔洞；重则造成缺苗。

【形态特征】

成虫 爬行时体长30~55mm；体躯裸露，没有外壳，体灰褐色，头上有触角2对，触角顶端有眼，触角下方的中间是口，生有齿状物排列的齿舌，用以刮取并磨碎食物。在左右触角后方是生殖器官的开口，为生殖孔。足平滑，是主要的运动器官。野蛞蝓的肌肉组织具有非常丰富的各种腺体。腺体所分泌的黏液为透明的胶状物，这种胶状物与空气接触则变硬为丝状，干后发亮，这就是野蛞蝓活动场所而形成的痕迹。野蛞蝓是雌雄同体，在一般情况下，都是异体受精，偶有自体受精。

卵 产于体外，透明，椭圆形，呈念珠状串联。

幼体 孵化后，体长2~2.5mm，全体淡褐色。

【发生规律】 以成体或幼体在植物根部下越冬。幼体孵出后，约3天后爬出地面觅食。1个月后体长约8mm，2个月后体长约18mm，经5~6个月发育为成体，在适宜环境条件下，喜在潮湿、阴暗多腐殖质的地方，温室是最适宜的生活环境，畏光，白天隐藏在花盆和砖块下，夜间活动寻食和繁殖，耐饥性较强。据报道，当气温在10℃左右时，在湿泥上耐饥饿的忍耐性可达130天。土壤含水量在10%~15%会引起蛞蝓大量死亡；含水量在20%~30%适于蛞蝓生长；当含水量达40%时，不仅抑制生长，反而引起死亡。因此蛞蝓喜欢含水量大的黏性土壤环境。最适蛞蝓活动的温度12~20℃，在25℃时则爬于盆底土内生活，达30℃以上时，引起多数蛞蝓死亡。

【防治方法】

(1) **农业防治** 清除多余隐蔽的杂草，使蛞蝓无隐藏之处。撒施一定量的石灰粉。

(2) **化学防治** 及时在地面喷施20%氰戊菊酯乳油1 000~2 000倍液，或45%丙溴·辛硫磷乳油1 000~1 500倍液，兼治其他害虫。

十七、百日草

百日草（*Zinnia elegans*），菊科百日草属；一年生草本植物。别名百日菊、步步高、火球花、对叶菊、秋罗、步登高；茎直立，高 30~100cm，被糙毛或长硬毛。叶宽卵圆形或长圆状椭圆形，两面粗糙，下面被密的短糙毛，基出三脉。头状花序单生枝端，总苞宽钟状；总苞片多层，宽卵形或卵状椭圆形。花期 6—9 月，果期 7—10 月。

1. 百日草黑斑病

【寄主】百日草。
【症状】叶、茎、花均可遭受此病菌为害。叶片上最初出现黑褐色小斑点，不久扩大为形状规则红褐色的大斑。随着斑点的扩大和增多，整个叶片变褐干枯。茎上发病从叶柄基部开始，纵向发展，成为黑褐色长条状斑。花器受害状与叶片相似，花瓣会皱缩干枯。幼苗期，茎的基部受害时，形成深褐色中心下陷的溃疡斑，病斑逐渐包围茎部，使小苗呈立枯病为害状。
【病原】无性态真菌，百日草链格孢（*Alternaria zinniae*）。
【发病规律】病菌在病叶、病茎等残体上越冬。带病的也可能成为初次侵染源。病菌借风雨传播，在百日草整个生长过程中都可侵染。特别是在高温多湿的气候条件下，发病最为严重。
【防治方法】
参见紫薇中紫薇褐斑病防治方法。

2. 百日草白星病

【寄主】百日草。
【症状】白星病为害叶片。发病初期，叶片上出现针尖大小的白色小点，以后逐渐扩大形成圆形、椭圆形，或形状不规则的病斑；病斑中央组织为白色或灰色，边缘红褐色至紫红色，稍隆起。发病后期，感病叶片正面的病斑上密生着许多黑色霉层，即病原菌的分生孢子及分生孢子梗。发病严重时病斑背面也有少量的霉层。最后病组织脱落，可形成穿孔。
【病原】无性态真菌，百日菊尾孢菌（*Cercospora zinniae*）。

【发病规律】病原菌以菌丝体或分生孢子在种子内，或在病残体上越冬。翌年春季形成分生孢子，分生孢子由气流传播，生长季节有多次再侵染。该病一般发生在5—10月，7—9月是发病盛期，即开花期发病比较严重。夏季多雨，圃地排水不良，均有利于病害的发生。

【防治方法】

（1）**农业防治**　减少侵染来源，秋季清除有病的枯枝落叶，并加以深埋等处理。

（2）**化学防治**　①播种前用高锰酸钾1 500倍液浸泡消毒，冲洗晾干后播种。②发病期，可用80%代森锌可湿性粉剂600～800倍液，或75%百菌清可湿性粉剂600～1 000倍液，或50%多菌灵可湿性粉剂600～800倍液，或70%甲基硫菌灵可湿性粉剂800～1 000倍液喷雾防治。7～10天喷施1次，连续喷施2～3次。

3. 百日草白粉病

【寄主】百日草、金鸡菊、凤仙花、红花、玫瑰、金爪、香豌豆等。

【症状】病菌主要发生在叶片及嫩梢上，被害叶上呈大小不一的黄色病斑，病叶皱缩扭曲，叶面逐渐布满白色粉层，5—6月开始发病，8—9月发生严重时，在白色的粉层中呈黄白色小圆点，后逐渐形成黑褐色，即病菌的闭囊壳，一般叶面较多，叶背少，严重时导致叶片枯萎脱落。

【病原】子囊菌门，单囊壳白粉菌（*Sphaerotheca fuliginea*）。

【发病规律】病菌以闭囊壳在病残体上越冬。翌年春暖，条件适宜时，释放子囊孢子进行初侵染，产生分生孢子后进行再侵染，借风雨传播。此病发生期长，5—9月均可发生，以8—9月发生较为严重。

【防治方法】

参见紫薇中紫薇白粉病防治方法。

4. 百日草花叶病

【寄主】百日草、大丽花、蛇目菊等。

【症状】发病初期叶片上呈轻微的斑驳状，叶片感病产生明脉或叶脉黄化，花叶，使叶片发育受阻，有些叶片上形成淡黄色斑块，植株黄化，矮小，影响开花。

【病原】病毒界，大丽花花叶病毒（dahlia mosaic virus，DaMV）。

【发病规律】大丽花花叶病毒可通过汁液及嫁接传染。叶蝉及蚜虫也能传病毒。大丽花花叶病毒的寄主范围很广，传染给蛇目菊、矮牵牛、百日草等花卉植物，而且百日草生长季节又是蚜虫活动期，蚜虫、叶蝉与病害的发生有很大的相关性。

【防治方法】

参见百合中百合花叶病的防治方法。

5. 百日草花腐病

【寄主】百日草。

【症状】花受害后,病菌侵染花序,病部失去光泽,呈水渍状;发软褪色,变成褐色,随之腐烂;逐渐扩展蔓延整个花序直达花梗。天气潮湿时表面产生绒毛状的灰色霉层布满病部。

【病原】无性态真菌,灰葡萄孢菌(*Botrytis cinerea*)。

【发病规律】病原菌存活于寄主组织残体中,或随病残体存活在土壤中。多发生于盛花至落花期内。土壤湿度偏高、地温偏高,有利于病害的发生。

【防治方法】

参见菊花中菊花花腐病防治方法。

6. 桃蚜

参见石榴中桃蚜相关内容。

7. 神泽氏叶螨

参见鸢尾中神泽氏叶螨相关内容。

十八、美人蕉

美人蕉（Canna indica），美人蕉科美人蕉属；多年生宿根草本植物。株高100~150cm，根茎肥大；地上茎肉质，不分枝。茎叶具白粉，叶互生，宽大，长椭圆状披针形，阔椭圆形。总状花序自茎顶抽出，花径可达20cm，花瓣直伸，具4枚瓣化雄蕊。花期北方6—10月；南方全年。

1. 美人蕉芽腐病

【寄主】美人蕉。

【症状】病叶片展开时，可见许多细小白色斑点，沿叶脉扩大并相互连接；使幼叶片部分或全部变黑色，病斑沿叶柄向下扩展，导致幼茎枯死。老叶受侵染病斑扩展缓慢，呈现黄褐色条形斑，边缘水渍状，有时不规则扭曲。花芽染病，初为水渍状渐变黄褐色，开花前变黑腐败枯死，病部带恶臭味。

【病原】真细菌界变形菌门，美人蕉黄单胞杆菌（Xanthomonas cannae）。

【发病规律】带菌种苗、绿地病株及其残体是重要的侵染来源。病原菌潜伏于带病组织内，翌年夏季美人蕉抽出嫩叶，孕育花芽，温湿条件适宜时，黄胞菌从病组织溢出，借雨水、露水或喷淋水飞溅传播。尤其在暴风雨期间，病菌随飘荡的雨滴传播范围更广。昆虫、工具及绿地作业人员也能传播病菌。远距离传播媒介是带病种苗。病菌从伤口和自然孔口侵入，花圃中的幼株最先发病。种植过密、通风透光不良则病重。

【防治方法】

（1）**农业防治** 植株生长初期，要适当控制浇水量，保持干燥，减少发病条件。花圃内的病残茎、叶要及时清除并销毁。

（2）**化学防治** 发病期，可用1%中生菌素水剂1 000~2 000倍液喷施芽和叶片。

2. 美人蕉花叶病

【寄主】美人蕉。

【症状】发病叶片上，在发病初期为褪绿小点或花叶；严重时叶畸形、卷曲、黄化，甚至枯萎，植株矮小；特别是普通美人蕉、大花美人蕉和粉叶美人蕉等品种，其为害状尤其严重；红花美人蕉比较抗病，花瓣上形成碎锦。表现为黄绿或深浅绿相间条纹，植株矮小。

【病原】病毒界，黄瓜花叶病毒（cucumber mosaic virus，CMV）。

【发病规律】美人蕉花叶病发生极为普遍，由于采用营养分根繁殖，使病毒代代相传，逐年加重。美人蕉花叶病毒传播的途径主要是蚜虫和汁液接触传染，可作非持久性传毒。美人蕉不同品种间抗病性有一定差异。普通美人蕉、大花美人蕉、粉叶美人蕉发病严重，红花美人蕉抗病力强。

【防治方法】

（1）**农业防治** 淘汰带花叶病毒的块茎，不用带花叶病毒的根颈作繁殖材料，秋天挖取块茎时，把地上部分表现花叶为害状的销毁。由于美人蕉是分根繁殖，易使病毒年年相传，所以在繁殖时，宜选用无病毒的母株作为繁殖材料。发现病株立即拔除销毁，以减少侵染源。

（2）**化学防治** 发病期，可用20%病毒宁水溶性粉剂500倍液，或抗病毒剂1号水剂300倍液，或20%病毒A可湿性粉剂400~500倍液，或15%病毒必克可湿性粉剂600~1 000倍液，喷雾防治，间隔10~15天，连喷2~3次。

3. 美人蕉青枯病

【寄主】美人蕉。

【症状】病菌侵染植株的茎干和根系，暴发期植株从染病到枯死一般10~15天。大多从根部感病，也有从茎干处侵入，病株的地上部叶片失水变黄，萎蔫下垂，逐渐茎基或茎干出现黑色条斑，绕茎一周后整株枯死。急性型感病叶片急性失水萎蔫，不脱落，远看"青"近看枯；慢性型病株下部叶片紫红色或淡黄色，叶片无光泽，呈失水状，逐渐干枯脱落，一些枝和侧枝变褐干枯，最后整株枯死。

【病原】真细菌界变形菌门，青枯雷尔氏菌（*Ralstonia solanacearum*）。

【发病规律】病菌可存活于土壤、植株残体和垃圾混合物中，凡是种过菊花、大丽花等染病植物的土壤，以及这些带病菌植物的花、茎、根和叶的病残体接触过的土肥、水源都有可能存在和繁殖青枯病原菌，若使用这些土壤、水肥培育美人蕉就会发生青枯病。病菌在土壤中可存活1年以上，干燥或水淹时仅能存活30天和90天。病菌主要从寄主伤口侵入，风雨、损伤、昆虫蛀食、人为活动都会为病菌侵入创造机会。地表径流，株间连根是小区间主要的传播途径。远距离传播靠带病的块茎繁殖材料。一般每年3月开始发病，6—10月发病严重，7—9月为发病高峰期。风雨后，当大气温度在33~35℃，相对湿度80%以上时，若栽植地积水，青枯病最易发生及流行。

【防治方法】

（1）**农业防治** 发现病株应立即拔除销毁，对周围土壤用40%五氯硝基苯粉剂或石灰水进行消毒。

（2）**化学防治** 发病期，用77%氢氧化铜可湿性粉剂400倍液，或1%中生菌素水剂1 000~2 000倍液，或75%百菌清可湿性粉剂600~1 000倍液，叶面喷雾或灌根，10天防治1次，连续2~3次。

4. 美人蕉叶斑病

参见蜡梅中蜡梅叶斑病相关内容。

5. 美人蕉黑斑病

【寄主】美人蕉。
【症状】该病为害植株的叶片。发病初期,感病叶片上出现黄色小斑,病斑扩大后呈圆形至椭圆形,褐色至黑褐色。有些病斑微具轮纹。病斑可相互连接形成大病斑,引起叶片枯死。
【病原】无性态真菌,球根链格孢(*Alternaria bulbotrichum*)。
【发病规律】病原菌以菌丝体在落叶上越冬。翌年春季产生分生孢子,分生孢子借气流传播进行侵染为害。该病一般5—6月开始发生,以7—8月发病严重。高温高湿利于病害发生。
【防治方法】
参见蜡梅中蜡梅黑斑病防治方法。

6. 红脚绿丽金龟

【学名】*Anomala cupripes*,鞘翅目金龟科。
【寄主】美人蕉、月季、玫瑰、凤凰木、梅花、白兰、紫荆、珊瑚树、菊花、香樟、扶桑、柏、海棠、米兰、秋枫、橄榄树、大叶相思桃、重阳木、大叶榕、小叶榕、油茶、龙眼、杨桃、桉树等多种林木及花卉。
【为害状】主要是以幼虫咬食苗木根部为害,成虫吸食汁液,为多食性害虫。
【形态特征】
成虫 体长约22mm,体背为青绿色;腹面紫铜色,具金属光泽。触角塞叶状,鳃片3节;鞘翅上有小圆刻点,中央隐约可见由小刻点排列的纵线4~6条,边缘向上卷起且带紫红色光泽,末端各有1小突起。腹部可见6节。雄性臀板稍向前弯曲和隆起,尖端稍钝。腹部第6节腹板后缘具1黑褐色带状膜。雌性臀板稍尖,后突出。
卵 乳白色,椭圆形;长约2mm,宽约1.5mm。
幼虫 乳白色,头部黄褐色;体圆筒形,静止时呈"C"形。腹末节腹面有黄褐色肛毛,排列呈梯形裂口。
蛹 为裸蛹,长椭圆形,长20~30mm,宽10~13mm。化蛹初期淡黄色,后渐变为黄色,将要羽化时黄褐色。
【发生规律】1年发生1代,以老熟幼虫在土壤中越冬。翌年3—4月化蛹,4月底5月初羽化为成虫。成虫昼夜取食叶片,有假死性,一般是将卵产于土壤中,幼虫为害根部。

【防治方法】

（1）**农业防治** ①加强对红脚绿丽金龟的虫情测报，在其为害的高峰期，选择高温、闷热、无风和能见度低的晚上使用黑光灯进行诱杀。②利用中耕、除草、整地进行人工挖虫消杀。③利用成虫的习性，在盛发期人工捕杀成虫，也可用红麻进行诱杀。

（2）**化学防治** 在成虫为害高峰期，喷施77.5%敌敌畏乳油800~1 000倍液，或45%丙溴·辛硫磷乳油1 000倍液，或50%杀螟硫磷乳油1 000~1 500倍液等杀虫剂，喷施到地面再翻入幼虫活动的土层中，毒杀幼虫，均可取得较好防治效果。

（3）**生物防治** 利用日本金龟芽孢杆菌，每公顷用每克含10亿个活孢子的菌粉1 500g，均匀撒入幼虫活动的土层中，毒杀幼虫。

7. 蕉弄蝶

【学名】*Erionota torus*，别名蕉包虫，鳞翅目弄蝶科。

【寄主】美人蕉、芭蕉、香蕉、棕榈、椰子等。

【为害状】幼虫常卷叶成苞，食害叶片，发生严重时叶苞累累，造成焦叶残缺不全，影响植株光合作用。

【形态特征】

雌成虫 体长28~31mm，翅展60~80mm；雄成虫体长24~27mm，翅展55~70mm。体黑褐色，头部和胸部密披灰褐色鳞毛。触角锤状，黑褐色，近膨大部呈白色。前后翅均为黑色，缘毛白色。前翅前缘近基部被灰黄色鳞毛；翅中央有两个黄色方形大斑，近外缘有方形小斑1个。

卵 红色，馒头形，横径约2mm；卵壳表面有放射状白色纵纹。

幼虫 体长50~64mm，体表有白色蜡粉；头呈三角形，黑色；体各节有横皱，并密生细毛。

蛹 略呈圆筒形，体长35~41mm；淡黄白色，被白粉。口吻长或超过腹末，口吻不与蛹体分离；腹部臀棘末端多钩刺。

【发生规律】在福建1年发生4代，以老熟幼虫在叶苞内越冬。翌年3月中下旬出现成虫。1~3代成虫在6月中下旬至10月上旬羽化，11月幼虫进入越冬期。在夏秋季卵期5天左右，幼虫历期25天，蛹期10天。成虫喜阴凉环境，在晴天早晚活动，阴天全天活动；一般将卵散产在寄主叶片、嫩茎、叶柄上。幼虫孵化后爬到叶缘咬食叶片成缺刻，而后吐丝黏叶片卷缩，形成圆筒形苞。苞内幼虫早晚探身苞外取食附近叶片。8—9月进入为害盛期。

【防治方法】

（1）**农业防治** 在幼虫发生期，可人工摘除虫苞，捕杀幼虫。

（2）**化学防治** 在低龄幼虫期，可用10%吡虫啉可湿性粉剂1 000~1 500倍液，或20%甲氰菊酯乳油2 000~3 000倍液喷雾防治。

（3）**生物防治** 在幼虫期，喷施100亿活芽孢/mL苏云金杆菌悬浮剂500~1 000倍液；或在湿度大的春季喷施100亿/mL的白僵菌孢子悬浮液，或喷施50亿/g白僵菌孢子粉。

8. 棉叶蝉

【学名】*Empoasca biguttula*，半翅目叶蝉科。

【寄主】美人蕉、木芙蓉、木槿、扶桑、蜀葵、木棉、茶花、梧桐、芍药、葡萄等。

【为害状】成虫、若虫刺吸叶片汁液，不同花卉的叶部被棉叶蝉为害后呈褪绿变黄，再逐渐变红，边缘向下卷缩增厚，花蕾变小或脱落，致使叶片苍白枯死，提早落叶。

【形态特征】

成虫 体长约3mm，全体淡黄色；头部略呈角状，向前突出，端圆，头冠中间长度与复眼间宽度接近相等。头冠部近前缘处有2个小黑点，小黑点四周环有淡白色纹。前胸背板前缘有3个白色斑点，后缘中央有1个白色斑点。在前翅端部近爪端处各有1个小黑斑。雄虫腹部末节腹板后缘中央呈锐角深凹，下生殖板极长而细，向后延伸，超过尾端。棉叶蝉体色变化很大，有些个体的头冠、前胸背板及小盾板的淡黄色部分，色泽加深呈浓黄色，少数个体甚至微带黄褐色或红褐色。

卵 长肾脏形，长约0.7mm；无色透明，孵化前为淡绿色。

若虫 1龄若虫体长约0.8mm，头特大；翅芽乳头状突起，末龄若虫体长约2.2mm；前翅翅芽达第4腹节，后翅翅芽达第4腹节末端。

【发生规律】1年发生8~15代，以成虫和卵在背风向阳、地势低洼处的杂草上或麦地里越冬。在6—9月，虫口剧增，为害严重。在25℃下完成1代需时12天，成虫白天羽化，翌日交配、产卵，卵散产于叶背面中脉组织内，有时产在侧脉及叶肉组织内。若虫、成虫在叶背行动迟钝。繁殖适宜的温度和相对湿度分别为32℃和70%~80%，长期高温干旱，为害较重。大风雨对其有杀伤力，对若虫的作用，较为明显。

【防治方法】

参见芍药中二星叶蝉防治方法。

9. 神泽氏叶螨

参见鸢尾中神泽氏叶螨相关内容。

十九、一叶兰

一叶兰（*Aspidistra elatior*），百合科蜘蛛抱蛋属；多年生常绿宿根性草本植物。根状茎近圆柱形，具节和鳞片。叶单生，矩圆状披针形、披针形至近椭圆形，先端渐尖，基部楔形，两面绿色，有时稍具黄白色斑点或条纹。因两面绿色浆果的外形似蜘蛛卵，露出土面的地下根茎似蜘蛛，故名"蜘蛛抱蛋"。

1. 一叶兰叶斑病

【寄主】一叶兰。
【症状】受害叶面初生水渍状小型坏死斑，后逐渐扩展为直径 2~3mm 的褐色病斑，周围有黄色晕圈。
【病原】无性态真菌，枝顶孢霉（*Acremonium strictum*）。
【发病规律】病原菌以菌丝体在病叶或落地病残体越冬。春夏秋三季都可发病。北方温室或有暖气的居室内冬季可见病斑扩展。
【防治方法】
（1）**农业防治**　剪除病叶，集中处理。
（2）**化学防治**　发病初期，可使用 50%多·锰锌可湿性粉剂 400~600 倍，或 80%代森锌可湿性粉剂 600~800 倍液，或 75%百菌清可湿性粉剂 600~1 000 倍液，叶面喷雾防治，喷 1~2 次，间隔 10~15 天。

2. 玉簪炭疽病

参见玉簪中玉簪炭疽病相关内容。

3. 藤圆盾蚧

【学名】*Aspidiotus nerii*，别名常春藤圆盾蚧，半翅目盾蚧科。
【寄主】一叶兰、仙人掌、文竹、吊兰、苏铁、万年青、广玉兰、桂花、杜鹃花、棕榈、夹竹桃、常春藤等多种花木。
【为害状】成虫、若虫刺吸嫩叶、嫩梢汁液，嫩梢叶部布满虫体，导致叶片出现苍白黄褐色斑，影响光合作用，致使植株最后枯死。

【形态特征】

成虫 雌介壳圆形，较薄，一般白色或淡灰色，寄主植物不同亦有褐色壳点2个，位于中央或近中央，黄色。雄介壳长圆形，白色，较薄，壳点淡黄色。雌成虫体卵形，长约0.7mm；触角呈小突起，上有刚毛1根；阴腺4~5群，臀叶3对，中臀叶发达，左右两片分离，第2、3臀叶较小。雄成虫体黄褐色，有红褐色斑点，体长约0.8mm；翅1对，透明。

卵 长卵形，淡黄色。

若虫 初孵若虫浅黄色，有2根很细的尾须；2龄以后，雄若虫开始变长，雌若虫与雄若虫相似。

蛹 黄色，上有许多红褐色斑点。

【发生规律】 1年发生3~4代，以受精雌成虫在枝、叶上越冬。翌年春季3月开始产卵，每雌可产卵200余粒。6月开始发生，第2代于6月始见若虫，第3代若虫于9月发生，若气候条件适宜，可发生第4代。

【防治方法】

参见碧桃中朝鲜球坚蚧防治方法。

二十、草 莓

草莓（*Fragaria ananassa*），蔷薇科草莓属；多年生草本植物。高10~40cm；茎低于叶或近相等，密被开展黄色柔毛。叶三出，小叶具短柄，质地较厚，倒卵形或菱形，上面深绿色，几无毛，下面淡白绿色，疏生毛，沿脉较密；叶柄密被开展黄色柔毛。聚伞花序，花序下面具一短柄的小叶；花两性；萼片卵形，比副萼片稍长；花瓣白色，近圆形或倒卵椭圆形。聚合果大，宿存萼片直立，紧贴于果实；瘦果尖卵形，光滑。花期4—5月，果期6—7月。

1. 草莓根腐病

【寄主】草莓。

【症状】草莓根腐病主要为害根系，发病时由细小侧根或新生根开始，初为浅红色褐色不规则的斑块，颜色逐渐变深呈暗褐色。随病害发展，所有根系迅速坏死变褐。地上部分最初是外叶叶缘发黄、变褐、坏死至卷缩，病株表现缺水状，逐渐发展至全株枯黄死亡。

【病原】草莓根腐病是由多种病原物和环境相互作用引起的一大类病害的总称。常见的病原菌有：草莓黑根腐［主要是立枯丝核菌（*Rhizoctonia solani*）、尖孢镰孢菌（*Fusarium oxysporum*）］为害状为根呈黑色或棕褐色，由外至内腐烂；草莓冠根腐［主要是白纹羽菌（*Rosellinia necatrix*）］根腐烂呈白色，因此又称草莓白根腐；草莓鞋带冠根腐［主要是蜜环菌（*Armillaria mellea*）］，被害根似鞋带状；草莓红心（中柱）根腐病［主要是疫霉菌（*Phytophthora fragariae*）］病害根中柱变成红褐色，由内至外腐烂。

【发病规律】草莓根腐病的发生与土壤环境变化有着密切的关系，一般正茬地发病较轻，或不发病；重茬地发病严重，随着重茬次数的增加，发病率也逐渐增高，果实产量随之下降。草莓根腐病植株根系比健康植株根系短小，颜色灰暗，地下部不定根大量死亡，新生根受到病原菌的侵害，生长稀疏。根部受害，吸收能力下降，又导致水分、无机物和营养物质不能正常输送，致使地上部弱小或整株青枯。

【防治方法】

（1）**农业防治** 发现病株，及时清除，集中销毁，并用1%硫酸铜溶液对病株周围土壤消毒，防止病菌扩散蔓延。

（2）**化学防治** 发病初期，可用30%噁霉灵水剂1 000~1 200倍液，或70%敌磺钠可溶性粉剂800~1 000倍液，或70%甲基硫菌灵可湿性粉剂800倍液灌根。让药渗透到受损根颈部位，可连用2~3次，间隔10天。

2. 草莓芽枯病

【寄主】草莓。

【症状】草莓芽枯病主要为害花蕾、芽、新生叶，引起幼苗立枯，也可侵染成龄叶、果柄、短缩茎等。植株基部染病，近地面部分初生无光泽褐斑，逐渐凹陷，并长出米黄至淡褐色蛛巢状线体，有时能把几个叶片缀连在一起。叶柄基部和托叶染病，病部干缩直立，叶片青枯倒垂。开花前受害，使花序失去生机，并逐渐青枯萎倒。新芽和蕾染病后逐渐萎蔫，呈青枯状或猝倒状，后变黑褐色枯死。茎基部和根受害皮层腐烂，地上部干枯容易拔起。果实染病，表面产生暗褐色不规则斑块、僵硬，最终全果干腐。急性发病时植株呈猝倒状。

【病原】无性态真菌，立枯丝核菌（*Rhizoctonia solani*）。

【发病规律】以菌丝体或菌核随病残体在土壤中越冬，以随带病秧苗和病土传播为主。露地栽培时以春季发病为主要时期，发病的适宜温度为22~25℃，在肥大水多的条件下容易发病。保护地温度高，通风不良，湿度大，栽植过密容易导致病害蔓延。

【防治方法】

（1）**农业防治** 发现病苗及时连土一起挖出集中销毁。

（2）**化学防治** ①预防期，可用0.5%小檗碱盐酸盐水剂600倍液，或50%多菌灵可湿性粉剂600~800倍液，$3L/m^3$在播种前或播种后，栽植前的苗床浇灌。发病初期，可用0.5%小檗碱盐酸盐水剂300倍液，或70%甲基硫菌灵可湿性粉剂600~800倍液，或65%福美锌可湿性粉剂300~500倍液进行灌根，每10天用药1次，用药次数视病情而定。②治疗时，可用30%碱式硫酸铜悬浮剂500倍液，或50%噁毒灵可湿性粉剂800~1 000倍液，喷雾防治，间隔10天，再喷1~2次。

3. 草莓白粉病

【寄主】草莓。

【症状】草莓白粉病主要为害叶、叶柄、花、花梗和果实，匍匐茎上很少发生。叶片染病，发病初期在叶片背面长出薄薄的白色菌丝层，随着病情的加重，叶片向上卷曲呈汤匙状，发生严重时多个病斑连接成片，可布满整张叶片；后期呈红褐色病斑，叶缘萎缩、焦枯。花蕾、花染病，花瓣呈粉红色，花蕾不能开放。果实染病，幼果不能正常膨大，干枯，若后期受害，果面覆有一层白粉，随着病情加重，果实失去光泽并硬化，着色变差，严重影响浆果质量。

【病原】子囊菌门，羽衣草单囊壳（*Sphaerotheca aphanis*）。

【发病规律】病原菌以菌丝体或分生孢子在病株或病残体中越冬和越夏，成为翌年的初侵染源；主要通过带菌的草莓苗等繁殖体进行中远距离传播。环境适宜时，病菌借助气流或雨水扩散蔓延，以分生孢子或子囊孢子从寄主表皮直接侵入。经潜育后表现病斑，7天左右在受害部位产生新的分生孢子，重复侵染，加重为害。病菌侵染的最适温度为15~25℃，相对湿度为80%以上，但雨水对白粉病有抑制作用，孢子在水滴中不能萌发；低于5℃和高于35℃均不利于发病。

【防治方法】
参见紫薇中紫薇白粉病的防治方法。

4. 草莓褐斑病

【寄主】草莓。
【症状】主要为害叶片，叶斑近圆形，直径2~4mm，边缘紫褐色，中部黄褐色至灰白色，后期斑面现小黑粒，此为本病病征（病菌分生孢子器）。
【病原】无性态真菌，暗拟茎点霉（*Phomopsis obscurans*）。
【发病规律】病菌以菌丝体和分生孢子器在病叶组织内或随病残体遗落土壤中越冬，以分生孢子作为初次侵染和再次侵染接种体，借雨水溅射传播侵染致病。温暖多湿，特别是时晴时雨的天气易发病。
【防治方法】
参见紫薇中紫薇褐斑病防治方法。

5. 草莓病毒病

【寄主】草莓。
【症状】草莓受单种病毒侵染，往往为害状不明显，被复合病毒侵染后，主要表现长势衰弱、退化，新叶展开不充分，叶片无光泽、失绿变黄、皱缩扭曲，植株矮化，坐果少、果实产量低。侵染草莓的病毒常见的有以下4种。

草莓斑驳病毒 该病毒分布极广，有草莓栽培的地方，几乎都有该病毒病发生。单独侵染时，草莓无明显为害状，与其他病毒复合侵染时，可致草莓植株严重矮化，叶片变小，产生褪绿斑，叶片皱缩扭曲。

草莓轻型黄边病毒 该病毒单独侵染时，草莓植株稍微矮化，复合侵染时引起叶片黄化或失绿，老叶变红，叶缘不规则上卷，叶脉下弯或全叶扭曲。

草莓镶脉病毒 该病毒单独侵染时无明显为害状，复合侵染后叶脉皱缩，叶片扭曲，同时沿叶脉形成黄白色或紫色病斑，叶柄也有紫色病斑，植株极度矮化，匍匐茎发生量减少，产量和品质下降。

草莓皱缩病毒 该病毒为世界性分布，是对我国草莓为害最大的病毒。病毒强的株系侵染健壮草莓后，可致草莓植株矮化；叶片产生不规则黄色斑点，扭曲变形；匍匐茎数量减少，繁殖率下降；果实变小。与斑驳病毒复合侵染时，植株严重矮化，再与轻型黄边病毒三者复合侵染，会导致草莓大幅度减产，甚至绝产。

【病原】病毒界，主要有草莓斑驳病毒（strawberry mottle virus，SMoV）、草莓轻型黄边病毒（strawberry mild yellow edge virus，SMYEV）、草莓皱缩病毒（strawberry crinkle virus，SCrV）、草莓镶脉病毒（strawberry veinbanding virus，SVbV）等。

【发病规律】该病毒主要是由草莓斑驳病毒（SMoV）、草莓轻型黄边病毒（SMYEV）、草莓皱缩病毒（SCrV）等单独或复合侵染所致。病毒病主要在草莓种株上越冬，通过蚜虫传毒。病毒病的发生程度与草莓栽培年限成正比，品种间抗性有差异，但品种抗性易退化。近些年来，由于病毒感染而出现严重退化。

【防治方法】

（1）农业防治　①应该选择对病毒病抗性比较强的品种进行种植。②增加肥料，提高管理水平。

（2）化学防治　①覆膜后，使用病毒Ⅱ号450倍液，同时添加渗透剂如牛奶、有机硅等，进行喷雾，连喷2次，2次间隔期3~4天。②发病初期，使用病毒Ⅰ号40g+纯牛奶200mL兑水15kg，进行喷雾，连喷2~3次，间隔2天左右。③草莓生长期防治蚜虫，可用50%啶虫脒水分散粒剂12 000~15 000倍液，或10%吡虫啉可湿性粉剂1 000~1 500倍液喷雾防治。④发病期，可用20%病毒宁可溶性粉剂500倍液，或病毒Ⅰ号水剂300倍液，或20%病毒A可湿性粉剂400~500倍液，或20%盐酸吗啉胍乙酸铜可湿性粉剂4 000倍液，喷雾防治。10~15天喷施1次，连喷2~3次。

6. 草莓黄萎病

【寄主】草莓。

【症状】初侵染外围叶片、叶柄产生黑褐色长条形病斑，叶片失去生机和光泽，从叶缘和叶脉间变成黄褐色萎蔫，干燥时枯死。新嫩叶片感病变灰绿或淡褐色下垂，继而从下部叶片开始变黄枯状萎蔫直至整株枯死。被害株叶柄、果梗和根颈横切面可见维管束的部分或全部变褐，根在发病初期无异常。病株死亡后地上部分变黑褐色腐败。当病株下部叶片变黄褐色时，根部便变成黑褐色而腐败。有时植株的一侧发病，而另一侧健康，呈现所谓"半身凋萎"为害状；病株基本不结果或果实不膨大。夏季高温季节不发病。心叶不畸形黄化，中心柱维管束不变红褐色。

【病原】无性态真菌，黄萎轮枝孢（*Verticillium albo-atrum*）。

【发病规律】病菌在寄主病残体内以菌丝体或厚垣孢子或拟菌核在土壤中越冬，或在病残体及混有病残体的堆肥中及种子内外越冬。一般可存活6~8年，带菌土壤是病害侵染的主要来源。环境条件适宜时，病菌借助带病母株、土壤、水源及农具等进行传播，从植株根部伤口或直接从幼根的表皮和根毛侵入，在植株维管束内繁殖，不断扩散到植株叶及根系，引起植株系统性发病，最后干枯死亡。病菌喜温暖潮湿环境，发病最适宜气候条件为25~28℃，相对湿度60%~85%。草莓黄萎病的发病盛期在育苗中后期、假植期和定植初期。此病为害性大，是顽固性土传病害。土壤通透性差，过干过湿、多年连作、氮肥过多或有线虫为害的地块易导致黄萎病的严重发生。

【防治方法】

（1）**农业防治** ①在移栽前及时清除田间附近杂草，将杂草集中烧毁。②深翻地灭茬，有助于分解病残体，减少病源和虫源。③对于与禾本科作物进行3年以上轮作的田地，需与水稻等水生作物轮作。选择品种纯正、生长健壮、根系发达、抗病种苗的无病母株。

（2）**化学防治** ①移植前清除重病株，可用70%甲基硫菌灵可湿性粉剂1 000倍液，浸苗15~20分钟，待药液干后移栽。或用药液灌根消毒。②发病期，用50%多菌灵可湿性粉剂800~1 000倍液，或45%代森铵水溶剂1 000倍液，或30%精甲·噁霉灵水剂1 000~1 500倍液喷雾防治，或浇灌茎基部进行防治。隔15天喷施1次，连续喷施2~3次。

7. 二斑叶螨

【学名】*Tetranychus urticae*，真螨目叶螨科。

【寄主】草莓、苹果、梨、桃、杏、李、樱桃、葡萄等。

【为害状】主要为害叶片。被害叶初期仅在叶脉附近出现失绿斑点，以后逐渐扩大，叶片大面积失绿，变为褐色。螨口密度大时，被害叶布满丝网，提前脱落。

【形态特征】

雌成螨 体长0.42~0.59mm，椭圆形，体背有刚毛26根，排成6横排。生长季节为白色、黄白色，体背两侧各具1块黑色长斑，取食后呈浓绿、褐绿色；当密度大，或种群迁移前体色变为橙黄色。在生长季节绝无红色个体出现。滞育型体呈淡红色，体侧无斑。与朱砂叶螨的最大区别为在生长季节无红色个体，其他均相同。

雄成螨 体长约0.26mm，近卵圆形；前端近圆形，腹末较尖，多呈绿色。与朱砂叶螨难以区分。

卵 球形，长0.13mm，光滑；初产为乳白色，渐变橙黄色。

幼螨 初孵时近圆形，体长约0.15mm；白色，取食后变暗绿色，眼红色，足3对。

若螨 前若螨体长约0.21mm，近卵圆形；足4对，色变深，体背出现色斑。后若螨体长约0.36mm，与成螨相似。

【发生规律】1年发生12~15代，以受精的雌成虫在土缝、枯枝落叶下或小旋花、夏至草等宿根性杂草的根际等处吐丝结网潜伏越冬。在树木上则在树皮下、裂缝中或在根茎处的土中越冬。当3月平均温度达10℃左右时，越冬雌虫开始出蛰活动并产卵。越冬雌虫出蛰后多集中在早春寄主如小旋花、荠草、菊科、十字花科等杂草和草莓上为害，第1代卵也多产到这些杂草上，卵期10余天。成虫开始产卵至第1代幼螨孵化盛期需20~30天，以后世代重叠。在早春寄主上一般发生1代，于5月上旬后陆续迁移到草莓上为害。由于温度较低，5月一般不会造成大的为害。随着气温的升高，其繁殖也加快，在6月上中旬进入全年的猖獗为害期，于7月上、中旬进入高峰期。进入11月后均滞育越冬。

【防治方法】

参见山楂中山楂叶螨的防治方法。

8. 梨二叉蚜

【学名】*Schizaphis piricola*，半翅目蚜科。

【寄主】草莓、梨、白梨、棠梨、杜梨、狗尾草等。

【为害状】成蚜、若蚜群集于芽、叶、嫩梢和茎上吸食汁液。叶片受害严重时由两侧向正面纵卷成筒状，早期脱落。

【形态特征】

无翅孤雌胎生蚜 体长1.9~2.1mm，宽约1.1mm；体绿色、暗绿色、黄褐色，被有白色蜡粉。体背骨化，无斑纹，有菱形网纹，背毛尖锐、长短不齐。头部额瘤不明显，口器黑色，复眼红褐色，触角丝状6节。

有翅孤雌胎生蚜 体长1.4~1.6mm，翅展约5mm；头、胸部黑色，腹部淡色，额瘤略突出。口器黑色，端部伸达后足基节。触角丝状6节，淡黑色。复眼暗红色，前翅中脉分2叉，足、腹管和尾片同无翅孤雌胎生蚜。

卵 椭圆形，长径约0.7mm，初产暗绿，后变黑色有光泽。

若蚜 类似无翅孤雌胎生蚜，体小，绿色，翅若蚜胸部发达，有翅芽，腹部正常。

【发生规律】1年发生20代左右，生活周期为乔迁式。以卵在芽附近和果台、枝杈的缝隙内越冬，于芽萌动时开始孵化。若蚜群集于露绿的芽上为害，待芽开绽时钻入芽内，展叶期又集中到嫩梢叶面为害，致使叶片向上纵卷成筒状。落花后大量出现卷叶，半月左右开始出现有翅蚜，秋季9—10月，在越夏寄主上产生大量有翅蚜迁回到其他植物或梨树上繁殖为害，并产生性蚜。雌蚜交尾后产卵，以卵越冬。

【防治方法】

参见碧桃中桃瘤蚜的防治方法。

二十一、草 坪

1. 草坪币斑病

【寄主】 早熟禾、狗牙根、假俭草、细叶羊茅、细弱翦股颖、匍匐翦股颖、多年生黑麦草、匍茎羊茅、奥古斯丁草、普通翦股颖、结缕草等多种草坪草。

【症状】 单株草坪草受害叶片,开始产生水浸状褪绿斑,最后变成白色病斑,病斑边缘棕褐色至红褐色,病斑可扩大延伸至整个叶片,病斑常呈漏斗状,从叶尖开始枯萎的也常见。单片叶可能只有一个病斑、许多小病斑或整个叶片枯萎;成坪草坪上出现凹陷,圆形,漂白色或稻草色的枯草斑。清晨有露水时,在病草坪上,可以看到白色絮状或蜘蛛网状的菌丝,干燥时菌丝消失。

【病原】 子囊菌门,禾草币斑病菌(*Sclerotinia homoeocarpa*)。

【发病规律】 病组织通过风、雨水、流水、工具、人畜活动等方式传播和扩展蔓延。当环境条件适于病菌活动时,从病组织或子囊上产生的菌丝侵染叶片。气生菌丝也可通过与叶面接触,造成侵染。币斑病发病的适温为 15~32℃,因此,从春末一直到秋季病害都可发生。

【防治方法】

(1) **农业防治** 加强草坪管理。常施氮肥,既有助于防治病害,又能满足草的正常生长。

(2) **化学防治** 发病初期,可喷施 75%百菌清可湿性粉剂 800~1 000 倍液,或 70%甲基硫菌灵可湿性粉剂 800~1 000 倍液,或 50%福美双可湿性粉剂 800~1 000 倍液,或 50%苯菌灵可湿性粉剂 1 000~1 500 倍液,连喷 2~3 次,间隔 10 天左右。

2. 草坪炭疽病

【寄主】 早熟禾、匍匐翦股颖等。

【症状】 环境条件不同下炭疽病为害状表现不同。冷凉潮湿时,病菌主要造成根、根茎、茎基部腐烂,以茎基部为害状最明显。病斑初期水渍状,颜色变深,并逐渐发展成圆形褐色大斑,后期病斑长有小黑点(分生孢子盘)。当冠部组织也受侵染严重发病时,草株生长瘦弱,变黄枯死。天气暖和时,特别是当土壤干燥而空气湿度很高时,病菌快速侵染老叶,明显加速叶和分蘖的衰老死亡。叶片上形成长形红褐色的病斑,然后叶片变黄、变褐甚至枯死。

【病原】无性态真菌，禾生刺盘孢（*Colletotrichum graminicola*）。

【发病规律】病原菌以菌丝体和分生孢子在病株和病残体中度过不适时期。当草坪草生长在逆境条件下，湿度高、叶面湿润时，病菌可穿透叶、茎或根部组织造成侵染。分生孢子盘在坏死组织中形成，然后释放分生孢子，分生孢子随风、雨水飞溅传播到健康禾草上，造成再侵染。

【防治方法】

（1）**农业防治** 科学养护管理，适当增施磷钾肥，避免在高温或干旱期间使用含量高的氮肥。及时清除枯草层。

（2）**化学防治** 发病初期，用58%甲霜·锰锌可湿性粉剂400~600倍液，或25%咪鲜胺乳油800~1 000倍液，或80%炭疽福美可湿性粉剂500~800倍液，连用2~3次，间隔10天左右。

3. 草坪黑粉病

【寄主】黑麦草、早熟禾属、翦股颖属、羊茅属等植物。

【症状】条形黑粉病和秆黑粉病为害状基本相同，植株矮化、叶片变黄，随病害的发展，叶片卷曲并在叶片和叶鞘上出现沿叶脉平行的长条形黑色冬孢子堆，然后孢子堆破裂，散出黑粉，如果用手触摸这些黑色的或烟灰状的粉末会被抹掉。严重病株叶片卷曲并从顶向下碎裂，甚至整个植株死亡。

【病原】担子菌门，主要有条形黑粉菌（*Ustilago striiformis*）引起条形黑粉病，冰草条黑粉菌（*Urocystis agropyri*）引起秆黑粉病，鸭茅叶黑粉菌（*Entyloma dactylidis*）引起疱黑粉病等。

【发病规律】黑粉菌大多为系统性侵染。最常出现在春秋季冷、湿天气阶段（昼温低于21℃时），随天气变暖为害状逐渐消失。尽管为害状在冷季最明显，但对草坪的损失较少，而对草坪造成严重的却是在干、热的夏季（当草坪处于炎热、干旱逆境时）或是遭受干燥和低温逆境时的冬季。

（1）**条形黑粉病** 主要通过种子和病土壤传播，造成系统发病。由于病菌的累积并能在土壤中存活多年，所以病害通常只在至少3年的老草坪上发生比较严重。

（2）**秆黑粉病** 易发生在晚春或初秋。基本与条黑粉病相同，土壤干旱、瘠薄、黏重以及播种过深时，发病重。

（3）**叶（疱）黑粉病** 主要发生在春、秋两季。较低的温度，适宜的湿度和营养条件有利于病原菌存活，高温干旱，施肥不足或过量均会加速病株的死亡。病害由叶片侵入，通过气流、雨滴飞溅、人畜和工具的接触等途径传播。

【防治方法】

（1）**农业防治** 种植抗病草种和品种，更新或混合种植改良型草地早熟禾品种能有效地控制病害。

（2）**化学防治** 发病初期，可用20%三唑酮乳油1 500~2 000倍液，或12.5%烯唑醇可湿粉剂 2 000~2 500 倍液，或 65% 福美锌可湿性粉剂 300~500 倍液灌根或喷雾防治。连用 2 次，间隔 12~15 天。

4. 草坪白粉病

【寄主】早熟禾、细羊茅、狗牙根等。

【症状】受害叶片上先出现 1~2mm 近圆形或椭圆形的褪绿斑点，以叶面较多，后逐渐扩大成近圆形、椭圆形的绒絮状霉斑。初白色，后污白色、灰褐色。霉层表面有白色粉状物，后期霉层中出现黄色、橙色或褐色颗粒。随病情发展，叶片变黄，早枯死亡。一般老叶较新叶发病严重。发病严重时，草坪呈灰白色，像撒了一层白粉，受振动会飘散，该病通常春秋季发生严重。

【病原】子囊菌门，禾白粉菌（*Erysiphe graminis*）。

【发病规律】病菌主要以菌丝体或闭囊壳在病株体内或病残体中越冬。翌春季越冬菌丝体产生分生孢子，越冬后成熟的闭囊壳释放子囊孢子，通过气流传播，在晚春或初夏对禾草形成初侵染。着落于感病植物上的分生孢子不断引起再侵染。分生孢子只能存活 4~5 天，萌发时对温度要求严格，适温 17~20℃，对湿度要求不严格。白粉菌侵入禾草后，寄生在叶片的表皮层细胞，通过吸器从活细胞中吸收所需要的营养。子囊孢子的释放需要高湿条件，通常发生在夏秋季降雨之后白粉病为害加重。

【防治方法】

（1）**农业防治** 适时修剪，留茬不宜过高，合理灌水，增加草坪周围的光照和通气性，增施磷钾肥，控施氮肥。

（2）**化学防治** 发病初期，可用 45% 代森胺水剂 400 倍液，或 50% 多菌灵可湿性粉剂 800~1 000 倍液，或 20% 三唑酮乳油 1 500~2 000 倍液，或 32.5% 苯甲·嘧菌酯悬浮剂 1 500~2 000 倍液，喷雾防治。连用 2 次，间隔 12~15 天。

5. 早熟禾草锈病

【寄主】早熟禾、黑麦草、狗牙根、高羊茅、细叶结缕草、天鹅绒草等。

【症状】锈病发生初期在叶和茎上出现浅黄色斑点，随着病害的发展，病斑数目增多，叶、茎表皮破裂，散发出黄色、橙色、棕黄色或粉红色的夏孢子堆。用手捋一下病叶，手上会有一层锈色的粉状物。草坪草受锈病为害后，会生长不良，叶片和茎变成不正常的颜色，生长矮小，光合作用下降，严重时导致草坪死亡。

【病原】担子菌门，柄锈菌属的条锈菌（*Puccinia striiformis*）引起条锈病，叶锈菌（*P. recondite*）（隐匿柄锈菌）引起叶锈病，秆锈菌（*P. graminis*）（禾柄锈菌）引起秆锈病，冠锈菌（*P. coronata*）（禾冠柄锈菌）引起冠锈病。

【发病规律】当温度在 20~25℃ 时，有利于孢子的形成，尤其是叶片湿润利于夏孢子的萌发和侵入。主要发生在低温高湿的秋季，当炎热的夏季一过，气温有所下降，加上空气潮湿，病害会迅速发生。据观察，当 5cm 土层温度达到 24.5℃ 时，病菌就开始侵染，随着温度继续下降，如果再有大量降雨，病害就迅速蔓延，几天之内，草坪明显枯黄。另外排水不良，夏季过多施用氮肥也会加重病害的发生。

【防治方法】

（1）**农业防治** 加强科学的养护管理。不可过量施入氮肥，保持正常的磷、钾肥比例；合理浇水，避免草地湿度过大或过于干燥，浇水见干见湿，避免傍晚浇水。保证草坪通风透光，抑制锈菌的萌发和侵入。

（2）**化学防治** 发病初期，可用20%三唑酮乳油1 500~2 000倍液，或12.5%烯唑醇可湿粉剂2 000~2 500倍液，连用2次，间隔12~15天。

6. 草坪褐斑病

【寄主】草地早熟禾、粗茎早熟禾、紫羊茅、细叶羊茅、高羊茅、多年生黑麦草、细弱翦股颖、匍匐翦股颖、结缕草、野牛草、狗牙根等。

【症状】病害发生早期往往是单株受害，受害叶片和叶鞘上病斑梭形、长条形，不规则，长1~4cm，初期病斑内部青灰色水浸状，边缘红褐色，后期病斑变褐色甚至整叶水渍状腐烂。严重时病菌可侵入茎秆，病斑绕茎扩展可造成茎及根颈基部变褐色腐烂或枯黄、枯死。

【病原】无性态真菌，立枯丝核菌（*Rhizoctonia solani*）。

【发病规律】春季，当土壤温度上升至15~20℃时，病菌产生大量菌丝，当气温上升至30℃左右、夜间20℃以上，且空气湿度很高时，病菌开始侵染寄主。暖季型禾草，在高温高湿条件下，病害发生发展的速度较快，草坪开始大面积发病，枯草层厚的老草坪受害较重。

【防治方法】发病期，喷施50%多·锰锌可湿性粉剂400~500倍液，或50%多菌灵可湿性粉剂，或70%甲基硫菌灵可湿性粉剂800~1 000倍液，每隔10~15天喷1次，连喷2~3次。

7. 草坪白绢病

【寄主】翦股颖、羊茅、黑麦草、早熟禾等。

【症状】病株叶鞘和茎上出现不规则形或梭形病斑，茎基部产生白色棉絮状菌丝体，叶鞘和茎秆间有时亦有白色菌丝体和菌核。病株瘦弱、早衰，严重时皮层撕裂，露出内部组织，变褐枯死。最终造成苗枯、根腐、茎基腐等为害状。发病草坪开始出现圆形、半圆形，直径可达20cm的黄色枯草斑。以后枯草斑边缘病株呈红褐色枯死，中部植株仍保持绿色，使枯草斑呈现明显的红褐色环带。

【病原】无性态真菌，齐整小核菌（*Sclerotium rolfsii*）。

【发病规律】菌核是主要初侵染菌源，在土壤和枯草层中越冬（夏），菌丝可在土壤和枯草层中生长蔓延。高温（25~35℃）、高湿、土壤富含有机质等都有利于病菌生长。23℃以上菌核萌发。低温（15℃以下）、土壤通气性差、碱性土壤均不利于病菌生长。该病菌不耐低温，轻霜即能杀死菌丝体，菌核经受短时间-20℃后死亡。

【防治方法】

（1）**农业防治** 秋末和冬季耙除或焚烧枯草，减少菌源。

（2）**化学防治** 发病期可用70%甲基硫菌灵可湿性粉剂800~1 000倍液，或30%噁霉灵水剂1 000~1 200倍液喷雾，或70%敌磺钠可溶性粉剂800~1 000倍液浇灌防治。

8. 草坪腐霉枯萎病

【寄主】冷季型的早熟禾、草地早熟禾、细弱翦股颖、匍匐翦股颖、高羊茅、细叶羊茅、粗茎早熟禾、多年生黑麦草、意大利黑麦草，暖季型的狗牙根、红顶草等。

【症状】主要为害冷季型草。但也能为害暖季型的狗牙根草，尤其是普通型狗牙根，但造成的损失要比冷季型草小。腐霉菌可侵染草坪草的各个部位，芽、苗和成株均受害，造成烂芽、苗腐、猝倒和根腐，以及根茎部和茎、叶腐烂。种子萌发和出土过程中被腐霉菌侵染，出现芽腐、苗腐和幼苗猝倒。幼根近尖端部分表现典型的褐色湿腐。发病轻的幼苗叶片变黄，稍矮，此后症状可能消失。成株受害，一般自叶尖向下枯萎或自叶鞘基部向上呈水渍状枯萎，病斑青灰色，后期有的病斑边缘变棕红色。根部受侵染表现不同的症状。有的根部产生褐色腐烂斑，根系发育不良，病株发育迟缓，分蘖减少，下部叶片变黄或变褐，草坪稀薄。有的根系外形正常，无明显腐烂现象或仅轻微变色，但次生根的吸水机能已被破坏，高温炎热时，病株失水死亡，整块草坪在短短数日内就可完全被毁坏。高温高湿条件下，对草坪的破坏最甚。常会使草坪突然出现直径2~5cm的圆形黄褐色枯草斑。清晨有露水时，病叶呈水浸状暗绿色，变软、黏滑，连在一起，用手触摸时，有油腻感，故得名为油斑病。修剪很低的高尔夫球场翦股颖草坪及其他草坪上初发病时枯草斑最初很小，但迅速扩大。剪草高度较高的草坪枯草斑较大，形状不规则。在持续高温、高湿时，病斑很快联合，不到24小时内就会损坏大片草坪。

【病原】假菌界卵菌门腐霉属（*Pythium* spp.）。

【发病规律】腐霉菌是一种土壤习居菌，有很强的腐生性。它通常存在于病残枯草、土壤或者同时存在于这两种介质上，只有适合的环境条件下才会有致病力。腐霉菌的菌丝体也可在存活的病株中和病残体中越冬。在适宜条件下，卵孢子萌发后产生游动孢子囊和游动孢子，游动孢子形成休止孢子后萌发产生芽管和侵染菌丝，侵入禾草的各个部位；卵孢子萌发也可直接生成芽管和侵染菌丝。侵入的菌丝体主要在寄主细胞间隙扩展；可造成多次再侵染。另外，用含有该菌的湖河、池塘水灌溉也能使草受到感染。游动孢子可在植株和土壤表面自由水中游动传播，灌溉和雨水也能短距离传播，菌丝体、带菌植物残片、带菌土壤则可随工具、人和动物远距离传播。病害主要有两个发病高峰。一个是在苗期，尤其是秋播的苗期；另一个是在高温高湿的夏季，高温高湿是腐霉菌侵染的最适条件，为害最大。当白天最高气温在30℃以上，夜间最低气温20℃以上，空气相对湿度高于90%，且持续14小时以上时，腐霉枯萎病就可大发生。在高氮肥下生长茂盛稠密的草坪最敏感，受害尤重；碱性土壤比酸性土壤发病重。

【防治方法】

(1) **农业防治** ①及时清理枯草层，使其厚度不超过2cm；病草坪剪草高度应不低于6cm；土壤pH值保持在6~7。②不同草种或不同品种混合建植。

(2) **化学防治** ①播种时进行药剂拌种或种子包衣，选择药剂70%乙铝·锰锌可湿性粉剂，或全络合态80%代森锰锌可湿性粉剂600~800倍液等，通常用种子重量的0.2%~0.3%。②在发生根茎腐烂状始期，可用58%甲霜·锰锌可湿性粉剂400~600倍液，或30%精甲·噁霉灵水剂1 000~1 500倍液，或35%嘧菌酯悬浮剂1 200~1 700倍液，或25%吡唑醚菌酯悬浮剂2 000~2 500倍液等内吸杀菌剂喷雾或灌溉。

9. 黏虫

【学名】 *Mythimna separata*，鳞翅目夜蛾科。

【寄主】 黑麦草、狗尾草等。

【为害状】 幼虫咬食叶片，1~2龄幼虫仅食叶肉，形成小圆孔，3龄后形成缺刻，5~6龄达暴食期。为害严重时将叶片吃光，使植株形成光杆。

【形态特征】

成虫 体长12~14mm，翅展28~30mm。前翅灰褐色或黄褐色，中央纵贯褐色条纹，外缘有10~11个黑斑，中室下角有一明显的白斑，在翅尖后方和外缘附近形成一深灰褐色的三角形暗影。后翅灰白色。

卵 鼓形，初产时乳白色，2~3天后变为灰暗色，孵化前为铅黑色，有光泽。

幼虫 共6龄，末龄幼虫体长29~35mm，粗壮而光滑。体色多变，从青绿至灰褐色。背线、亚背线淡白色，气门上线黑褐色，气门线粗，乳白色，气门下线灰白色。

蛹 长12~16mm，淡黄绿色，近羽化前变为赤褐色。腹部末端有1对较粗的臀棘，弯向腹面。

【发生规律】 1年发生多代，从东北2~3代到华南的7~8代，并随季风南产迁飞。5月中下旬为越冬代成虫盛发期，产卵盛期在5月下旬至6月上旬。第1代幼虫为害盛期在6月下旬至7月上旬，6月下旬化蛹，7月上旬开始出现第1代成蛾，为害盛期在7月下旬至8月上旬，9月上旬终止。第2代幼虫9月上中旬盛发。10月上旬后，老熟幼虫陆续入土。成虫白天潜藏在草丛、土块下等处，傍晚出来活动，有趋光性和趋化性，飞行寻找蜜源植物，取食花蜜补充营养。

【防治方法】

(1) **农业防治** 诱杀成虫，从虫口数量上升时起，用糖醋酒液（配比：糖3份、酒1份、醋4份、水2份，调匀后加1份2.5%敌百虫粉剂）或其他发酵有酸甜味的食物配成诱杀剂，盛于盆、碗等容器内，每0.5~0.6kg放1盆，盆要高出植物30cm左右，诱剂在盆里保持3cm深左右，每天早晨收集诱杀成蛾，白天将盆盖好，傍晚开盖，5~7天换诱剂1次，连续诱杀10~15天。

(2) **化学防治** 幼虫发生期，可用90%晶体敌百虫1 000倍液，或20%氰戊菊酯乳油 2 000~3 000 倍液，或 45%丙溴·辛硫磷乳油 1 000~1 500 倍液喷雾防治。

10. 黑绒鳃金龟

参见菊花中黑绒鳃金龟相关内容。

11. 东方蝼蛄

【学名】*Gryllotalpa orientalis*，直翅目蝼蛄科。

【寄主】草坪、松、柏、榆、槐、桑、海棠、樱花、梨、竹等。

【为害状】成虫、若虫均在土中活动，取食播下的种子、幼芽或将幼苗咬断致死，受害的根部呈乱麻状。由于蝼蛄的活动将表土层窜成许多隧道，使苗根脱离土壤，致使幼苗因失水而枯死，严重时造成缺苗断垄。

【形态特征】

成虫 茶褐色，梭形，长约 32mm；前足为开掘足，后足胫节有刺 3~4 根，腹部尾须 2 根。

若虫 黑褐色，只有翅芽。

【发生规律】1~2 年发生 1 代，以老熟幼虫或成虫在土中越冬。翌年 4 月越冬成虫为害到 5 月，交尾并产卵，喜欢在潮湿土中产卵，卵期约 20 天。成虫飞翔力很强。若虫共 5 龄，若虫为害到 9 月，蜕皮变为成虫，10 月下旬入土越冬，发育晚的则以老熟若虫越冬。

【防治方法】

（1）**农业防治** ①深翻土地，适时中耕，清除杂草以破坏蝼蛄滋生繁殖场所。②成虫羽化期，设置黑光灯诱杀。

（2）**化学防治** 先将 15kg 谷物加适量水，煮成半熟，稍晾干，用 50%辛硫磷乳油 0.5kg，加水 0.5kg 与 15kg 煮好晾干的饵料混匀，播种时随种子撒施。

二十二、荷　花

荷花（*Nelumbo nucifera*），毛茛目睡莲科莲属；多年生水生草本植物。花期6—9月，单生于花梗顶端，花瓣多数，嵌生在花托穴内，有红、粉红、白、紫等颜色，或有彩纹、镶边。花瓣为水滴形，种子为卵形，坚果椭圆形。性喜相对稳定的平静浅水、湖泊、沼泽地、池塘等，喜光，极不耐荫。地下茎长而肥厚，有长节，叶盾圆形。

1. 荷花褐斑病

【寄主】荷花。

【症状】主要为害荷花叶片，叶斑近圆形，周缘呈角状突起，可呈不规则形，紫褐色，斑背面色稍淡而呈褐色，斑面具明显或不明显的同心轮纹，严重时病斑密布并连接成斑块，除叶脉外，整个叶片布满病斑，似火烧一般。影响生长和观赏。

【病原】无性态真菌，睡莲链格孢菌（*Alternaria nelumbii*）。

【发病规律】病菌以菌丝体或分生孢子梗在病残体上越冬。在5月中旬开始发病。分生孢子借风雨传播。暴风雨及植株生长衰弱，利于病菌感染。连作地病害发生常较重。

【防治方法】

（1）**农业防治**　①秋末冬初剪除病枝，清理落叶，集中处理，减少侵染源。②避免连作。

（2）**化学防治**　①发病前，喷施1∶2∶200波尔多液，或0.5°Bé石硫合剂。②发病期，喷施80%代森锌可湿性粉剂600~800倍液，或50%多菌灵可湿性粉剂800~1 000倍液。每隔10~15天喷施1次，连喷2~3次。

2. 荷花黑斑病

【寄主】荷花、睡莲。

【症状】病菌发生在叶片上，病斑散生，近圆形或不规则形，直径5~15mm，浅褐色至紫褐色，病斑内部由灰白色至灰褐色，具同心轮纹，上生黑色霉层，严重时病斑相互连合成大斑，变褐色枯黄。

【病原】无性态真菌，睡莲链格孢菌（*Alternaria nelumbii*）。

【发病规律】病菌以菌丝体在病残体上存活越冬。翌年春温度达25℃左右，孢子开始萌发，主要通过气流传播。由伤口或气孔侵入新嫩组织为害，潜育期为10天左右。

【防治方法】

参见荷花褐斑病防治方法。

3. 荷花腐烂病

【寄主】荷花、睡莲。

【症状】为害叶片、花梗和莲藕。叶片沿叶缘出现青枯色斑块，蔓延连片向内扩大，最后整叶变褐。花梗发病，沿气孔线变褐凹陷。藕发病时中心木质部变褐，逐渐向鞭节及荷梗纵向坏死，病藕木质部（节上）会出现白色菌丝和粉红色孢子堆，此为镰刀菌引起的病害为害状。腐霉菌引起的病斑为害状呈水渍状，似开水烫过一般。此病通常在连作的情况下以及土壤贫瘠时发病较重，叶片若经常处在水浸的情况下，也容易发病。

【病原】无性态真菌，镰刀霉菌属（*Fusarium* sp.）。

【发病规律】以菌丝体在种藕内和以厚垣孢子在土壤中越冬。不同品种的抗病性有差别，但没有免疫品种。连作荷花比轮栽的发病率明显增高，经常处在水浸条件下（叶片）病重，土壤贫瘠时病重。

【防治方法】

（1）**农业防治** 适当施肥，注意水面不宜过高，以免浸泡叶片而导致发病。

（2）**化学防治** 发病期，可用50%多菌灵可湿性粉剂800~1 000倍液，或50%甲基硫菌灵可湿性粉剂600~1 000倍液，或30%噁霉灵水剂1 000~1 200倍液防治，连喷2~3次，间隔10~15天。

4. 斜纹夜蛾

【学名】*Prodenia litura*，别名连纹夜蛾，鳞翅目夜蛾科。

【寄主】荷花、睡莲、香石竹、九里香、大丽花、木槿、月季、百合、仙客来、菊花、万寿菊、瓜叶菊、细叶结缕草、芒果、山茶、葛兰等多种植物。

【为害状】初孵幼虫取食叶肉，2龄后分散为害，4龄后进入暴食期，将整株叶片吃光，影响观赏。

【形态特征】

成虫 体长16~21mm，全体灰褐色，翅展37~42mm。前翅黄褐色，多斑纹，为灰白色或青灰白色斜纹纵横交错，近前缘中部的斜纹较宽。从前缘中部到后缘有一灰白宽带状斜纹，后翅白色，带有红色闪光，外缘有一褐色线。仅翅脉及外缘暗褐色。

卵 半球形，直径约0.5mm，表面有纵横脊纹，黄白色。卵成块，外覆黄白色绒毛。

幼虫 老熟幼虫体长38~51mm。体色因虫龄、食料、季节而变化。初孵幼虫呈绿色，2~3龄呈黄绿色，老熟时多呈黑褐色。背线和亚背线橘黄色，中胸至第9节亚背线内侧有半月形或三角形黑斑1对，中、后胸黑斑外侧有橘黄色圆点。

蛹 圆筒形，赤褐色，体长18~20m，气门黑褐色，腹部第4~7节前缘密被刻点，末端臀刺1对。

【发生规律】自北向南，1年发生4~9代，以蛹在土中越冬。每年4—11月为虫害期。一般5月中旬见幼虫，6月上中旬渐多，7月上旬盛始，7月至8月下旬虫口密度最高。4~6龄幼虫期，食量最大。幼虫取食嫩叶为13~16天。蛹期一般7~9天，越冬蛹长达5~6个月。成虫一般3~7天，11月可长达20天。成虫白天羽化，以下午最盛，日伏枝叶茂密处，夜间活动、交尾、产卵，卵多产于叶背。卵上覆黄色绒毛。初孵幼虫常数十至数百条群集在寄主叶背，将叶肉吃光，留上表皮，3龄后分散，4龄后暴食，日间静伏寄主中、下隐蔽处或表土中，早晚及夜间取食。成虫对糖、酒、醋等发酵物有很强趋性，对黑光灯趋性很强。

【防治方法】

参见葱兰夜蛾防治方法。

5. 肾毒蛾

【学名】*Cifuna locuples*，鳞翅目毒蛾科。

【寄主】荷花、枫香、油桐、悬铃木、杨树、柳树、榉、榆、樱、柿树、泡桐、茶树、海棠、马尾松、槐树、毛白杨、油茶、紫藤、刺槐、黑荆树、月季、梨树、枇杷及其他豆科植物。

【为害状】以幼虫蚕食叶片。初孵幼虫群集在寄主叶片背面，食害叶片，形成孔洞、缺刻；幼虫稍大后分散取食，使叶片穿孔或仅留网状叶脉，也可将叶片吃光。幼虫老熟后在叶背吐丝结稀疏的薄茧化蛹。幼虫体外长毛均有毒，能引起人体皮炎、斑疹、痛痒。

【形态特征】

成虫 体黄褐色至深褐色，长约17mm，翅展24~40mm，触角羽毛状。雌虫体长18~22mm，翅展45~53mm，触角短栉齿状。头胸深黄褐色，腹褐黄色，前翅、后翅皆为黄褐色，后翅稍淡。后胸和第2、3腹节背面各有1束黑色短毛丛。前翅内线为1条褐色宽带，带内侧衬白色细线；横脉纹肾形、黄褐色，具深褐色边。

卵 淡青绿色，半球形。

幼虫 黑色，全身多毛。体长30~43mm，前后两端和腹部几节具成束长毛，尤其腹部前2节毛束向两侧平伸；在腹部第1~4节背面，各有1束黄褐色短毛刷，第8腹节背面有黑褐色毛束，臀部具浅褐色长毛丛。

蛹 红褐色。背面具长毛。

【发生规律】1年发生2~3代，以幼虫在枯枝败叶中越冬。翌年4月成虫羽化。成虫具趋光性，白天潜伏，夜间交尾、产卵。卵产于叶背呈块状。初龄幼虫有群集性，长大后分散为害。老熟幼虫在叶背吐丝结茧化蛹。幼虫体外长有毒毛。

【防治方法】

（1）**农业防治**　①秋、冬季或早春季节进行人工挖蛹，以消灭虫源。②可利用成虫的趋光性，设置黑光灯诱杀成虫。

（2）**化学防治**　发生期，可用100mg/L联苯菊酯乳油3 000~3 500倍液，或20%氰戊菊酯乳油1 000~2 000倍液，或90%晶体敌百虫1 000倍液喷雾防治。

6. 考氏白盾蚧

【学名】*Pseudaulacaspis cockerelli*，半翅目盾蚧科。

【寄主】荷花、白兰、含笑、鹤望兰、夹竹桃、君子兰、木兰、杜鹃花、万年青、苏铁、桂花、广玉兰、绣球、丁香、八仙花、变叶木等。

【为害状】以若虫、雌成虫固定在叶片及小枝上，刺吸汁液，致使叶片出现褪绿的黄色斑点，枝干受害后，呈现枯萎状；轻者生长衰弱，严重造成落叶，甚至死亡。因其分泌蜜露，而导致煤污病的发生，使叶片、枝干呈黑色煤烟状。

【形态特征】

雌成虫　体长1.1~1.2mm，近椭圆形，黄色，中胸常膨大，触角基部间距离为触角长度的1~4倍，足退化，口器发达。臀板背腺亚缘群4列，亚中群5列；臀板腹面阴门周围有葡萄状圆形阴腺群5群。臀板中叶呈拱桥形，其间有毛1对。雌介壳近梨形，分3层，第1蜕皮壳长约0.34mm，淡黄色，第2蜕皮壳长约0.64mm，杏黄色，蜡介壳长约2.3mm，白色。

雄成虫　体长约0.7mm，翅展约1.7mm，橙黄色，触角丝状，翅1对，灰白色半透明，上有纵脉2根，后翅为平衡棍。腹末交尾器针状。

卵　长约0.22mm，淡橙黄色。

若虫　第1龄扁椭圆形，黄色，触角6节，腹足3对，尾毛1对；第2、3龄雌若虫外形、体色与雌成虫相似，但体较小，无阴门及阴腺；第2龄雄若虫与第1龄若虫相似而肥大，体色较淡，触角与足退化，背上介壳长筒形，侧边平行，背面有2条纵沟。蜕皮壳在蜡介壳前端，蜕皮壳长约0.3mm，黄色，介壳长约1mm，白色。

雄蛹　长约0.9mm，长椭圆形，黄色，裸蛹，交尾器明显。

【发生规律】1年可发生2~6代，各代发生不整齐，世代重叠严重，以若虫或受精雌成虫在老叶上越冬。3月下旬雌成虫在介壳下产卵，每雌约产卵50~100粒；4月中旬若虫开始孵化，4月下旬、5月上旬为若虫孵化盛期；5月中下旬雄虫化蛹，6月上旬成虫羽化；10月下旬出现成虫进入越冬期；雌成虫寿命长达45天左右，越冬成虫长达180天左右。若虫分群居型和分散型两类，群居型多分布在叶背，一般几十头至上百头群集在一起，经第2龄若虫、前蛹、蛹而发育为雄成虫；散居型主要在叶片、中脉和侧脉附近发育为雌成虫。

【防治方法】

参见碧桃中朝鲜球坚蚧防治方法。

7. 莲缢管蚜

参见榆叶梅中莲缢管蚜相关内容。

8. 莲藕叶甲

【学名】*Donacia provosti*，鞘翅目叶甲科。
【寄主】荷花、睡莲。
【为害状】主要以幼虫为害荷花地下茎、地下根。
【形态特征】

成虫 体长6~9mm，宽2~3.2mm，绿褐色；头部铜绿色至紫黑色；触角每节基部棕红或浅棕色，端部褐黑色；额区隆起，头顶纵沟细长，其顶上有一红褐色斑；鞘翅表面光洁，无皱纹，端缘平切，鞘翅底色棕黄色或棕栗色，带有绿色光泽，有的全绿色或蓝绿色；足棕红色或浅棕色。

卵 长椭圆形，长约0.8mm，表面平滑，初产时乳白色，孵化前呈淡褐色。

幼虫 体呈纺锤形，长9~11mm，乳白色蛆状；头小，稍弯曲；全体被褐色细毛，有胸足3对；无腹足。

蛹 体长约7mm，初为黄白色，后变褐色，羽化前呈褐黑色。

茧 褐色，状似蝇类的围蛹。

【发生规律】1年发生1代，以幼虫在土中越冬。越冬幼虫于5月上旬开始为害；5月中下旬至8月底化蛹；7月中旬至8月上旬成虫羽化、交尾、产卵；7月下旬卵开始孵化，幼虫孵化后2~3天，就沿植株的地下茎钻入泥土中，取食荷根。取食时以尾端的小钩插入荷根内固定身体。幼虫期长达300余天，蛹期15天左右，成虫寿命约10天。

【防治方法】
（1）**农业防治** 清除荷池中的杂草，人工捕杀成虫。
（2）**化学防治** 待成虫大量羽化时，于早春荷花发芽前排除塘内积水，用5%辛硫磷颗粒剂，2.5~3kg/667m^3拌细土25kg施入土内，并适当耕翻。

第三篇

藤 本

一、紫 藤

紫藤（*Wisteria sinensis*），豆科紫藤属；落叶藤本植物。干皮深灰色，不裂，奇数羽状复叶，有7~13枚小叶，长卵披针状叶；幼叶两面都有白色小绒毛，成熟后无毛；春季开花，青紫色蝶形花冠，长2.5~4cm，总状花序，排列整齐。

1. 紫藤脉花叶病

【寄主】紫藤、桑。
【症状】紫藤及多花紫藤的叶片侧脉变黄或明脉，逐渐扩大成放射形病斑或斑驳。有时主脉黄化，后出现星状斑纹或环纹。严重时叶片畸形。
【病原】病毒界，紫藤脉花叶病毒（wisteria vein mosaic virus，WVMV）。
【发病规律】初次侵染源是带病紫藤。由桃蚜和豆蚜作非持久性传毒。汁液也能传病。人工接种能侵染40多种植物。
【防治方法】
参见牡丹中牡丹花叶病防治方法。

2. 根癌病

参见碧桃中根癌病相关内容。

3. 变色夜蛾

【学名】*Enmonodia vespertilio*，鳞翅目夜蛾科。
【寄主】紫藤、合欢、紫薇、桃、梨等。
【为害状】幼虫取食叶片，严重时，残留主脉和叶柄，成虫吸食植物的花、果，引起落花、落果，影响植物的光合作用和生长发育。
【形态特征】
成虫 体长28mm左右，翅展80mm左右。头部及颈板暗褐色。胸部背面褐灰色，下胸金黄色。腹部杏黄色，基部几节背面带有灰色。前翅淡褐灰色，略带青色，有变异，大部密布黑棕色细点，内横线黑褐色，外弯，肾纹窄，黑棕色，后端外侧有3个卵形黑褐斑，中横线黑棕色，波浪形外斜至 M_1 处间断，再自 M_1 后直线内斜，其外另有 1 棕色线，外横线黑棕色，波浪形，在各翅脉上有黑点，亚缘线灰色，波浪形，其外侧暗褐色，缘线双线黑色，波浪形，顶角有 1 条暗棕色纹。

【发生规律】1 年发生 2~4 代，以蛹在根际附近土中越冬。翌年 4 月上旬至 5 月中旬羽化，4 月下旬至 5 月下旬产卵，卵多产在干基、枝杈及叶背面，卵呈块状或条状。幼虫多在清晨或傍晚孵化，白天藏伏在干基、树皮裂缝及枝杈处，晚上取食为害，翌日清晨下树，阴天可全天取食为害。全年以 7—9 月为害最严重，9 月上中旬陆续化蛹越冬。

【防治方法】

参见木槿中犁纹丽夜蛾防治方法。

4. 扁刺蛾

参见栀子花中扁刺蛾相关内容。

5. 豆毒蛾

【学名】*Cifuna locuples*，鳞翅目毒蛾科。

【寄主】紫藤、柳、榆、茶、荷花、月季、柿树等。

【为害状】幼虫群集为害，啃食叶片成孔洞、缺刻，降低观赏效果。

【形态特征】

成虫 黄褐色至暗褐色，雄虫触角羽状，前翅有两条深褐色横纹带，带纹之间有 1 个肾形斑。雌虫触角短栉齿状，前翅的褐色纹带较宽。

卵 半球形，淡青绿色。

幼虫 黑色全身有毛，在身体前后两端和腹部前几节有成束的长毛，特别在腹部前两节的毛束向两侧平伸，黑色，像飞机的两翼，故有"飞机刺毛虫"之称。在腹部，第 6、7 节背面和其他毒蛾幼虫一样，各有 1 个黄褐色圆形的反缩腺。

蛹 红褐色，背面有长毛。

【发生规律】1 年发生 2~3 代，以幼虫在枯枝落叶中越冬。翌年 4 月羽化成虫，成虫有趋光性。卵产在叶背成块状，每块有卵 50~200 粒；初孵幼虫有群集性，稍大后即分散为害；老熟幼虫在叶背吐丝结茧化蛹；幼虫体外长毛均有毒，能引起人体皮炎、斑疹等。

【防治方法】

参见紫薇中黄刺蛾防治方法。

6. 紫藤潜叶细蛾

【学名】*Lithocolletis* sp.，鳞翅目细蛾科。

【寄主】紫藤。

【为害状】仅在紫藤上进行为害，严重时整个叶片被幼虫潜食呈白色不规则的图样，仅留下叶的上下表皮。

【形态特征】

成虫　体长3~4mm，翅展约8mm，体褐而有白色条纹，触角与体长，线状。下唇须黑白相间，顶端白色。前翅银白，翅被褐、白色鳞片所盖，翅中从基部有宽而黑褐色的斑带，约占翅长2/3，翅的后半有两条比较明显的白色斜带，缘毛长。

卵　淡黄色，卵形，长约0.5mm。

幼虫　体绿色、体长约4mm，13节，头褐色扁平，胸足3对，腹足趾沟单模式。

蛹　绿色，长4mm左右。

【发生规律】以幼虫在落叶上结茧越冬。当5月上中旬成虫出现，5月下旬幼虫出现，7月中下旬幼虫从叶片中爬出结成白茧，茧多结于叶尖或叶边。蛹8月上旬出现，9月中下旬第2代幼虫出现。10月中下旬在落叶上越冬。翌年3月底至4月初开始孵化。成虫叶背潜伏，卵产在叶子背面主脉与分脉交叉处，散生。初孵幼虫在叶背主、支脉叉处取食，呈一白点，后扩大为线状，呈"V"状态白线条。最终扩展成大面积不规则图案。成虫休息时两翅合并，中央脊背形成褐色宽带，在带中可看到有上下两个"八"字形的白线条，即为前翅的那两条明显的白色斜纹。

【防治方法】

参见木槿中犁纹丽夜蛾防治方法。

7. 中国绿刺蛾

【学名】*Parasa sinica*，鳞翅目刺蛾科。

【寄主】紫藤、栀子花、樱花、桃、核桃、梨、李、樱桃、杨、柳、榆等。

【为害状】幼虫啃食寄主植物的叶，造成缺刻或孔洞，严重时常将叶片吃光。初龄幼虫群集食害叶肉，造成网状，稍后，蚕食叶片，严重影响树势生长。

【形态特征】

成虫　体长12mm左右，翅展21~28mm。头顶和胸背绿色，腹背灰褐色，末端灰黄色。前翅绿色，基部灰褐色斑在中室下缘呈三角形，外缘灰褐色带，向内弯，呈齿形曲线；后翅灰褐色，臀角稍带淡黄褐色。

卵　呈块状鱼鳞形，单粒卵扁平椭圆形，初产时稍带蜡黄色，孵化前变深色。

幼虫　体长15mm左右，绿色；老熟幼虫具红色粗背线，两侧具蓝边及黄白色宽边，体背在中后胸有一对黄色肢刺，上生黑刺，体侧也有一列黄色肢刺，并混生黑刺。

蛹　初为乳白色，隔天后即变成黄白色，羽化前为黄褐色。

【发生规律】1年发生2~3代，以前蛹在树体上茧内越冬。翌年5月化蛹，成虫分别于5月下旬至6月上旬和8月上旬出现，少数有3代。卵多产在叶背，少数产在叶表面。初龄幼虫有群集性。夏季第1代也有少数在枝叶上结茧。

【防治方法】

参见紫薇中黄刺蛾防治方法。

8. 紫藤蚜

【学名】*Aulacophoroides hoffmanni*,半翅目蚜科。

【寄主】紫藤。

【为害状】以成蚜、若蚜群集于紫藤嫩梢、幼叶背面为害,常布满整个嫩梢,被害叶卷缩,嫩梢扭曲,严重时可造成枝梢枯死。

【形态特征】

无翅孤雌蚜 体较大棕褐色,卵圆形,长约 3.3mm,宽约 2.0mm。

有翅孤雌蚜 体卵圆形,头、胸黑色,腹部褐色有黑斑,大小与无翅孤雌蚜相似。

【发生规律】北京 1 年发生 7~8 代,以卵在紫薇芽腋、嫩梢上越冬。每年 4 月开始在紫藤上零星发生,5—6 月虫口激增,以 5 月底至 6 月中旬为害最烈。处于荫蔽处的紫藤受害最重。7 月虫口开始下降,秋凉后虫口再次增多。

【防治方法】

紫薇中紫薇长斑蚜防治方法。

9. 刘氏短须螨

参见南天竹中刘氏短须螨相关内容。

10. 紫藤叶甲

【学名】*Phytodecta rubripennis*,鞘翅目叶甲科。

【寄主】紫藤。

【为害状】主要以幼虫、成虫为害紫藤嫩叶,叶片形成很多孔洞和缺刻,严重影响植株的发育和生长。

【形态特征】

成虫 椭圆形,长约 6mm;头及前胸背板棕褐色;鞘翅橙褐色,翅基呈黑色半圆形,复眼及足黑色。

卵 长椭圆形,长约 1.2mm,橙黄色。

幼虫 长卵圆形,体长约 15mm,身体灰绿色,头及前胸硬皮板黑褐色,各节长有多数黑色瘤突;体侧瘤突上长有灰色短毛。

蛹 椭圆形,长约 6mm,黄褐色。

【发生规律】1 年发生 1 代;以成虫在紫藤周围的土缝、杂草中越冬。翌年春季,随气温升高,进行蚕食紫藤嫩叶为害,4 月上中旬开始交尾并产卵块在叶背或枝干上;初孵幼虫常喜群集柄、叶片蚕食,形成许多孔洞和缺刻;老熟后化蛹在枝干和叶片上,羽化后成虫即蚕食叶片为害。

【防治方法】

（1）**农业防治** 剪除群栖幼龄幼虫的枝和叶，集中处理。

（2）**化学防治** 成虫、幼虫为害期，可用25%噻虫嗪水分散粒4 000~5 000倍液，或45%丙溴·辛硫磷乳油1 000~1 500倍液，或50%吡虫啉可湿性粉剂6 000~8 000倍液喷雾防治。

二、葡　萄

葡萄（*Vitis vinifera*），葡萄科葡萄属；木质藤本植物。小枝圆柱形，有纵棱纹，无毛或被稀疏柔毛，叶卵圆形，圆锥花序密集或疏散，基部分枝发达，果实球形或椭圆形，花期4—5月，果期8—9月。

1. 葡萄灰霉病

【寄主】葡萄。

【症状】为害花穗和果实，有时也为害叶片和新梢。花穗多在开花前发病，花序受害初期似被热水烫状，呈暗褐色，病组织软腐，表面密生灰色霉层，被害花序萎蔫，幼果极易脱落；果梗感病后呈黑褐色，有时病斑上产生黑色块状的菌核；果实在近成熟期感病，先产生淡褐色凹陷病斑，很快蔓延全果，使果实腐烂；发病严重时新梢叶片也能感病，产生不规则的褐色病斑，病斑有时出现不规则轮纹；贮藏期如受病菌侵染，浆果变色、腐烂，有时在果梗表面产生黑色菌核。

【病原】无性态真菌，灰葡萄孢霉（*Botrytis cinerea*）。

【发病规律】病原菌以菌丝和菌核及分生孢子在被害部位越冬。翌年春季温度回升，遇雨或湿度大时萌发，借气流传播，侵染花穗，病斑上又可形成分生孢子，引起再侵染并引起浆果发病。1年中有2次发病期，第1次在开花前后，此时温度低，空气湿度大，造成花序大量被害；第2次在果实着色至成熟期，如遇连雨天，引起裂果，病菌从伤口侵入，导致果粒大量腐烂。该病的发病温度为5~31℃，最适宜发病温度为20~23℃，空气相对湿度在85%以上，达90%以上时发病严重。在春季多雨，气温20℃左右，空气湿度超过95%连续3天以上的年份均易流行灰霉病。此外，管理措施不当，如枝蔓过多，氮肥过多或缺乏，管理粗放等，都可引起灰霉病的发生。葡萄在贮藏期间也易发生此病。

【防治方法】

（1）**农业防治**　及时清除病残株、枝条，集中处理，减少侵染源。

（2）**化学防治**　发病初期，可喷施80%嘧霉胺水分散粒剂1 000~2 000倍液，或50%腐霉利可湿性粉剂1 000~1 500倍液，或75%百菌清可湿性粉剂600~1 000倍液，或50%多菌灵可湿性粉剂800~1 000倍液，间隔10~15天，连喷2~3次。

2. 葡萄黑痘病

【寄主】葡萄。

【症状】黑痘病主要为害葡萄的绿色幼嫩部分，如果实、果梗、叶片、叶柄、新梢和卷须等。叶片受侵染后开始出现针头大红褐色至黑褐色斑点，周围有黄色晕圈。后病斑扩大呈圆形或不规则形，中央灰白色，稍凹陷，边缘暗褐色或紫色，直径1~4mm。干燥时病斑自中央破裂穿孔，但病斑周缘仍保持紫褐色的晕圈。叶脉受侵染后病斑呈梭形，凹陷，灰色或灰褐色，边缘暗褐色。叶脉被害后，由于组织干枯，常使叶片扭曲、皱缩。穗轴受侵染后发病使全穗或部分小穗发育不良，甚至枯死。果梗患病导致果实干枯脱落或僵化。果实受侵染后，绿果被害初为圆形深褐色小斑点，后扩大，直径可达2~5mm，中央凹陷，呈灰白色，外部仍为深褐色，而周缘紫褐色似"鸟眼"状。多个病斑可连接成大斑，后期病斑硬化或龟裂。病果小而酸，失去食用价值。

【病原】无性态真菌，葡萄痂圆孢（*Sphaceloma ampelium*）。

【发病规律】病菌主要以菌丝体潜伏于病蔓、病梢等组织越冬，也能在病果、病叶等部位越冬。病菌生活力很强，在病组织可存活3~5年之久。翌年4—5月产生新的分生孢子，借风雨传播。孢子发芽后，芽管直接侵入幼叶或嫩梢，引起初次侵染。侵入后，菌丝主要在表皮下蔓延。以后在病部形成分生孢子盘，突破表皮，在湿度大的情况下，不断产生分生孢子，通过风雨和昆虫等传播，对葡萄幼嫩的绿色组织进行重复侵染，温湿度条件适合时，6~8天便发病产生新的分生孢子。病菌远距离传播则依靠带病的枝蔓。

【防治方法】

（1）农业防治　结合夏季修剪，清除病枝、果、叶集中处理。

（2）化学防治　①葡萄芽鳞膨大，但尚未出现绿色组织时，喷施3~5°Bé的石硫合剂，或80%五氯酚钠原粉200~300倍液。②葡萄开花前，可用80%代森锌可湿性粉剂600~800倍液，或75%百菌清可湿性粉剂600~1 000倍液喷施。③葡萄开花后病害发生初期，可喷施70%甲基硫菌灵可湿性粉剂800~1 000倍液，或25%嘧菌酯悬浮剂800~1 200倍液，或65%福美锌可湿性粉剂300~500倍液。④在病害发生中期，可用50%多菌灵可湿性粉剂800~1 000倍液，或50%腐霉利可湿性粉剂1 000~1 500倍液，喷雾防治，间隔10天，连喷2~3次。

3. 葡萄炭疽病

【寄主】葡萄。

【症状】果粒开始着色时，果粒变软，含糖量增高，酸度下降，进入发病盛期，葡萄炭疽病最初在病果表面出现圆形、稍凹陷、浅褐色病斑，病斑表面密生黑色小点粒（分生孢子盘），天气潮湿时，分生孢子盘中可排出绯红色的黏状物（孢子块），然后病果逐渐干枯，最后变成僵果。病果粒多不脱落，整穗僵葡萄仍挂在枝蔓上。叶片与新梢病斑很少见，主要在叶脉与叶柄上出现长圆形、深褐色斑点，天气潮湿时病斑表面隐约可见绯红色分生孢子块，但没有在果粒上表现明显。

【病原】子囊菌门，围小丛壳菌（*Glomerella cingulata*）。

【发病规律】此病以分生孢子和菌丝在病组织处越冬，以分生孢子借风雨传播。分生孢子可从皮孔、气孔、伤口侵入，也可直接从果皮上侵入，病菌侵入10~20天后即可发病，果实着色期发病加重，直至采收。一般自6月开始可侵入发病，7—8月为发病盛期，近成熟期发病日渐加重。谢花后15天左右出现病果，成为全年的第1次发病高峰。8月上旬前后，由于果实大量成熟，每逢闷热雷雨天气，该病进入发病盛期，是全年为害最严重的时期。

【防治方法】

参见碧桃中桃炭疽病的防治方法。

4. 葡萄天蛾

【学名】*Ampelophaga rubiginosa*，鳞翅目天蛾科。

【寄主】葡萄。

【为害状】幼虫食叶形成缺刻与孔洞，一枝叶片食光后再转移至邻近枝。严重时仅残留叶柄。

【形态特征】

成虫 体长45mm左右，翅展90mm左右，体肥大呈纺锤形，体翅茶褐色，背面色暗，腹面色淡，近土黄色。体背中央自前胸到腹端有1条灰白色纵线。

卵 球形，直径1.5mm左右，表面光滑。淡绿色，孵化前淡黄绿色。

幼虫 老熟时体长80mm左右，绿色，背面色较淡。体表布有横条纹和黄色颗粒状小点。头部有2对近于平行的黄白色纵线，分别于蜕裂线两侧和触角之上，均达头顶。化蛹前有的个体呈淡茶色。

蛹 体长49~55mm，长纺锤形。初为绿色，逐渐背面呈棕褐色，腹面暗绿色。

【发生规律】华北地区1年发生1~2代，以蛹在土中越冬。翌年5月中旬羽化，6月上中旬进入羽化盛期。夜间活动，有趋光性。多在傍晚交配，交配后24~36小时产卵，多散产于嫩梢或叶背，每雌产卵155~180粒，卵期6~8天。幼虫白天静止，夜晚取食叶片，受触动时从口器中分泌出绿水，幼虫期30~45天。7月中旬开始在葡萄架下入土化蛹，夏蛹具薄网状膜，常与落叶黏附在一起，蛹期15~18天。7月底至8月初可见1代成虫，8月上旬可见2代幼虫为害，多与第1代幼虫混在一起，为害较严重时，常把叶片食光。进入9月下旬至10月上旬，幼虫化蛹越冬。

【防治方法】

参见夹竹桃中绿粉白腰天蛾防治方法。

5. 嘴壶夜蛾

【学名】*Oraesia emarginata*，别名桃黄褐夜蛾，鳞翅目夜蛾科。
【寄主】葡萄、柑橘、梨、桃、无花果、番茄、苹果、枇杷等。
【为害状】成虫吸食果实汁液，造成果腐烂和大量落果。
【形态特征】

成虫 体长17~20mm，翅展36~40mm。雌虫前翅紫红褐色，触角丝状；雄虫前翅赤褐色，触角双栉齿状。

卵 扁球形，直径约0.76mm。

幼虫 老熟幼虫体长约38mm，体漆黑色，背面各节黄色斑纹处杂有白或橙红斑点，大小数目不等，呈2行纵线状排列；第6~11节气门两侧各有6个红色小点；腹面各节每对黄色斑纹之间出现黄色小点，排成2行，成纵线状。

蛹 长约17.4mm，红褐色。

【发生规律】1年发生4~6代，以幼虫或蛹越冬。在7—8月卵期3~4天，幼虫期20~22天，蛹期约10天，成虫寿命7~9天；6—8月为害葡萄，11月下旬以后虫口密度渐降，气温暖仍见成虫活动，数量极少。成虫白天静伏枝叶杂草间，黄昏后进入果园为害，天黑时逐渐增加，半夜后数量减少，天明后隐藏。趋光性弱，喜食糖液，略具假死性。发生期间，在闷热无风的晚上，出现数量最多。当气温下降至13℃或风力达3级的夜晚发生数量骤降。成虫吸食果汁时间颇长，自数分钟至1小时以上，被害果初期刺孔变色，伤口逐渐腐烂以致脱落。成虫产卵多在半夜，卵散产。

【防治方法】

（1）**农业防治** ①尽量栽植晚熟品种，避免早、中、晚品种和不同果树混栽。果实套袋。②根据喜食果汁的习性，采用毒饵诱杀。③清除果园附近野生灌木杂草及其幼虫的寄主。④可安装黑光灯诱杀。

（2）**化学防治** 开始为害时喷施1.8%阿维菌素乳油1 000~1 500倍液，或用1%苦参碱可溶性液剂1 200~1 500倍液均匀喷雾。

（3）**生物防治** 释放和利用赤眼蜂，7月前后大量繁殖并释放赤眼蜂，寄生吸食夜蛾卵粒。

6. 桃六点天蛾

【学名】*Marumba gaschkewitschii*，别名枣桃六点天蛾、酸枣天蛾，鳞翅目天蛾科。
【寄主】葡萄、桃、梅花、碧桃、樱花、海棠、枣、梨、杏、枇杷等。
【为害状】幼虫啃食叶片，吃成缺刻及孔洞，严重为害时，可将叶肉吃光，仅剩叶柄或残留主脉。
【形态特征】

成虫 大型蛾，体长35~45mm，翅展80~110mm，体翅黄褐色至灰紫色，眼黑色圆大，触角黄褐色，胸背中央有深褐色纵纹。前翅有数条较宽的深浅不同的褐色横带，在后缘臀角处有一紫黑色斑纹。前翅反面基部至中室呈粉红色，外线与亚端线黄褐色；后翅枯黄至粉红色，翅脉褐色，臀角处有2个紫黑色斑纹，稍连接，后翅反面灰褐色，各线棕褐色，后角颜色较深。

卵 椭圆形，绿色呈透明状，一端有胶质黏附叶面。

幼虫 绿至黄绿色，老熟时体长可达80mm，头略呈三角形，第1~8腹节侧面有黄白色斜线7对，通过气孔上方，胸部各节有黄白色颗粒，气孔黑色，胸足淡红色，尾角颇长，同体色。

蛹 黑褐色，尾末有短刺。

【发生规律】1年发生2代，以蛹在土中越冬。翌年5月中下旬成虫羽化飞出，有明显的趋光性，多在傍晚和夜间活动，白天静伏隐蔽处。雌成虫体粗壮，飞翔能力不强，常停息于枝干部交尾，卵产在茎干的裂缝内或枝干的阴暗处，极少数产在叶上，卵散产。每雌虫可产卵150粒以上。卵期7天左右，第1代幼虫5月下旬出现，6月为害；第2代7月下旬起进入为害盛期。

【防治方法】

参见夹竹桃中绿粉白腰天蛾防治方法。

7. 葡萄透翅蛾

【学名】*Parathrene regalis*，又名葡萄透羽蛾，鳞翅目透翅蛾科。

【寄主】葡萄。

【为害状】以幼虫蛀食葡萄枝蔓髓部，使受害部位肿大，叶片变黄脱落，枝蔓容易折断枯死，影响当年产量及树势。

【形态特征】

成虫 体长约20mm，翅展30~36mm，体蓝黑色；头顶、颈部、后胸两侧以及腹部各节连接处呈橙黄色，前翅红褐色，翅脉黑色，后翅膜质透明，腹部有3条黄色横带，雄虫腹部末端有一束长毛。

卵 长椭圆形，略扁平，红褐色，长约1.1mm。

幼虫 共5龄。老熟幼虫体长约38mm，全体略呈圆筒形；头部红褐色，胸腹部黄白色，老熟时带紫红色。前胸背板有倒"人"字形纹，前方色淡。

蛹 体长18mm左右，红褐色。圆筒形。

【发生规律】1年发生1代，以幼虫在葡萄枝蔓中越冬。翌年春季葡萄萌芽时，越冬幼虫开始活动，在枝蔓内继续蛀食为害，3月底至4月上旬开始化蛹。4月底至5月初羽化，成虫白天隐蔽、夜间活动，并有趋光性。卵产于新梢、叶腋、芽眼处。初孵幼虫从新梢叶柄基部蛀入嫩茎内，为害髓部，形成蛀食孔道。在蛀口附近常堆有大量虫粪，受害枝蔓节间肿大，上部叶片枯黄。幼虫从7—9月为害最重，11月后在枝蔓内越冬。

【防治方法】

(1) **农业防治** ①结合冬季修剪，将被害枝蔓剪除，集中销毁，以消灭越冬幼虫。

6—8月剪除被害枯梢和处理膨大嫩枝。②成虫期安装杀虫灯，诱杀成虫。

（2）**化学防治** ①幼虫期，从虫孔口注入80%敌敌畏乳油500倍液，然后黄泥封闭。②成虫羽化期，可用8 000IU/μL苏云金杆菌悬浮剂150~200倍液喷雾防治。

8. 葡萄十星叶甲

【学名】*Oides decempunctata*，鞘翅目叶甲科。

【寄主】葡萄、爬山虎、黄荆。

【为害状】成虫及幼虫均取食叶片，使叶片呈孔洞或缺刻状，严重时将叶片吃光只留叶脉。

【形态特征】

成虫 体长约12mm，椭圆形，土黄色。头小隐于前胸下；复眼黑色；触角淡黄色丝状，末端3节及第4节端部黑褐色；前胸背板及鞘翅上布有细刻点，鞘翅宽大，共有黑色圆斑10个略成三横列。足淡黄色，前足小，中、后足大。后胸及第1~4腹节的腹板两侧各具近圆形黑点1个。

卵 椭圆形，长约1mm，表面具不规则小突起，初草绿色，后变黄褐色。

幼虫 体长12~15mm，长椭圆形略扁，土黄色。头小、胸足3对较小，除前胸及尾节外，各节背面均具两横列黑斑，中、后胸每列各4个，腹部前列4个，后列6个。除尾节外，各节两侧具3个肉质突起，顶端黑褐色。

蛹 金黄色，体长9~12mm，腹部两侧具齿状突起。

【发生规律】1年发生1代，以卵在根际附近的土中或落叶下越冬。5月下旬开始孵化，6月上旬进入盛期，幼虫沿蔓上爬，先群集为害芽叶，后向上转移，3龄后分散，早晚在叶面上取食，白天隐蔽，有假死性。老熟后6月底入土，在3~6cm处做土茧化蛹，7月中旬羽化。8月上旬至9月中旬为交配产卵期，卵块生，多产在距植株30cm左右的土表，以葡萄枝干接近地面附近居多，以卵越冬。

【防治方法】

（1）**农业防治** 秋末清除葡萄园枯枝落叶和杂草，及时销毁或深埋，以消灭越冬卵。利用其假死性，振落捕杀成虫及幼虫，尤其要注意捕杀群集在下部叶片上的小幼虫。

（2）**化学防治** 发生期可喷施45%丙溴·辛硫磷乳油1 000~1 500倍液，或25%吡虫啉·杀虫单微乳剂600~800倍液。

9. 二星叶蝉

参见芍药中二星叶蝉相关内容。

10. 大青叶蝉

参见丁香中大青叶蝉的相关内容。

11. 康氏粉蚧

参见红花檵木中康氏粉蚧相关内容。

12. 刘氏短须螨

参见南天竹中刘氏短须螨相关内容。

13. 绿盲蝽

参见石榴中绿盲蝽相关内容。

14. 斑喙丽金龟

参见山楂中斑喙丽金龟相关内容。

三、木香花

木香花（*Rosa banksiae*），蔷薇科蔷薇属，落叶或半常绿攀援灌木。枝细长绿色，无刺或疏生皮刺。小叶 3~5 枚，长椭圆形至椭圆状披针形，长 2~6cm，宽 8~18mm，叶缘有细锯齿，下面中脉常有微柔毛；托叶线形，与叶柄分离，早落。花 3~15 朵，伞形花序，花白色，直径约 2.5cm，浓香，萼片长卵形，全缘；花柱玫瑰紫色，果近球形，直径 3~5mm，红色。花期 4—5 月；果期 9—10 月。变种有黄木香（var. *lutescens*），花单瓣，黄色。重瓣黄木香（var. *lutea*），花重瓣，黄色，香气极淡。重瓣白木香（var. *albo-plena*），花重瓣，白色，芳香。

1. 木香花根腐病

【寄主】木香花。
【症状】主要为害植物的根部，幼苗或成株均可发病。初在须根表皮出现浅褐色病变，后变褐凹陷，绕根扩展一周后，致根干枯，染病株根系不发达，地上部矮小，叶色变淡，结荚减少。
【病原】无性态真菌，尖孢镰刀菌（*Fusarium oxysporum*）。
【发病规律】主要以菌丝或菌核在土中越冬，成为翌年初侵染源。该病发生轻重与管理有关，土温低、湿度大、排水不良黏土地易发病。
【防治方法】
（1）**农业防治** 及时剪除病叶、老叶，并集中处理。
（2）**化学防治** 发病期可用 30%噁霉灵水剂 1 000~1 200 倍液，或 40%多·硫胶悬剂 500~600 倍液，或 70%敌磺钠可溶性粉剂 500~600 倍液，灌根或地面喷施防治。以上药液交替使用，喷药时注意细致喷施茎基部和根部地面。

2. 月季白轮盾蚧

参见海桐中黑蜕白轮蚧（又名月季白轮盾蚧）相关内容。

3. 棉蚜

参见木槿中棉蚜相关内容。

四、常春藤

常春藤（*Hedera nepalensis*），五加科常春藤属，多年生常绿攀援灌木。茎灰棕色或黑棕色，光滑，单叶互生；叶柄无托叶有鳞片；花枝上的叶椭圆状披针形，伞形花序单个顶生，花淡黄白色或淡绿白色，花药紫色；花盘隆起，黄色；果实圆球形，红色或黄色。花期5—8月；果期9—11月。

1. 常春藤炭疽病

【寄主】常春藤、山茱萸。

【症状】发病初期叶上出现浅褐色小斑点。扩展后呈近圆形、半圆形或不规则形大黑斑。其上着生黑色小点粒。发病严重时造成全叶枯死。病菌侵染茎时，初期出现小黑点，以后扩大使整个茎部变黑，或无数小黑点连成大黑斑，导致上部茎叶枯死，以茎基部发病受害最重，往往造成整株萎蔫枯死。

【病原】无性态真菌，常春藤炭疽菌（*Colletotrichum trichuellum*）。

【发病规律】病菌在落叶和枝梢上越冬，病菌孢子借风雨传播。发病初期在4月下旬至5月上旬，发病盛期在梅雨和台风多雨季节。多雨和潮湿有利病害发生。

【防治方法】

（1）农业防治　结合冬季修剪去除病枯枝，以减少侵染源。

（2）化学防治　发病初期，喷施80%炭疽福美可湿性粉剂500~800倍液，或75%百菌清可湿性粉剂600~1 000倍液，或25%咪鲜胺乳油800~1 000倍液。连用2~3次，间隔7~10天。

2. 膝圆盾蚧

参见一叶兰中膝圆盾蚧的相关内容。

3. 棉蚜

参见木槿中棉蚜相关内容。

4. 桑褐刺蛾

参见牡丹中桑褐刺蛾相关内容。

五、爬山虎

爬山虎（*Parthenocissus tricuspidata*），葡萄科地锦属，落叶藤本植物。茎枝长可达20m，卷须短，多分枝，有5~9个分枝；顶端膨大成吸盘，相隔2节间断与叶对生。叶广卵形，长8~18cm，宽6~16cm；通常3裂，基部心形，有粗锯齿，表面无毛，背面脉上有柔毛；下部枝的叶片有时分裂成3小叶；幼苗期的叶片较小，多不分裂。聚伞花序通常生于短枝顶端，花淡黄绿色。果球形，直径6~8mm，蓝黑色，被白粉。花期6—7月；果期9—10月。

1. 爬山虎白粉病

【寄主】爬山虎、枫杨、核桃、桑、杞柳、八角枫、山楂、绣线菊、冬青、梓树、檀树等植物。

【症状】多发生于叶背，发生初期，叶上表现为褪绿斑，严重时白色粉霉布满叶片，后期病叶上出现黑色小点，叶片硬化，引起提早落叶，影响树木生长。

【病原】子囊菌门，棒球针壳菌（*Phyllactinia corylea*）。

【发病规律】病菌以闭囊壳在病残体上越冬。翌年春暖，条件适宜时，释放子囊孢子进行初侵染，以后产生分生孢子进行再侵染，借风雨传播。此病发生期较长，5—9月均可发生，以8—9月发生较为严重。

【防治方法】

（1）**农业防治** 清除病落叶，剪除病梢，集中销毁。

（2）**化学防治** 用70%甲基硫菌灵可湿性粉剂800~1 000倍液，或20%三唑酮乳油1 500~2 000倍液，或12.5%烯唑醇可湿性粉剂2 000~2 500倍液喷雾防治。连用2次，间隔12~15天。

2. 爬山虎炭疽病

【寄主】爬山虎。

【症状】叶片病斑近圆形或不定形，褐色、灰褐色至灰白色，边缘深褐至黑褐色，中部色淡并微现云纹，其上还可见散生小黑点。

【病原】无性态真菌，爬山虎刺盘孢（*Colletotrichum parthenocissi*）。

【发病规律】病菌以菌丝体和分孢盘在病叶和病残体上存活越冬，以分生孢子为初侵和再侵接种体，通过风雨或昆虫活动而传播，从伤口侵入致病。温暖潮湿的年份和季节易发病。植株下部或较荫蔽的叶片多易受侵染。

【防治方法】
参见常春藤中常春藤炭疽病防治方法。

3. 爬山虎叶斑病

【寄主】爬山虎

【症状】爬山虎叶斑病发病初期叶片上出现黄褐色小斑点，后扩大成近圆形病斑，直径3~6mm，后期病斑组织变成浅黄色，但叶缘为褐色，病斑上散生黑色小点粒；可引起爬山虎叶枯早落。

【病原】无性态真菌，地锦叶点霉（*Phyllosticta partricuspidatae*）。

【发病规律】病菌以菌丝体、分生孢子器或子囊壳在病部上越冬并成为翌年病害的初次侵染来源。一般4月为初发期，6—8月为高发期。

【防治方法】
（1）**农业防治** 秋末冬初剪除病枝，清扫落叶，集中处理，减少侵染源。
（2）**化学防治** ①发病前，喷施1∶2∶200波尔多液或0.3~0.5°Bé石硫合剂。②发病期，喷施80%代森锌可湿性粉剂600~800倍液，或70%甲基硫菌灵可湿性粉剂800~1 000倍液，或50%苯菌灵可湿性粉剂1 000~1 500倍液，每隔10~15天喷1次，连喷2~3次。

4. 雀纹双线天蛾

【学名】*Theretra oldenlandiae*，鳞翅目天蛾科。

【寄主】爬山虎、葡萄、凤仙花、长春花、鸡冠花、三色堇、大丽花等。

【为害状】以幼虫取食叶片为害，将叶片食成孔洞，发生严重时可将叶片吃光，仅剩主脉和枝条，甚至可使枝条枯死。

【形态特征】

成虫 体长40mm左右，翅展65~75mm，灰褐色。头及胸部两侧有灰白色缘毛，腹部有两条银白色背线，两侧有深棕色及淡黄色纵条。前翅由顶角到后缘有1条白色斜带，此外还有5条灰色细线。后翅黑褐色，有灰黄色斜带1条，缘毛白色。前后翅反面为黄褐色，有3条暗褐色横带。

卵 球形，浅绿色。

幼虫 老熟幼虫体长70~80mm。圆筒形，较粗大。体色多有变化，通常为绿褐色和紫褐色，胸背有两行黄白点，体两侧有黄色圆斑和眼状纹，圆斑内有红黑或黄黑两色。第8腹节背面有尾角1个，尾角黑色，仅末端白色。

蛹 长41~44mm，筒形，全身灰褐色。

【发生规律】1年发生1~2代，以蛹在土中越冬。翌年6—7月出现成虫。成虫趋光性很强，昼伏夜出。成虫交尾后，将卵产在嫩叶上，卵期约10天。8月上旬幼虫开始为害，该幼虫有避光性，多在清晨取食，白天躲在花卉的枝杈阴凉处，其食量很大，常造成叶片残缺不全，严重时叶片、花全部被蚕食，影响花卉正常生长和观赏。8月底幼虫老熟化蛹，9月中旬出现第2代幼虫，为害至10月，然后入土化蛹越冬。

【防治方法】
参见夹竹桃中绿粉白腰天蛾防治方法。

5. 葡萄天蛾

参见葡萄中葡萄天蛾相关内容。

六、金银花

金银花（*Lonicera japonica*），忍冬科忍冬属；多年生半常绿缠绕灌木。小枝细长，藤为褐色至赤褐色，卵形叶对生，枝叶均密生柔毛和腺毛。花成对生于叶腋，花色初为白色，渐变为黄色，黄白相映。球形浆果，熟时黑色，子房无毛，气清香，果实圆形，种子卵圆形或椭圆形，花期4—6月，果期10—11月。

1. 忍冬白粉病

【寄主】金银花。

【症状】主要为害叶片，有时也为害茎和花。叶上病斑初为白色小点，后扩展为白色粉状斑，后期整片叶布满白粉层，严重时叶发黄变形甚至落叶；茎上病斑褐色，不规则形，上生有白粉；花扭曲，严重时脱落。

【病原】子囊菌门，忍冬叉丝壳菌（*Microsphaera lonicerae*）。

【发病规律】病菌以子囊壳在病残体上越冬。翌年子囊壳释放子囊孢子进行初侵染，发病后病部又产生分生孢子进行再侵染。天气干燥，田间湿度大，高温干旱和高温高湿交替出现的情况下，白粉病非常容易发生且比较严重。

【防治方法】
参见紫薇中紫薇白粉病的防治方法。

2. 金银花褐斑病

【寄主】金银花。

【症状】金银花叶片上病斑呈圆形或受叶脉所限呈多角形，黄褐色，直径5～20mm。潮湿时背面生有灰色霉状物，为病原菌分生孢子梗及分生孢子。病情严重时，叶片脱落。

【病原】无性态真菌，鼠李尾孢（*Cercospora rhamni*）。

【发病规律】病菌以菌丝体、分生孢子梗和分生孢子在病叶上越冬，翌春条件适宜时产生分生孢子引起初侵染和再侵染。多雨潮湿有利于发病，植株生长衰弱时发生严重。多发生于生长季的中后期，8—9月为发病盛期。

【防治方法】
参见紫薇中紫薇褐斑病防治方法。

3. 咖啡木蠹蛾

【学名】*Zeuzera coffeae*，鳞翅目木蠹蛾科。
【寄主】金银花、杨、柳、榆、梨、杏等。
【为害状】幼虫成群蛀入茎皮下取食韧皮部和形成层，然后渐入木质部，从上至下穿凿不规则坑道，不但影响植株的生长，严重时可使植株枯死。
【形态特征】
成虫 体长30~40mm，翅展70~104mm，头的前方为淡黄色，胸腹部灰色，腹部肥大而粗。翅灰褐色，前翅翅面上布满许多黑色横纹，似土壤龟裂状。触角雄蛾栉齿状，雌蛾近丝状。

卵 近圆形，长约1.5mm，宽约1mm。初产出时近白色，孵化前暗褐色；卵面具14条黑色放射状纵纹。

幼虫 初孵幼虫粉红色。老熟幼虫体长80~100mm，背面紫红色，体侧黄褐色，头部黑色有光泽，前胸背板淡黄色，体粗壮略扁平，体表疏生黄褐色短刚毛，并具有蝶形深褐色大斑。

蛹 体长50mm左右，暗褐色，2~6腹节背面具刺2列，前列较粗，后列较细。7~9腹节背面有刺1列，臀部有齿突3对。

茧 由老熟幼虫化蛹前吐丝缀土构成，长约50mm，呈长圆筒形，略弯曲，末端较尖。

【发生规律】1~2年完成1代，当年初龄或中龄幼虫在金银花或其他树木茎干内越冬。4月中龄幼虫向下活动为害，随着气温不断增高，幼虫转向上部扩大为害。9—10月幼虫接近老熟，即离开被害植株，转移到新植株上钻入木质部进行第2次越冬，第2次越冬的幼虫于春暖后钻入5~6cm深的土层中做长形斜立的土窝，吐丝结茧化蛹，蛹期30~45天。5月下旬至6月上旬成虫大量羽化，夜间活动交尾产卵。卵产在植株茎干中下部裂缝处，并分泌黏液把卵粘在一起呈块状。卵经半个月左右的时间孵化，6月下旬至7月上旬为幼虫孵化盛期，刚孵化的幼虫开始群集在孵化处周围，以后随着虫龄的增大逐渐分散蛀入木质部为害，9—10月进入第1次越冬期。成虫有弱趋光性，羽化时蛹壳带出地面。幼虫受惊后散发一种特有的芳香气味，喜寄生于孤立木或林缘及零星树木上，散生金银花植株易遭虫害。

【防治方法】
(1) 农业防治 ①结合冬、夏季修剪，剪除虫枝，集中处理。②设置黑光灯诱杀成虫。
(2) 化学防治 ①幼虫时期用细铁丝从蛀孔或排粪孔插入向上反复穿刺可将幼虫刺死。也可用棉花球蘸药80%敌敌畏乳油100倍液，或50%杀螟硫磷乳油200倍液堵塞坑道口，再用胶泥封严，熏杀幼虫。② 成虫羽化期可用90%晶体敌百虫1 000倍液，或20%氰戊菊酯乳油2 000~3 000倍液，喷雾防治。

七、扶芳藤

扶芳藤（*Euonymus fortunei*），卫矛科卫矛属；常绿藤本灌木。高可达数米；小枝方梭不明显。叶椭圆形、长方椭圆形或长倒卵形，革质、边缘齿浅不明显，聚伞花序；小聚伞花密集，有花，分枝中央有单花，花白绿色，花盘方形，花丝细长，花药圆心形；子房三角锥状，蒴果粉红色，果皮光滑，近球状，种子长方椭圆状，棕褐色，6月开花，10月结果。

1. 扶芳藤叶斑病

【寄主】扶芳藤。
【症状】该病主要在刚成熟的叶片上发生。叶片发病，先是出现褐色小斑点，小斑点逐渐变黄变褐，病斑边缘绿色浅化，发病过程病斑分层明显，病健部有一条清晰的绿色线纹，病部进一步发展扩大为灰褐色的近圆形大病斑，后期在病斑表面出现黑色点粒状物，病斑边缘明显，发病叶片长势衰退。
【病原】无性态真菌，卫矛生叶点霉（*Phyllosticta euonymus*）。
【发病规律】叶点霉菌以菌丝体、分生孢子器或子囊壳在病部上越冬并成为翌年病害的初次侵染来源。一般4月为初发期，6—8月为高发期。
【防治方法】
参见爬山虎中爬山虎叶斑病防治方法。

2. 稠李巢蛾

【学名】*Yponomeuta evonymallus*，鳞翅目巢蛾科。
【寄主】扶芳藤、稠李。
【为害状】幼虫吐丝结网、缀绿叶做巢，群集其中取食嫩叶成缺刻，咬食嫩芽成枯梢，在结网处常见该虫排出浅黄绿色粪便以及咬食残留的叶片。幼虫在巢内将嫩叶食光后再更换新叶重新做丝巢，继续为害。幼龄幼虫通常取食叶片下表皮及叶肉。
【形态特征】
成虫 体长8~12mm，翅展约24mm。全体白色，前翅狭长，具40多个小黑点，排列成5纵行；近外缘处有较细的黑点10个，成横行排列，前翅反面为灰黑色；缘毛和前缘为白色。后翅灰黑色，缘毛为淡灰白色。

卵 扁平，椭圆形；块状，覆盖一层薄胶物，与树皮色相似。

幼虫 老熟幼虫20mm左右；污白色。头部、前胸硬皮板、腹足及臀板均为黑色。腹背部共10节，各节均有黑斑2个，成横行排列，排列成2纵列。共5对腹足。

蛹 体长近10mm，蛹在丝巢中呈纺锤状，棕黄色或白色，蛹外面有白色的丝茧，腹部末端无臀刺。

茧 白色，丝质，长圆形，两头尖。

【发生规律】1年发生1代，一般春夏两季盛发。以幼龄幼虫在卵壳覆盖物下越冬。翌年4月下旬出蛰，群集于新芽和嫩叶上为害，并吐丝缀叶成巢，幼虫在巢内将嫩叶食光后再更换新叶重新做丝巢，继续为害。为害严重时，只见树上一个个丝巢，叶片残缺不全。6月中旬老熟幼虫在丝巢内结茧化蛹。6月下旬至7月上旬成虫羽化，成虫产卵于当年生枝条芽附近。成虫有趋光性。

【防治方法】

（1）**农业防治** ①利用老熟幼虫在浅土层中越冬习性，结合冬耕松土，减少越冬虫口基数。初孵幼虫有群集习性，人工摘除虫叶，摘下虫苞集中烧毁，降低虫口数量。结合抚育修枝、冬季清园消灭越冬虫茧。②利用黑光灯诱杀成虫。

（2）**化学防治** ①在幼虫期喷施50 000 IU/mg苏云金杆菌可湿性粉剂1 000~1 500倍液，在晴天傍晚或阴天进行。②中、小龄幼虫时期，可喷施5%甲维·高氯氟微乳剂1 000~1 500倍液，或22%噻虫·高氯氟悬浮剂5 000~6 000倍液，或100g/L联苯菊酯乳油2 000~3 000倍液，或0.5%苦参碱水剂1 000倍液，或20%甲维·茚虫威悬浮剂5 000~6 000倍液。

3. 斜纹夜蛾

参见荷花中斜纹夜蛾相关内容。

4. 黑绒鳃金龟

参见菊花中黑绒鳃金龟相关内容。

5. 八点广翅蜡蝉

参见蜡梅中八点广翅蜡蝉相关内容。

6. 斑须蝽

【学名】*Dolycoris baccarum*，半翅目蝽科。

【寄主】扶芳藤、山楂、苹果、桃、梨、刺山楂、梅、杨梅、草莓等。

【为害状】成虫、若虫刺吸寄主植物嫩茎及成熟叶片上的汁液,被害处呈黄褐色小点,严重时茎秆枯萎、叶片变黄,柄落叶枯。

【形态特征】

成虫 体长8~13.5mm,宽约6mm,椭圆形,黄褐色或紫色,密被白绒毛和黑色小刻点;触角黑白相间;喙细长,紧贴于头部腹面。小盾片末端钝而光滑,黄白色。前翅革片红褐色,膜片黄褐色,透明,超过腹部末端。胸腹部的腹面淡褐色,散布零星小黑点,足黄褐色,腿节和胫节密布黑色刻点。

卵 卵粒圆筒形,初产浅黄色,后灰黄色,卵壳有网纹,被白色短绒毛。卵排列整齐,成块。

若虫 形态和色泽与成虫相同,略圆,腹部每节背面中央和两侧都有黑色斑。

【发生规律】1年发生1~3代,以成虫在植物根际、枯枝落叶下、树皮裂缝中或屋檐底下等隐蔽处越冬。第1代发生于4月中旬至7月中旬,第2代发生于6月下旬至9月中旬,第3代发生于7月中旬一直到翌年6月上旬。后期世代重叠现象明显。成虫多将卵产在植物上部叶片正面或花蕾或果实的苞片上,呈多行整齐排列。初孵若虫群集为害,2龄后扩散为害。

【防治方法】

参见石榴中绿盲蝽防治方法。

7. 灰巴蜗牛

参见酢浆草中灰巴蜗牛相关内容。

第四篇

竹 类

1. 竹丛枝病

【寄主】淡竹、箬竹、刺竹、刚竹、乌哺鸡竹、苦竹、短穗竹。

【症状】发病初期，少数竹枝发病。病枝春天不断延伸多节细弱的蔓枝。每年4—6月，病枝顶端鞘内产生白色米粒状物；在9—10月，新生长出来的病枝梢端的叶鞘内，也产生白色米粒状物。病株先从少数竹枝发病，数年内逐步发展到全部竹枝。病竹生长衰弱，发笋减少，重病株逐渐枯死，在发病严重的竹林中，常造成整个竹林衰败。

【病原】子囊菌门，竹针孢座囊菌（$Aciculosporium\ take$）。

【发病规律】病害由个别竹枝发展至其他竹枝，由点扩展至片。有时从多年生的竹鞭上长出矮小而细弱的嫩竹。本病在老竹林及管理不良，生长细弱的竹林容易发病。4年生以上的竹子，或日照强地方的竹子，均易发病。

【防治方法】

（1）**农业防治** ①加强竹林的抚育管理，定期植园，压土施肥，促进新竹生长。②及早剪除病枝，严重的整株挖除病株。③建造新竹林时，不能在病区挖取母竹。

（2）**化学防治** ①5—8月发病期，可喷施70%甲基硫菌灵可湿性粉剂，或50%多菌灵可湿性粉剂800~1 000倍液，或20%三唑酮乳油1 500~2 000倍液，控制病害的发生与蔓延，连续喷施2~3次，间隔7~10天。②选用15%三唑酮可湿性粉剂250倍液，喷雾或注入竹腔内（每株注入5mL），对病害有一定的抑制作用。

2. 竹黑粉病

【寄主】竹类。

【症状】发病重的竹林影响发笋。笋被害而枯死。病害主要发生在新枝梢上，偶有侵害较老的茎，也能为害竹笋。发病部（黑粉）逐渐向下延伸，可使整个新枝受害枯死。被害枝常形成丛枝（但没有丛枝病形成的丛枝明显）。受害竹笋的顶端数节密生黑粉。

【病原】担子菌门，白井黑粉菌（$Ustilago\ shiraiana$）。

【发病规律】病菌通过孢子随风传播。在经营管理不善的过密竹林中容易发生，尤其在生长细弱的竹林内，细弱的竹笋也易被害。

【防治方法】

（1）**农业防治** 竹林内出现少数竹株发病时，应及时砍除病竹（最好在黑粉飞散前），并把有黑粉的小枝销毁，以免蔓延。

（2）**化学防治** 用50%多菌灵可湿性粉剂800~1 000倍液，或15%三唑酮可湿性粉剂800~1 000倍液，或12.5%烯唑醇可湿粉剂2 000~2 500倍液，喷雾防治。连用2~3次，间隔12~15天。

3. 竹赤团子病

【寄主】刚竹、毛竹、桂竹、水竹、淡竹、苦竹、箭竹等。

【症状】该病主要为害小枝。发病初期,感病小枝叶鞘膨大破裂,产生灰白色米粒状物,肉质,后变为软木质。颜色逐渐变为淡黄色至赤灰色。米粒状物继续膨大成球形、长椭圆形、不规则块茎状,粉红色,为病原菌的子座。小枝受害后,枝叶逐渐枯黄,小枝易折落。

【病原】子囊菌门,竹黄菌(*Shiraia bambusicola*)。

【发病规律】病原菌的孢子借风雨传播,病害多于春季发生。管理不善,生长衰弱的竹子易发病。此外,春夏高温、多雨有利于病害的发生。

【防治方法】

(1) **农业防治** 减少侵染来源,及早砍除病竹,随时剪除病枝销毁。

(2) **化学防治** 喷施 0.5°Bé 石硫合剂,或75%百菌清可湿性粉剂600~800倍液,或50%异菌脲可湿性粉剂800~1 000倍液,连喷2~3次,间隔10~15天。

4. 竹黑痣病

【寄主】竹类。

【症状】发病初期,感病叶面产生苍白色小斑点,渐扩大为圆形、椭圆形或纺锤形病斑,病斑渐变为橙黄至赤色。发病后期,病斑上产生疹状隆起、有光泽的小黑点,为病原菌的子座。其外围有明显的橙黄色的变色圈。病斑可互相联合成不规则形。最后病叶局部或全部变褐枯死。

【病原】子囊菌门,黑痣菌属(*Phyllachora* sp.)。

【发病规律】病原菌以菌丝体或子座在病叶中越冬。翌年4—5月子实体成熟,释放子囊孢子,子囊孢子借风雨传播进行为害。病竹发病从近地面的叶片开始,然后逐渐往上蔓延。

【防治方法】

(1) **农业防治** 在早春收集病竹、病叶集中销毁,减少侵染来源。

(2) **化学防治** 发病初期,喷施1:1:100波尔多液,或75%百菌清可湿性粉剂800~1 000倍液,或70%甲基硫菌灵可湿性粉剂800~1 000倍液,或50%异菌脲可湿性粉剂1 000~1 500倍液,每隔10~15天喷1次,喷2~3次。

5. 竹煤污病

【寄主】刚竹、毛竹、雷竹、高节竹、乌哺鸡竹、米兰、茉莉、樱桃等。

【症状】感病竹株在竹叶表面的小枝上覆盖着一层烟煤状粉末,影响竹子的光合作用和呼吸功能,从而使竹子生长衰弱,严重时可造成叶脱落,小枝枯死,导致竹林衰败。

【病原】 多种附生菌和寄生菌。常见的有性阶段是小煤炱属（*Meliola* sp.）；无性阶段是枝孢霉属（*Cladosporium* sp.）。

【发病规律】 病菌以菌丝体、分生孢子在病部及落叶上越冬。翌年孢子借风雨和昆虫传播，常在春秋两季发病。竹煤污病的发生常与竹林管理不善、竹林密度过大、竹子生长细弱以及蚜虫、介壳虫为害有密切关系。

【防治方法】

（1）**农业防治** 加强竹林的抚育管理，及时砍伐竹株，保持合理的竹林密度，使竹林通风透光，竹子生长强壮，可减轻发病。

（2）**化学防护** 加强蚜虫、介壳虫等刺吸式口器害虫的防治：可用50%啶虫脒水分散粒剂10 000~12 000倍液，或40%啶虫·毒死蜱乳油1 000~2 000倍液喷雾防治。发病后，可用高压喷枪喷带清洗剂的水清洗煤污，尽量减少煤污覆盖，竹叶干燥时喷施50%多菌灵可湿性粉剂800~1 000倍液，或75%百菌清可湿性粉剂600~1 000倍液。

6. 毛竹基腐病

【寄主】 毛竹。

【症状】 主要为害当年出土的毛竹嫩竹。新竹基部的小病斑迅速连合成大块状斑。当病斑包围竹秆一圈时，病竹便枯死。轻度发病则竹秆基部留下伤疤，易风折。

【病原】 无性态真菌，暗色节菱孢菌（*Arthrinium phaeospermum*）。

【发病规律】 病菌以菌丝和分生孢子在土壤内和病残株体内越冬。病菌通过雨水传播，发生在4—5月初，当竹笋约1.5m左右，笋箨开始张开，如遇降雨，在离地第3~4节处发病。雨水与发病的关系十分密切。

【防治方法】 可喷施50%多菌灵可湿性粉剂，或70%甲基硫菌灵可湿性粉800~1 000倍液，或1%波尔多液800倍液，或70%敌磺纳可溶性粉剂800~1 000倍液，从展叶时起每隔15天喷1次，连续喷2~3次。

7. 竹水枯病

【寄主】 毛竹、刚竹、淡竹等。

【症状】 初发病时，竹梢有部分叶子卷缩，变为枯黄至淡红色，最后呈灰白色脱落，并向下部扩展，致使全株枯死。夏季枯死的竹子，节间有水，色黄而气臭。在2~3m高的节间贮水量最多，近地面节间则较少。秋季枯死的竹子，节间贮水少，或没贮水，有灰褐色斑点。

【病原】 无性态真菌，立枯丝核菌（*Rhizoctonia solani*）。

【发病规律】 2—3月开始发病，5—8月最为严重。病株先是零星分散，后逐渐蔓延扩展成片枯死。病竹从开始发病到整株枯死。一般在向阳坡、竹林稀疏、土壤干燥的地方发病多。在郁荫的山窝、竹林茂密、湿度大的地方发病较轻。砍伐不合理和不抚育管理，使竹林生活力逐渐下降，减弱了抗病能力。

【防治方法】

(1) 农业防治　应加强抚育管理和合理砍伐。发病后要及时在病区（病竹）四周（距枯死竹稍远处）开沟隔离，以防其继续蔓延扩展。

(2) 化学防治　可用70%甲基硫菌灵可湿性粉剂500~800倍液，或50%异菌脲可湿性粉剂1 000倍液灌根。

8. 竹叶锈病

【寄主】刚竹属、箭竹属植物。

【症状】可侵染成竹、幼苗，叶上不产生坏死性病斑，而在叶背面产生黄褐色突起的孢子堆；叶片褐色、失绿，严重时叶片萎蔫、卷曲、下垂、生长不良。

【病原】担子菌门，柄锈属菌（*Puccinia* sp.）。

【发病规律】病菌以菌丝体在竹叶活组织中存活，每年产生夏孢子堆。夏孢子在5—8月通过风力、雨水、昆虫等传播蔓延扩展为害。竹叶锈病是杂交竹子引种区较严重的病害，竹密集、湿度大的竹林较严重，有叶锈病的竹子往往伴随黑痣病、煤污病的发生。

【防治方法】

(1) 农业防治　清除侵染来源，及时收集病落叶烧毁，以减少侵原菌。

(2) 化学防治　用15%三唑酮可湿性粉剂800~1 000倍液，或12.5%烯唑醇可湿粉剂2 000~3 000倍液，连续喷施2次，间隔12~15天。

9. 竹秆锈病

【寄主】淡竹、紫竹、白哺鸡竹、箭竹、刺竹等竹类。

【症状】竹秆受害后，材质变黑发脆，影响工艺价值。被害重的竹林，生长衰退，发笋减少甚至枯死。病害多发生在竹秆的中下部或基部，有时小枝上也发生。6—7月间，受害部分产生黄褐色或暗褐色粉质的垫状物（病菌的夏孢子堆），呈椭圆形或长条形。11月至翌年春产生橙褐色如天鹅绒状，着生紧密不易分离，呈革质的垫状物（病菌的冬孢子堆）。这黄褐色垫状物脱落后，竹秆发病部位呈黑褐色。

【病原】担子菌门，皮下硬层锈菌（*Stereostratum corticioides*）。

【发病规律】病菌通过孢子随风传播。病菌在竹秆上只产生夏孢子和冬孢子，以菌丝在竹秆上存活多年；夏孢子只侵染当年新竹，传染期从4月中下旬开始，传染盛期是5月至6月中旬，新竹出枝展叶期，侵入后潜育期长达7~19个月；因新竹的症状出现晚，病斑小，易被忽视，2~3年生竹秆症状明显。凡地势低、湿度大的竹林发病重。竹种间抗病性差异大，淡竹、紫竹、白哺鸡竹等易感病，碧玉间黄金竹抗病性较强，刚竹、桂竹等不发病。

【防治方法】

（1）**农业防治** 及早砍除病竹，集中处理，减少侵染源。

（2）**化学防治** ①发病轻的竹林，喷施 0.5~1°Bé 的石硫合剂，每隔 7 天喷 1 次，连续喷 3 次。②发病时喷施 15%三唑酮可湿性粉剂 800~1 000 倍液，或 12.5%烯唑醇可湿粉剂 2 500~3 000 倍，或 25%丙环唑乳油 1 000~1 500 倍液喷雾防治。连用 2 次，间隔 12~15 天。

注意：使用唑类化学制剂防治锈病时，幼嫩花木及草坪一定要注意使用的安全间隔期。不可加量和缩短间隔期使用，以免发生矮化。

10. 淡竹根腐病

【寄主】淡竹。

【症状】该病害主要发生在淡竹根部，病变后的淡竹主根变为墨黑色，病部产生黄白色或杏黄色菌丝，侧根和须根易腐烂，呈黑色或黄褐色；病变后的淡竹干基由绿色变为酱黑色，产生白色或杏黄色粉状物，并密布黑色颗粒状的子实体；被害竹干部由绿色变为黄褐色，有的产生黑褐色或酱紫色不规则块状、条状斑纹。

【病原】无性态真菌，串珠镰刀菌（*Fusarium moniliforme*）。

【发病规律】淡竹根腐病是由镰刀菌引起的土传病害，多发生在淡竹的根、茎部位，这些部位往往潮湿且光照不足，半知菌类的镰刀属真菌活动频繁，一旦侵入淡竹皮层，很快会引起腐烂，使得根基部出现水渍状褐斑、软腐后腐烂脱皮，木质部呈黑褐色，表皮逐渐呈灰白色，并会逐步蔓延，进而扩展到竹的整个皮层，切断养分及水分的输导，使顶端嫩叶逐步失水，并自上而下萎蔫干枯，引起全株死亡。

【防治方法】

（1）**农业防治** ①加强竹园管理，进行有机肥与无机肥相结合的合理施肥方式，促进新竹生长。②清除病竹，集中处理。

（2）**化学防治** 发病初期若土壤湿度大、黏重、通透性差，要及时改良晾晒，再用药。可用 30%噁霉灵水剂 1 000~1 200 倍液，或 70%敌磺钠可溶粉剂 800~1 000 倍液进行浇灌，让药液达到受损的根茎部位，根据病情，可连用 2~3 次，间隔 10~15 天。对于根系受损严重的，配合促根调节剂使用。

11. 竹黛蚜

【学名】*Melanaphi s bambusae*，半翅目蚜科。

【寄主】毛竹、刚竹、淡竹、早竹、乌哺鸡竹、白哺鸡竹、红竹、水竹、斑竹、白夹竹、甜竹、桂竹、紫竹、篌竹等。

【为害状】竹黛蚜在竹叶背面取食，被害嫩竹叶出现萎缩、褪绿、枯白。蚜虫分泌物落于竹叶上滋生煤污病，特别是污染竹叶和影响光合作用，煤污结集较厚导致竹叶自然脱落或枯死。

【形态特征】

无翅孤雌蚜 体长0.85~1.25mm，卵圆形，体色变化大，有黑色、红褐色、土黄或红色，被白色粉状蜡质物。头部光滑，中额瘤几乎不隆起，额瘤隆起外倾。喙短，黑色；复眼大，深褐色，具突起的眼瘤，无单眼；触角5节，近于体长，末节延长为基部长的4倍，足细长。

有翅孤雌蚜 体长1.15~1.40mm，卵圆形，褐绿色到黑色，被白粉。中额平顶，额瘤微显。喙短；复眼大，具复眼瘤，无单眼；触角6节，近于体长，黑色。前翅中脉2分叉，足细长。

【发生规律】1年发生18~21代，以卵在寄主上越冬。越冬代及7—8月发生的第10代至第13代，出现有翅孤雌蚜，其他时间均为无翅孤雌蚜。第1代蚜发生在3月中旬至5月中旬，幼蚜需经17~25天，蜕皮4次成为无翅孤雌蚜，开始产卵，无翅孤雌蚜寿命为16~33天，其他各代的幼蚜生活期为8.2~15.3天，均蜕皮4次，无翅孤雌蚜的寿命为5.2~33.4天，以第4代至第13代蚜的寿命最短。12月上中旬无翅孤雌蚜后代分化出有翅孤雌蚜，并于12月中旬到1月下旬产卵，到3月发育为无翅孤雌蚜，有翅孤雌蚜于1月下旬到2月上旬死亡，寿命50天，无翅孤雌蚜于2月底到3月上旬死亡。

【防治方法】

（1）**农业防治** 采用黄色粘虫板诱杀有翅蚜。

（2）**化学防治** ①抓住有翅蚜迁飞前与若蚜期及时防治，可用10%吡虫啉可湿性粉剂1 000~1 500倍液，或50%啶虫脒水分散粒剂12 000~15 000倍液，或50%抗蚜威超微可湿性粉剂2 000~4 000倍液，喷雾防治。②在早竹林，虫口密度特别大时，在竹秆基部打孔，每株注射5%吡虫啉乳油2倍液1mm。

（3）**生物防治** 保护和利用天敌。捕食性天敌有黑腹狼蛛、拟环纹狼蛛、细纹猫蛛、盗蛛、浙江豹蛛、中华显盾瓢虫、二星瓢虫、十斑大瓢虫、龟纹瓢虫、食蚜蝇、丽草蛉、中华草蛉；寄生性天敌有蚜茧蜂、蚜小蜂。

12. 竹纵斑蚜

【学名】*Takecallis arundinariae*，半翅目蚜科。

【寄主】斑竹、金明竹、红竹、早竹、乌芽竹、黄槽竹、黄秆京竹、五月竹、白夹竹、寿竹、白哺鸡竹、甜竹、淡竹、毛竹、篌竹、雷竹、刚竹、秋竹、苦竹、川竹、玉山竹、滑竹、海竹等竹种。

【为害状】该虫群集于新枝、嫩叶上吸食汁液，被害嫩竹叶出现萎缩、枯白，并导致产生煤污病。在新竹抽枝展叶时为害最严重，其他各月份都有为害。严重影响竹子生长，使竹笋产量大幅度下降。

【形态特征】

无翅孤雌蚜 体长2.15~2.24mm，长卵圆形、淡黄色。头光滑，具较长的头状背刚毛8根、唇基有囊状隆起，喙短；复眼大，红色，具复眼疣，单眼3枚；触角灰白色

6节，约为体长的1.1倍，触角疣不明显，中部疣发达；足细长，灰白色。

有翅孤雌蚜 体长2.32~2.56mm，长卵圆形，淡黄色至黄色。头光滑，具背刚毛8根，中额隆起，额瘤外倾；喙短粗，光滑；复眼大，有复眼疣，单眼3枚；触角细长6节，约为体长的1.6倍，灰白色。第1~7节腹部背面各有纵斑1对，每对呈倒"八"字形排列，黑褐色。前翅长3.42~3.74mm，中脉2分叉。足细长，灰白色。

【发生规律】1年发生18~20代，以卵越冬。发生周期与竹黛蚜基本相似，只有6月后气温较高时，竹林中虫口密度较低，到9月后再次出现该蚜的活动。

【防治方法】
参见竹类中竹黛蚜的防治方法。

13. 竹梢凸唇斑蚜

【学名】*Takecallis taiwanus*，半翅目蚜科。
【寄主】五月季竹、白哺鸡竹、甜竹、毛竹、石竹、桂竹、红竹、刚竹、早竹等。
【为害状】蚜虫大多在初抽出的嫩叶上取食，被害竹叶不易展开，并逐渐萎缩，严重影响光合作用。

【形态特征】
无翅孤雌蚜 体长2.05~2.14mm，长卵圆形，淡绿色或黄褐色。复眼大，红色，有复眼疣，单眼3枚；触角6节，黑色，短于体，为体长的0.65~0.75倍。

有翅孤雌蚜 体长2.35~2.46mm，长卵圆形，淡绿色或黄褐色。头部微突，光滑，具背刚毛8根；喙粗短；复眼大，红色，有复眼疣，单眼3枚；触角6节，黑色，短于体，为体长的0.7~0.8倍，触角疣不发达。足灰白色。前翅长2.15~2.24mm，中脉2分叉，肘脉、臀脉分离。

【发生规律】1年发生20~23代。各个世代历期要比竹黛蚜少5~20天；7—8月气温较高期间，完成1代仅需15天。

【防治方法】
参见竹类中竹黛蚜的防治方法。

14. 两色绿刺蛾

【学名】*Latoia bicolor*，鳞翅目刺蛾科。
【寄主】为害竹亚科中绝大多数竹种。
【为害状】幼虫啃食叶片，为害严重时导致竹子枯死，影响翌年出笋数量和新竹质量，降低观赏价值；幼虫体具毒肢刺，妨碍竹林正常管理。

【形态特征】
成虫 体长14~19mm，翅展30~43mm，雄虫略小。头、胸、背及翅绿色，腹、后翅灰黄色。前翅前缘、外缘及缘毛黄褐色，在外横线及亚外缘线上有棕黄色斑点。

卵 椭圆形，扁平，长1.2~1.4mm，乳黄色，上覆透明薄膜，卵块鱼鳞状排列。

幼虫 体长22~30mm,黄绿色,背线青灰色,每节刺瘤处有半圆形蓝黑色斑,共8对。亚背线及气门线上方有肢刺1列。第8、9腹节各生黑色绒球状毛丛1对。

蛹 体长12~16mm,初化蛹乳白色,后变为棕黄色,体背面各节上半段着生由很多棕褐色小刺钩组成的宽带。

茧 椭圆形,长15~23mm,双层灰褐色,外层疏松,内层胶质,有盖。

【发生规律】1年发生1~3代,以第1代发生严重,以老熟幼虫在茧内越冬。翌年6月始蛹,绝大多数6月底至7月下旬羽化,少数迟至8月下旬初羽化,8月下旬至9月底结茧越冬。卵期5~7天,幼虫共8龄,成虫多在傍晚羽化,日伏叶背,夜出活动,具趋光性。卵产于叶背中脉旁,单行或双行呈鳞状排列。每块卵有18~32粒,每雌产卵约200粒。初孵幼虫先吃卵壳,2龄转竹叶下表皮群集取食,被害竹叶呈白膜状。3龄幼虫取食全叶,常10条幼虫头部排列一致向叶尖横列取食。食完一片叶,幼虫转移时,头尾相接,单行爬行。5龄后,幼虫分散取食。老熟幼虫在树冠周围表土层及落叶丛中结茧化蛹。

【防治方法】

(1) **农业防治** ①2龄幼虫群集取食时,根据被害叶显白膜状,可及时摘除消灭,减少虫口。②灯光诱杀成虫。

(2) **化学防治** 低龄幼虫期喷施25%灭幼脲悬浮剂1 200~1 500倍液,或幼虫期喷施40%辛硫磷乳油1 500~2 000倍液进行毒杀。

(3) **生物防治** 保护和利用天敌刺蛾小室姬蜂。

15. 竹笋禾夜蛾

【学名】*Oligia vulgaris*,鳞翅目夜蛾科。

【寄主】毛竹、淡竹、刚竹、红竹、桂竹、乌哺鸡竹、石竹、慈竹、苦竹、紫竹、油竹等竹类。

【为害状】幼虫蛀食竹笋,受害笋形成虫退笋,不能成竹。少数成竹者也断头折梢,虫孔累累,心腐质脆,影响观赏和竹材质量。

【形态特征】

成虫 体长14~25mm,翅展32~50mm,体、翅棕褐色,前翅基部及顶角处各有一倒三角形深褐色大斑,内横线、外横线和亚外缘线隐约可见,后翅黄褐色。

卵 近球形,长约0.8mm,淡黄白色。

幼虫 体长30~45mm,头部橙红色。体紫褐色、背线细,白色,亚背线较宽,白色,但在腹部第2节前半段短缺。

蛹 长15~26mm,赤褐色,臀棘4根。

【发生规律】1年发生1代,以卵在禾本科杂草枯叶的边缘卷皱中越冬。翌年2月底开始孵化,此时竹笋尚未出土幼虫即钻入禾本科、莎草科杂草心叶中为害,导致枯心、白穗症状。幼虫在草心中蜕皮2~3次,不再生长,至4月上中旬竹笋出土,幼虫即由杂草转而蛀入笋中为害,先由笋尖小叶中蛀入,取食后再蜕皮1次,爬出小叶,转而咬破笋皮蛀入笋内为害，如遇小竹笋皮较薄，可直接蛀入笋内。幼虫在笋内蛀食 18～25 天老熟，可转竹笋为害；至 5 月上中旬老熟幼虫爬出竹笋，钻入疏松的土层中结薄茧化蛹，蛹期 20～30 天；成虫 6 月上中旬羽化，成虫夜间活动，有趋光性，当天或隔天交尾产卵，每雌产卵 380 余粒；卵产于禾本科杂草下部枯叶边缘、叶卷内，即以卵越冬。故竹林杂草多少直接影响此虫的发生。

【防治方法】

（1）**农业防治** ①受害竹笋清晨尖端无露珠，无光泽，俗称"退笋"，可及早挖除，消灭笋内幼虫。②翻耕除草，消灭禾本草上越冬的虫卵，是防治此虫的关键。③黑光灯诱杀成虫。

（2）**化学防治** 幼虫期可用 90% 晶体敌百虫 1 000 倍液，或 45% 丙溴·辛硫磷 1 000～1 500 倍液，或 20% 甲氰菊酯乳油 2 000～3 000 倍液喷雾防治。

（3）**生物防治** 保护和利用天敌黑卵蜂、平腹小蜂、寄生蜂等。

16. 竹小斑蛾

【学名】*Artona funeralis*，鳞翅目斑蛾科。

【寄主】紫竹、吊丝箪竹、粉箪竹、箪竹、唐竹、苦竹、毛竹、刚竹、淡竹、茶秆竹、青皮竹等。

【为害状】幼虫啃食竹叶叶肉，使竹呈白色膜状枯斑，造成全叶白枯，3 龄后食全叶，严重时可将竹叶食尽，影响出笋及生长，也破坏竹材质量，连续遭害的竹林，甚至导致成片枯死。

【形态特征】

成虫 雌虫体长 9.5～11.5mm，翅展 22.8～25.4mm；雄虫体长 7.8～9.2mm，翅展 17.8～21.5mm。体黑色，具青蓝色光泽。雌成虫触角丝状，长 7.5mm，雄成虫触角羽毛状。翅黑褐色，前翅狭长，后翅顶角较尖，基部及翅中半透明，缘毛黑褐色。前足胫节有 1 对端距，后足胫节有 2 对端距，分别位于中部与端部。

卵 短柱形，两端略钝，长径 0.65～0.78mm，短径 0.46～0.56mm。初产乳白色，有光泽，近孵化时淡蓝色。卵块状，均匀地散产于竹叶背面，每卵块有卵 25～150 粒，偶见卵块有卵近 300 粒，每雌产卵 400 粒，多达 800 粒。

幼虫 初孵幼虫体长 0.8～1.0mm。乳白色，体被长毛，胸部第 1 节较宽大，头微黄，缩于前胸下。1 龄末期前胸背面显出 2 个棕色斑点，后胸，以及腹部 1、4、8、9 节有棕色斑纹。幼虫 6 龄，2 龄幼虫在中胸以后各体节均有毛瘤，每节 4 个；亚背线上中胸、腹 9 节和气门线上的毛瘤具粗短刺和长毛，亚背线上其他各节毛瘤仅具粗短刺。以后各龄幼虫皆同，仅体色明显或更鲜艳。

蛹 体长 8.0～10.0mm，宽 2.0～3.0mm，雄蛹较小。扁椭圆形，橙黄色，羽化前蓝黑色，腹部各节背面前半端有刺状小突起，以第 3～7 腹节最为明显。臀棘 10 余根，触角、翅芽达第 4 腹节。

茧 长 12～14mm，椭圆形或瓜子形，棕褐色，革质，表面细密坚硬；底层软，膜质，表层一端或全部密被或散被白毛。

【发生规律】1年发生3~5代，以老熟幼虫在竹箨内壁、石块下和枯竹筒内结茧越冬。翌年4月底至5月中旬化蛹，5月中下旬羽化。成虫白天活动，多在竹林上空、林缘和道路边飞翔，并取食金樱子、野茉莉、细叶女贞等花蜜，补充营养。交尾，产卵也均在白天，尤以下午最盛。每雌产卵200~450粒，卵单层块产于1m以下的小竹嫩叶或大竹下部叶背面。各代幼虫为害期分别在6月上旬至7月中旬；8月上旬至9月中旬；9月底至11月初。幼龄幼虫群集为害，常在叶背头向一方整齐并排，啃食叶肉，形成不规则白膜或全叶呈白膜状。3龄后分散食全叶，会吐丝下垂，日夜均取食，老熟后下竹结茧化蛹。5月干旱会导致此虫大发生；一般在向阳、干燥、路边丛生竹上发生严重。

【防治方法】

（1）**农业防治** ①合理经营管理竹林，采伐量不宜过大，保持竹林生物多样化。保留少部分小灌木、杂草等天敌的栖息场所。该虫常在林间发生。②幼龄幼虫群集为害，形成"白叶"，极为显眼，此时人工摘除带虫白叶集中销毁。

（2）**化学防治** 尽量选择在低龄幼虫期防治。此时虫口密度小，为害小，且虫的抗药性相对较弱。可选用20%氰戊菊酯乳油2 000~3 000倍液，或45%丙溴·辛硫磷乳油1 000~1 500倍液，或20亿PIB/mL甘蓝夜蛾核型多角体病毒悬浮剂750~1 000倍液喷杀幼虫。

（3）**生物防治** 保护和利用捕食性天敌，成虫期有竹鸡、画眉、杜鹃等鸟类和浙江豹蛛、猫蛛、盗蛛、宽条狡蛛、武夷豹蛛等蜘蛛；卵期有牯岭草蛉、丽草蛉；幼虫期有七星瓢虫、红点唇瓢虫、横带瓢虫。寄生性天敌有斑蛾赤眼蜂，幼虫期有暗翅茧蜂、黄茧蜂、绒茧蜂等。

17. 竹白尾粉蚧

【学名】*Antonina crawii*，半翅目粉蚧科。

【寄主】刚竹、紫竹、苦竹、凤尾竹和罗汉竹等竹类植物。

【为害状】聚集在叶鞘基部和枝茎分杈处刺吸为害。

【形态特征】

雌成虫 体长约3.5mm，椭圆形，暗紫色。老熟时整体膜质，但腹末数节硬化。

卵 椭圆形，两端较平，紫色。蜡囊卵形，白色，棉絮状，有白色蜡丝1~2根向上伸出。

若虫 紫色，两端较平。

【发生规律】1年发生2~3代，以雌成虫和若虫在1年生枝条、节间、叶鞘和隐芽中越冬。翌年3月开始孕卵，5月上旬第1代若虫开始孵化，5月中下旬为孵化盛期，6月上旬为孵化末期。第2、3代若虫分别发生在6月和7月，第2代出现世代重叠现象，第3代若虫可持续到11月。初孵若虫在晴天上午爬出蜡囊到叶鞘内刺吸为害，2龄若虫群集于竹杈和叶鞘上为害，并分泌白色絮状蜡质覆盖虫体，10~14天后蜡丝完全包围虫体,形成蜡囊,并分泌大量蜜露,导致煤污病发生。

【防治方法】

参见紫薇中紫薇绒蚧的防治方法。

18. 竹织叶野螟

【学名】*Algedonia coclesalis*,鳞翅目螟蛾科。

【寄主】毛竹、淡竹、刚竹、苦竹等多种竹子。

【为害状】幼虫吐丝卷叶成苞取食当年新生竹叶,1株竹子上有时多达9 000余条,竹叶被吃光,影响竹鞭生长及下年度出笋,甚至导致大面积竹子枯死,受害竹砍下后重量减轻35%~50%。

【形态特征】

成虫 体长9~13mm,翅展28~30mm;体黄褐色,触角丝状,复眼草绿色。前后翅外缘具褐色宽带,前翅有3条横线,呈褐色波状纹,中横线中央部分断裂,中横线后段与外横线前段有1纵线相连接,外横线后段消失;后翅中央有1弯曲褐色斑纹。

卵 扁圆形,长0.8~1.0mm,淡黄色,中央部分厚,略呈半透明。数十粒聚在一起,卵块扁平、略近圆形,各卵粒呈鱼鳞状紧密排列。

幼虫 共6龄,老熟幼虫体长18~24mm,头部褐色;取食期间体呈绿色或淡黄色,体表光滑;老熟时体色变浅,呈灰白色,各节有淡褐色的毛片,入土化蛹前转为金黄色。

蛹 长12~14mm,橙色,腹部较细,末端有钩状臀棘数根。

茧 椭圆形,长约15mm,在竹苞内或表土上丝土黏接,灰褐色。

【发生规律】1年发生1~4代,以老熟幼虫在土茧中越冬。翌年5月初越冬幼虫开始化蛹,蛹10~15天羽化成虫。成虫有趋光性,需吸食花蜜才能交尾产卵,卵块产于嫩叶背面,呈鱼鳞状,卵3~5天孵化。初孵幼虫取食竹叶上的表皮,2龄后吐丝卷叶躲在其中取食,并形成大的虫苞。幼虫在6月中下旬为害,7—8月为害盛期,被害竹上虫苞累累,多达300余个,竹叶被食尽,竹枝发黄,直至10月仍可见少数幼虫为害,多数幼虫于10月在竹蒲头附近疏松表土上做土茧越冬。有少数幼虫在7月底化蛹,8月羽化成虫繁殖第2代,每代幼虫均有部分滞育越冬。

【防治方法】

(1) **农业防治** 秋、冬季或早春季节进行人工挖蛹,以消灭虫源。②可利用成虫的趋光性,设置黑光灯诱杀成虫。

(2) **化学防治** 发生期,可喷施20%氰戊菊酯乳油1 000~2 000倍液,或90%晶体敌百虫1 000倍液,或25%灭幼脲悬浮剂2 000~2 500倍液。

(3) **生物防治** 在卵期释放赤眼蜂120万头/hm²。

19. 竹红天牛

【学名】*Purpuricenus temminckii*,又名竹紫天牛,鞘翅目天牛科。

【寄主】黄古竹、黄槽竹、毛环水竹、京竹、斑竹、寿竹、实心竹、角竹、淡竹、毛竹、强竹、红竹、桂竹、篌竹、紫竹、高节竹、石竹、芽竹、刚竹、金竹、乌哺鸡竹、孝顺竹、撑篙竹、粉箪竹、青皮竹等竹类。

【为害状】喜为害活立竹。春天成虫在竹上部飞绕，寻适宜立竹产卵，卵产于竹节上下10cm范围内的竹秆上，幼虫孵化后直接钻入竹秆内取食为害。落雨时，雨水顺竹秆往下流，可从幼虫侵入孔进入竹腔内，长期受雨水浸泡，秆内发黑，竹叶发黄、脱落，竹腔内易蓄积水。为害伐倒竹，成虫于竹秆产卵或在竹秆伤口处产卵，初孵幼虫蛀入竹青下为害，取食竹肉，被害竹材内成孔洞，蛀屑、虫粪堆于竹腔内，竹材失去利用价值造成严重损失。

【形态特征】

成虫 体长11.5~18mm，略呈长形。头、触角、腿及小盾片黑色，前胸背板及鞘翅朱红色，前胸背板有5个黑斑，接近后缘的3个较小，前方的1对稍大而圆。头短，前胸紧缩。触角向后伸展。小盾片细小，呈锐三角形，鞘翅密被刻点。体背面除头及小盾片外，几乎无毛。

【发生规律】2年完成1代，以成虫及部分中大幼虫在竹材中越冬。越冬成虫于4月中旬至5月上旬外出，5月上中旬为产卵盛期，6月中下旬终见。越冬幼虫则多于8月中旬至10月中旬变蛹，9月中旬至11月上旬羽化，当年内不再外出。成虫白天活动，善飞。卵散产于竹材表层，以竹节周围较多，上覆绒毛。幼虫在竹材内蛀成纵横蛀道，蛀道内充满粪屑，不结块，最后仅留外壳，完全失去使用价值。化蛹于蛀道一端。

（1）**农业防治** 捕捉成虫。9—11月成虫羽化外出，白天活动于竹间，采用人工捕捉，防止产卵。

（2）**化学防治** 成虫产卵活动期与卵孵期，用90%晶体敌百虫1 000倍液，或25%灭幼脲悬浮剂2 000~2 500倍液喷雾防治。

20. 竹虎天牛

【学名】*Chlorophorus annularis*，又名竹绿虎天牛，鞘翅目天牛科。

【寄主】竹类。

【为害状】不侵害活立竹，严重为害竹材及制品，特别是新采伐的嫩竹，竹材被害时，外壳上有通气孔，除竹青和竹黄内壳外，几乎全部被蛀蚀，蛀道内充满虫粉，虫粉细，干后结成硬块。

【形态特征】

成虫 体长13~17mm，体狭长，棕色或棕黑色，头部及背面密被黄色绒毛，腹面被白绒毛，足部有时赤褐色；前胸背板具4个长形黑斑，中央2个至前端合并；鞘翅狭长，基部有卵圆形黑环，中央1黑色横条，其外侧与黑环相接触，端部有圆形黑斑。

卵 为长卵形，黄绿色。

幼虫 白色，无足。

【发生规律】1年发生1代，以大幼虫在被害竹材蛀道内越冬。越冬幼虫于翌年3

月中下旬开始变蛹,4月上中旬成虫羽出,7月中旬终见;卵产于竹材裂缝、伤痕及切面处。幼虫及蛹均在竹材蛀道中。

【防治方法】

参见竹类中竹红天牛防治方法。

21. 竹象鼻虫

【学名】主要包括大竹象甲（*Cyrtotrachelus longimanus*）、一字竹象甲（*Otidognathus davidis*）、小竹象甲（*Otidognathus nigripictus*）等,鞘翅目象甲科。

【寄主】毛竹、桂竹、红竹、金毛竹、篌竹等的竹笋。

【为害状】以幼虫蛀食竹笋,使竹笋枯死,还会蛀食1m高的嫩竹,使其生长不良,节间缩短,拦腰折断,在成竹前易被风吹折成断头竹,即使成竹,也造成顶端小枝丛生及嫩竹纵裂成沟等畸形现象,结果竹材硬脆,不堪利用。

【形态特征】

(1) 大竹象甲

成虫 体长21~23mm,体宽8.3~15mm,雄性较小;体呈梭形,红棕色有光泽,触角及口吻均为黑色;前胸后缘中央有1个大黑斑,肩部各有黑斑1个,鞘翅上各有刻点成纵横9条。

卵 椭圆形,长约3mm,光滑无色透明。

幼虫 乳黄色,长20~45mm,头棕色,体胖多皱纹,有淡灰色背线1条。

蛹 白色;长约30mm。

(2) 一字竹象甲

成虫 体梭形,雌虫体长约17mm,乳白至淡黄色,表面光滑。雄虫体长约15mm,赤褐色。头部黑色,两侧各生漆黑色椭圆形复眼;触角置于头管基部的触角沟内。前胸背板后缘弯曲呈弓形,中间有1个梭形黑色长斑;胸部腹面黑色。鞘翅上各具有刻点组成的纵沟9条,翅中各有黑斑2个,肩角及外缘内角黑色。

卵 长椭圆形,长径约3.1mm,初产为玉白色,不透明。后渐呈乳白色,孵化前卵的一半为半透明状。

幼虫 初孵幼虫体长约3mm,体柔软透明,乳白色,背线白色。老熟幼虫体长约20mm,米黄色。头赤褐色,口器黑色,体有皱褶,气门不明显,背线浅黄色,尾部有深黄色突起。

蛹 体长约15mm,深黄色,足、翅末端黑色,臀棘硬而突出。

(3) 小竹象甲

成虫 体长为大竹象甲的1/3左右。前胸背板有一字形黑斑,小背板黑色,鞘翅各有5个黑斑。

卵 长为大竹象甲的1/2左右。

蛹 长为大竹象甲的1/3左右。

【发生规律】

（1）**大竹象甲** 1年发生1代，以成虫在土中越冬。翌年6—7月新笋长大后，成虫出土在竹笋上取食、交尾和产卵。卵多产于笋梢部，产卵前成虫在笋梢咬孔，将卵产入其中，每孔产卵1~2粒，孔口湿润或有纤维状突出物，卵经3~7天孵化。幼虫期15~19天。老熟幼虫在被害部位咬孔落地，然后钻入土内深8~10cm深处筑土室化蛹，成虫羽化后在土中越冬。从卵至成虫历时为1个月。每年5—10月均可为害，尤其以7—8月最盛。成虫出土后，多在上午飞翔活动，成虫有假死性。

（2）**一字竹象甲** 1年发生1代，以成虫在土中越冬。成虫在5—6月出土，白天活动，以竹笋补充营养，将竹笋啄成许多小洞，头部向下啄产卵孔，然后产卵；卵3~5天孵化，幼虫在竹笋内蛀食，经20天左右，幼虫老熟咬破笋壳入土结茧，经15天左右化蛹，羽化后的成虫在土茧中越冬。

（3）**小竹象甲** 与一字竹象甲基本一致。

【防治方法】

（1）**农业防治** ①用竹丝等材料做成圆锥形罩，自5月上旬开始，将刚出土的竹笋套上罩，可以防止成虫产卵为害。②结合冬耕消灭土中的成虫。成虫出土后，中午隐藏在阴凉的竹叶下，可捕捉杀死。

（2）**化学防治** 成虫产卵期，用50%吡虫·杀虫单水分散粒剂600~800倍液，或90%晶体敌百虫1 000倍液，或20%甲氰菊酯乳油2 000~3 000倍液喷施笋尖。

第五篇

园林植物病虫害常用农药概述

第一节 杀虫剂

一、杀虫剂的种类

1. 按来源分类

（1）**无机杀虫剂** 主要由天然矿物原料加工、配制而成，又称矿物性杀虫剂。如砷酸铅、氟硅酸钠和矿油乳剂等。这类杀虫剂一般药效较低，对作物易引起药害，砷剂对人的毒性大，自有机合成杀虫剂大量使用以后已逐步淘汰。

（2）**化学合成杀虫剂** 主要由碳氢元素构成的一类杀虫剂，多采用有机化学合成方法制得，能够大规模工业化生产。为目前使用最多的一类杀虫剂。如有机磷类、氨基甲酸酯类、拟除虫菊酯类、杂环类杀虫剂等。这类杀虫剂使用不当会造成环境污染。

（3）**生物源杀虫剂** 生物本身或代谢产生的具有杀虫活性的物质，根据来源又可分为植物源、微生物源、外激素和昆虫生长调节剂类杀虫剂等。植物源杀虫剂的有效成分来源于植物，如生物碱、拟除虫菊酯类等。微生物源杀虫剂的有效成分为微生物或其代谢产物，如苏云金杆菌、白僵菌、核型多角体病毒、阿维菌素等。

2. 按化学成分分类

（1）**有机磷类杀虫剂** 此类杀虫剂因为具有杀虫谱广、杀虫方式多样、在环境中易分解、解毒容易、抗性产生相对较慢、对作物安全等特点成为我国使用最为广泛、用量最大的一类杀虫剂。如辛硫磷、氧乐果等。但是此类农药中的一些品种毒性高，而且多数有机磷类杀虫剂不能与碱性农药混用，大部分有机磷类杀虫剂已禁用或限用。

（2）**氨基甲酸酯类杀虫剂** 属于有机酯类农药。此类农药不同结构类型的品种其毒性差别很大，多数品种速效性好、持效期短、选择性强、对天敌安全、增效性能多样；多数品种毒性低、残留量低；少数品种毒性高、残留量高。如灭多威、涕灭威等目前已禁用。

（3）**拟除虫菊酯类杀虫剂** 属于有机酯类农药。此类农药具有高效、谱广、毒性低、残留低等优点，但多数品种只有触杀和胃毒作用，无内吸和熏蒸作用，且害虫易产生耐药性，不能与碱性农药混用。如氯氰菊酯、溴氰菊酯等。

（4）**沙蚕毒素类杀虫剂** 此类农药属于神经毒剂。这类杀虫剂品种不多，但杀虫谱广、残留低、污染小，具有多种杀虫作用，可用于对有机磷、氨基甲酸酯、拟除虫菊酯类农药产生抗性的害虫防治，但对蜜蜂和家蚕毒性较高。如杀虫单、杀虫双等。

（5）**杂环类杀虫剂** 此类农药具有超高效、杀虫谱广、作用机制独特、对环境相容性好等特点，正在逐步取代高毒的有机磷杀虫剂，如吡虫啉、噻虫嗪等。

（6）**其他杀虫剂**　包括几丁质合成抑制剂、甲脒类杀虫剂，如灭幼脲、吡蚜酮、螺虫乙酯等。

3. 按作用方式分类

（1）**胃毒剂**　药剂经昆虫取食，由消化系统吸收并到达靶标后起到毒杀作用。胃毒剂只对咀嚼式口器害虫起作用，如敌百虫、敌杀死等。

（2）**触杀剂**　药剂与昆虫表皮、足、触角、气门等部位接触后渗入虫体或腐蚀虫体表皮蜡质层或堵塞气门等而使害虫中毒死亡。如辛硫磷、马拉硫磷等。

（3）**内吸剂**　药剂被植物吸收后能在植物体内传导并达到害虫的取食部位，其原体或活化代谢物随害虫吸食植物汁液进入虫体而起到毒杀作用。如噻虫嗪、吡虫啉等。

（4）**熏蒸剂**　利用有毒的气体、液体或固体挥发而产生的蒸气进入害虫体内，使害虫中毒死亡。

（5）**驱避剂**　药剂依靠其物理或化学作用使昆虫忌避而远离药剂所在处，从而保护寄主植物或特殊场所。如香茅草对吸果蛾有驱避作用，卫生球对卫生害虫有驱避作用。

（6）**拒食剂**　害虫接触或取食药剂后其正常的生理功能受到影响出现厌食、拒食，不能正常发育或因饥饿、失水而死亡。如印楝素等。

（7）**不育剂**　药剂被昆虫摄入后，能够破坏其生殖功能，使害虫失去繁殖能力，如喜树碱等。

4. 按作用机制（原理）（机理）分类

（1）**神经毒剂**　药剂作用于害虫的神经系统，主要是干扰破坏昆虫神经生理、生化过程而导致其中毒死亡。如氨基甲酸酯类杀虫剂是乙酰胆碱酯酶的抑制剂，昆虫中毒后出现过度兴奋，麻痹而死。

（2）**呼吸毒剂**　药剂作用于昆虫气门、气管而影响气体运送使其窒息死亡，或者是药剂抑制害虫的呼吸酶而使其中毒死亡。

（3）**消化毒剂**　药剂作用于害虫的消化系统，破坏其中肠或影响其消化酶而使害虫致死。

（4）**特异性杀虫剂**　药剂可引起害虫生理上的反常反应，如使害虫远离植物的驱避剂，使害虫味觉受抑制不再取食导致其饥饿而死的拒食剂，影响成虫生殖机能使雌性和雄性之一不育，或两性皆不育的不育剂，影响害虫生长、变态、生殖的昆虫生长调节剂等。

二、杀虫剂的常见剂型

（1）**乳油**　由农药原药、溶剂和乳化剂等按一定比例经过溶化、混合制成的透明单相油状液混合物。乳油加水稀释后可自行乳化，变成不透明的乳状液（乳剂），具有防效高、用途广等优点。

（2）**粉剂**　由农药原药和填料等按一定比例经机械粉碎而制成粉状物。粉剂可直接使用，有效成分含量比较低。具有使用方便、药粒细、残效期长、药粉能均匀分布、防效高等优点。

（3）**可湿性粉剂** 由农药原药、填料和湿润剂等按一定比例经过粉碎而制成的粉状物。可湿性粉剂具有展布性好、黏附力强等优点。

（4）**颗粒剂** 由农药原药、辅助剂和载体制成的颗粒状物。颗粒剂可分为遇水解体和不解体两种类型。颗粒剂施用方便、残效期长、使用时沉降性好、漂移性小、不受水源限制等优点。

（5）**水剂** 农药原药的水溶液剂型，具有加工方便、成本低等优点。

（6）**悬浮剂** 又称胶悬剂，是用不溶于水或微溶于水的固体农药、分散剂、湿展剂、载体、消泡剂和水超微粉碎后制成的黏稠性悬浮液。具有耐雨水冲刷、持效期长等优点。

（7）**缓释剂** 利用控制释放技术，将农药原药加上缓释填充物可使有效成分缓慢释放的制剂。缓释剂可使农药低毒化、长效化，减轻环境污染，增加安全系数。

（8）**气雾剂** 利用发射剂急骤气化时所产生的高速气流将药液雾化的一种罐装制剂。气雾剂常压下必须装在耐压罐中。具有使用方便、速效、用药量少等优点。

（9）**烟雾剂** 由农药原药、助燃剂、氧化剂及消燃剂等配制成制剂。具有使用方便、节省劳力等优点，适宜防治仓库、温室及保护地栽培作物害虫。

（10）**可溶性粉剂（水溶剂）** 由农药原药、填料和助剂加工而成。具有使用方便、药效好，包装、运输和贮藏方便等优点。

（11）**微胶囊剂** 利用胶囊技术把固体、液体农药等包在囊壁中形成的微小囊状制剂。

（12）**种衣剂** 由农药原药、分散剂、防冻剂、增稠剂、消泡剂、防腐剂等均匀混合在一起，经研磨变成浆后，用特殊的设备将药剂包裹在种子上。种衣剂具有污染小、对苗期害虫防效好等优点。

三、杀虫剂使用技术原理

1. 杀虫剂的作用机理

（1）**胃毒作用** 药剂经过害虫口器摄入体内，到达中肠后被肠细胞吸收，然后进入血腔，并通过血液流动传到虫体的各部位而引起害虫中毒死亡。主要对咀嚼式口器的害虫起作用。

（2）**触杀作用** 药剂通过接触害虫表皮、气门、足等部位进入虫体引起害虫中毒死亡。喷射时一定要将药液喷到虫体上，才能起毒杀害虫的作用。

（3）**熏蒸作用** 药剂以气体状态通过害虫呼吸系统进入虫体，而使害虫中毒死亡。典型的熏蒸杀虫剂都具有很强的气化性，常温下就是气体。由于药剂以气态形式进入害虫体内，因此在施药时必须密闭使用，而且需要较高的环境温度和湿度。

（4）**内吸作用** 药剂施用到植物体上并被植物体吸收，通过输导组织传送到植物体的各部分，害虫吸食植物汁液后中毒死亡。内吸杀虫剂主要用于防治刺吸式口器害虫。植物在日出前后呼吸作用最强，所以在日出前后处理植株防效好。

（5）**昆虫生长调节作用** 药剂通过抑制昆虫生长发育，如抑制皮、抑制新表皮的形成以及抑制取食等方式而导致害虫死亡。

2. 杀虫剂浓度与稀释

（1）**常用杀虫剂浓度的表示方法**

A. 百分数。用百分数表示杀虫剂有效成分的含量，指一百份药液中含杀虫剂的份数，符号是%，如45%辛硫磷乳油，表示100份乳油中含有45份辛硫磷的有效成分。百分数又分为质量百分数与体积百分数两种，固体与固体之间或固体与液体之间配药时常用质量百分数，液体之间的配药常用体积百分数。

B. 百万分数。指一百万份药液中含有杀虫剂有效成分的份数。单位可为mg/kg或mg/L。常用于浓度很低的虫剂。

C. 倍数法。药液（或药粉）中稀释剂（水或填充料等）的用量为原药用量的比数（倍数），也就是把药剂稀释多少倍的表示方法。如50%噻虫嗪水分散粒剂100倍液，即表示50%噻虫嗪水分散粒剂1g应兑水100g。因此，倍数法一般不能直接反映出药剂的有效成分。稀释倍数越大，药液的浓度越小。在实际应用中又分为内比法和外比法两种。

a. 内比法。适用于倍数在100倍以下（包括100倍）的情况，如稀释50倍，即原药剂1份加稀释剂49份。

b. 外比法。适用于稀释100倍以上的情况，即计算稀释时的量不扣除原药剂所占的1份，直接用计算出的药剂份数进行稀释。因为误差已小于1%，如稀释1 000倍，即用原药液1份加稀释剂1 000份。

（2）**浓度表示法之间的换算**

A. 百分数与百万分数之间的换算：百万分数=10 000×百分数。

B. 倍数法与百分数之间的换算：百分数=原药剂浓度/稀释倍数。

例：40%辛硫磷乳油稀释500倍后，浓度相当于百分之几？相当于多少mg/kg或mg/L？

解：40%÷500=0.08%

10 000×0.08=800（mg/kg或mg/L）

（3）**稀释杀虫剂的计算方法**

A. 求稀释剂用量。

a. 稀释100倍以下。

稀释剂用量=原药剂质量×（原药剂浓度-所配药剂浓度）/所配药剂浓度×100

例：现有70%吡虫啉可湿性粉剂100kg欲稀释成5%吡虫啉片剂，求稀释剂用量。

解：稀释剂用量（kg）=100×（70%-5%）÷5%=1 300

b. 稀释100倍以上。

稀释剂用量=原药剂质量×原药剂浓度/所配药剂浓度×100

例：5%啶虫脒乳油3g稀释成20mg/L，需兑水多少？

解：5%相当于50 000mg/L

稀释时应加水量（g）= 3×50 000÷20 = 7 500

B. 求用药量。

原药剂用量=所配制药剂质量×所配药剂浓度/原药液浓度

例：需配制 $30×10^{-6}$ 的三唑酮药液 50 000g，需多少 25%三唑酮可湿性粉剂？

解：25%相当于 $250\ 000×10^{-6}$

原药液用量（g）= 50 000×30÷250 000 = 6

C. 求稀释倍数。

a. 由浓度比求稀释倍数。

稀释倍数=原药剂浓度/所配药剂浓度

例：需将10%吡虫啉可湿性粉剂稀释0.025%，求稀释倍数。

解：稀释倍数 = 10%÷0.025% = 400

b. 由质量比求稀释倍数。

稀释倍数=所配药剂质量/药剂质量

例：用40%多菌灵悬浮剂防治叶斑病，每公顷用药0.8kg，兑水1 200kg均匀喷雾，稀释倍数是多少？

解：稀释倍数 = 1 200÷0.8 = 1 500

（4）杀虫剂的稀释方法

杀虫剂在使用过程中，要采用正确、合理、科学的稀释方法，对保证药效、防止污染具有重要作用。杀虫剂稀释方法有以下几种。

A. 粉剂。使用时一般不需要稀释，但为使药剂均匀喷施在植物表面，可以适量加入填充料，边添加边搅拌，直到填充料全部加完。

B. 液体。用药量少的可以直接稀释，即在准备好的配药容器内盛好所需用的清水，然后将定量药剂慢慢倒入水中并搅拌均匀，即可喷雾使用。如果用药量较多，则需采用两步配制方法，先用少量的水将农药稀释成母液，再将配制好的母液按稀释比例倒入准备好的清水中，搅拌均匀即可。

C. 可湿性粉剂。采取两步配制方法，即先用少量水配成较浓母液，然后倒入药水桶中稀释。

D. 颗粒剂。有效成分低，需要借助填充料稀释。可用干燥均匀的细土粒或同性化学肥料作为填充料，使用时将颗粒剂与填充料拌匀即可。在选用化学肥料作为填充料时要注意，杀虫剂与化肥的酸碱性必须一致，以免混合后引起杀虫剂分解失效。

四、杀虫剂的安全使用

合理使用杀虫剂对于病虫害的防治效果、环境及延长杀虫剂的使用寿命是非常重要的，在使用过程应注意以下几方面。

（1）农药选择 根据害虫类型、植物类型，选用适宜的农药类型。优先选择用量少、毒性低、在产品和环境中残留量低的农药品种，严禁使用禁用农药，限制使用高毒农药。

（2）**适时施药** 根据害虫生长规律及农药性能，本地植物的发病规律、虫害发生规律进行施药。

（3）**剂量适当** 按照农药标签上的推荐剂量适量用药，根据病、虫的耐药性严格控制施药次数、施药量和安全间隔期。

（4）**施药方法得当** 合理选择施药方法，根据害虫发生规律、杀虫剂性质、加工剂型和环境条件选择不同的施药方法。

（5）**做好安全防护** 杀虫剂对人体、动物等有一定的毒性，如果使用不当，将会引起中毒和死亡事故的发生，因此，在使用农药时应采取安全的防护措施，严防人、畜中毒。

（6）**合理复配混用农药** 两种混用的杀虫剂不能起化学变化，不同杀虫剂混用后要达到增效目的，不能有抵消作用。

（7）**合理轮换使用杀虫剂** 轮换使用时要采用不同作用机制的杀虫剂，避免长期使用单一的杀虫剂，防止或减轻害虫产生抗性。

（8）**配药浓度准确** 配药时农药的浓度要准确，同时应使农药在水中分散均匀，充分溶解。

（9）**施药均匀** 施用触杀剂时，叶背、叶面均需喷药，并将药液喷到虫体上，保证施药质量。

（10）**施药时间要适当** 应选择在晴天或者阴天，无风或微风的天气施药，同时还应注意气温的高低，气温高宜在傍晚或上午施药，气温低宜在中午前后施药。

五、常用杀虫剂

1. 噻虫嗪 Thiamethoxam

【别名】阿克泰、快胜。

【药剂特性】纯品噻虫嗪为白色结晶粉末，属新烟碱类高效低毒杀虫剂。可抑制昆虫中枢神经系统烟酸乙酰胆碱酯酶受体，进而阻断昆虫中枢神经系统的正常传导，造成害虫出现麻痹死亡，在 pH 值 2~12 的条件下稳定，对人、畜低毒，对眼睛和皮肤无刺激性。对害虫具有良好的胃毒和触杀作用，其作用机理完全不同于现有的杀虫剂，也没有交互抗性问题，并具有强内吸传导性。植物叶片吸收药剂后可迅速传导到各个部位，害虫吸食药剂后，活动被迅速抑制，停止取食，并逐渐死亡。对具有刺吸式口器害虫有特效，对多种咀嚼式口器害虫也有很好的防效，具有高效、单位面积用药量低等特点，持效期可达 30 天左右。

【防治对象】有效防治鳞翅目、鞘翅目、缨翅目害虫。各种蚜虫、叶蝉、粉虱、飞虱等。

【常见剂型剂量】25%水分散粒剂，50%水分散粒剂，70%水分散粒剂等多种剂型剂量。

【使用方法】

（1）**蚜虫类** 用25%水分散粒剂 4 000~5 000 倍液，或每100L水兑25%水分散粒剂 20~25mL，或每亩用 25%水分散粒剂 12~15g 进行叶面喷雾。

（2）**木虱类** ①每 100L 水兑 25%水分散粒剂 20mL（有效浓度 25mg/L）进行喷雾。②每亩用 25%水分散粒剂 10g（有效成分 2.5g）进行喷雾。③用 25%水分散粒剂 4 000~5 000 倍液均匀喷雾。

（3）**潜叶蛾类** ①用 25%水分散粒剂 3 000~4 000 倍液。②每 100L 水兑 25%水分散粒剂 25~33mL 均匀喷雾。

（4）**白粉虱类** 用 25%水分散粒剂 2 500~5 000 倍液，或每亩用 10~20g 兑水均匀喷雾。

（5）**蓟马类** 每亩用 25%水分散粒剂 13~26g 兑水均匀喷雾。

【注意事项】

（1）避免在低于-10℃和高于 35℃的气温下贮存。

（2）对蜜蜂有毒。

（3）害虫停止取食后，死亡速度较慢，通常在施药后 2~3 天出现死虫高峰期。

（4）对抗性蚜虫、飞虱等害虫防效特别好。

2. 虫酰肼 Tebufenozide

【别名】抑虫肼、米满。

【药剂特性】纯品为白色结晶固体，是一种高效、低毒的非甾族新型昆虫生长调节剂型杀虫剂。该品具有胃毒作用。在害虫尚未发育到脱皮期出现脱皮反应，导致不完全脱皮、拒食、全身失水，最终死亡。虫酰肼杀虫活性高，选择性强，对所有鳞翅目幼虫均有效，对鳞翅目害虫有特效。并有极强的杀卵活性，对非靶标生物更安全。虫酰肼对眼睛和皮肤无刺激性，对高等动物无致畸、致癌、致突变作用，对哺乳动物、鸟类、天敌均十分安全。

【防治对象】蚜科、叶蝉科、鳞翅目、斑潜蝇属、叶螨科、缨翅目幼虫，如梨小食心虫、葡萄小卷蛾、甜菜夜蛾等害虫。本品持效期 2~3 周。

【常见剂型剂量】20%可湿性粉剂，10%乳油，10%、20%、24%悬浮剂。

【使用方法】

（1）**毒蛾类** 第 1 代开始发生时施药，用 24%悬浮剂 1 500~2 000 倍液均匀喷雾。如果虫量大，间隔 14~21 天后再喷 1 次。

（2）**夜蛾类** 成虫产卵盛期或卵孵化盛期施药。用 24%悬浮剂 1 000~1 500 倍液均匀喷雾。根据虫情决定喷药次数，持效期为 10~14 天。

（3）**卷叶虫类、食心虫类、刺蛾类、潜叶蛾类、尺蠖类** 均用 20%悬浮剂 1 000~1 500 倍液均匀喷雾。

（4）**毛虫类** 在松毛虫发生时，用 24%悬浮剂 1 200~2 400 倍液，均匀喷雾。

【注意事项】

（1）建议每年使用本品不超过 4 次，安全间隔期 14 天。

（2）本品对鸟类无毒，对鱼和水生脊椎动物有毒，对蚕高毒，不能直接喷施在水面，废液远离水源，在蚕、桑园地区禁用此药。

3. 杀虫单 Monosultap

【别名】 虫丹、单钠盐、叼虫、杀螟克、丹妙、稻道顺、杀螟2000、稻润、双锐、索螟、稻刑螟、扑螟瑞、庄胜、水陆全、科净、卡灭、苏星、螟蛙、卫农。

【药剂特性】 纯品为白色晶体，工业品为白色粉末或无定形粒状固体。是人工合成的沙蚕毒素的类似物，进入昆虫体内迅速转化为沙蚕毒素或二氢沙蚕毒素。该药为乙酰胆碱抑制剂，具有较强的触杀、胃毒和内吸传导作用，对鳞翅目害虫的幼虫有较好的防治效果。杀虫单属仿生型农药，对天敌影响小，无抗性，无残毒，不污染环境，是目前综合治理虫害较理想的药剂。对鱼类低毒，但对蚕的毒性大。

【防治对象】 小地老虎、飞虱、潜叶蛾、钻心虫、蚜虫、叶蝉等。

【常见剂型剂量】 90%原粉，3.6%颗粒剂，36%、45%、50%、80%、90%、92%、95%可溶性粉剂，20%微乳剂等。

【使用方法】

（1）**卷叶螟、蓟马** 幼虫2~3龄期，每亩用80%可溶性粉剂50g兑水30kg喷雾。

（2）**飞虱、叶蝉** 在若虫盛期，每亩用80%可溶性粉剂60g兑水35kg均匀喷雾，隔7~10天再喷第2次。根据实际情况，可加大剂量，增加防治次数。

（3）**小地老虎** 用80%可溶性粉剂1.5g兑水1kg，喷施在地面然后翻入土壤。

（4）**潜叶蛾** 在夏、秋梢萌发后，用80%可溶性粉剂600倍液均匀喷雾。

（5）**食心虫** 用80%可溶性粉剂800倍液均匀喷雾。

【注意事项】

（1）本品对家蚕剧毒，使用时应特别小心，防止污染桑叶及蚕具等。

（2）本品不能与强酸、强碱性物质混用。

（3）应存放于阴凉、干燥处。

4. 辛硫磷 Phoxim

【别名】 肟硫磷、倍腈松、腈肟磷、地虫杀星。

【药剂特性】 纯品为浅黄色油状液体，不溶于水的胆碱酯酶抑制剂，属高效低毒有机磷杀虫剂。当害虫接触药液后，神经系统麻痹中毒停食，最终导致死亡。杀虫谱广，击倒力强，速效性好，以触杀和胃毒作用为主，有一定的熏蒸作用和渗透性，无内吸作用。在植物表面喷施因对光不稳定，很快分解，残留期短，残留危险小，但该药施入土中，残留期很长，对人、畜毒性低，但对蜜蜂、鱼虾类等有触杀和熏蒸作用。

【防治对象】 地老虎、蛴螬、金针虫、蝼蛄、沟象甲等；蚜虫、苹果小卷叶蛾、梨星毛虫、尺蠖类、桃小食心虫、叶蝉类、粉虱、叶螨类、袋蛾、刺蛾、卷叶蛾等。

【常见剂型剂量】 40%、45%、50%辛硫磷乳油，5%颗粒剂，2.5%微颗粒剂等多种剂型。

【使用方法】

（1）**蛴螬** 防治生长期蛴螬，用40%乳油3.75L/hm^{2}与细土375kg拌匀，撒施后翻入土中。

（2）**蚜虫、苹果小卷叶蛾、梨星毛虫、葡萄叶蝉、尺蠖、粉虱** 用50%辛硫磷乳油1 000~1 500倍液均匀喷雾。

(3) **桃小食心虫** ①在越冬代幼虫出土高峰期，按树冠大小在地面设置好树盘，用50%乳油800倍液，每株树喷17.5kg，再翻入土表下，隔15天施1次，一般施药2~3次。②防治越冬代桃小食心虫，在越冬幼虫出土高峰期前，按树冠大小在地面设置好树盘，树盘直径比树冠约大1m，清除盘内杂草。用40%乳油7.5~11.25L/hm²，拌细土750kg，撒施于树盘内翻入土下1cm。或用40%乳油800倍液，每株树盘内喷施15~20L药液，将药翻入土内。当虫口密度大时，隔15天再施药1次。

(4) **茶尺蠖、袋蛾、刺蛾、卷叶蛾、茶橙瘿螨、小绿叶蝉** 用50%辛硫磷乳油1 000~1 500倍液均匀喷雾。

(5) **茶毛虫、茶蚜** 用50%乳油1 500~2 000倍液均匀喷雾。

(6) **桑蓟马、桑尺蠖** 用50%乳油1 500~2 000倍液均匀喷雾。

(7) **桑毛虫、桑螨、刺蛾** 用50%乳油2 000~3 000倍液均匀喷雾。

【注意事项】

(1) 辛硫磷见光易分解而失效，在辛硫磷贮存、运输、配制和拌种过程中，防止阳光直射。

(2) 在喷雾施用时，尤其对一些夜间活动为害的害虫，应在傍晚时施药。

(3) 药液要随配随用。

(4) 不能与碱性药剂混用。

(5) 辛硫磷无内吸作用与渗透作用，施药要喷施均匀周到。

(6) 茶树、桑树、蔬菜喷药后7天可采摘加工、喂蚕、食用。

(7) 本品对蜜蜂、鱼类等水生生物、家蚕有毒。施药期间应避免对周围蜂群的影响、开花植物花期、蚕室和桑园附近禁用。

(8) 建议与其他作用机制不同的杀虫剂轮换使用，以延缓抗性产生。

5. 高效氯氟氰菊酯 Lambda-cyhalothrin

【别名】三氟氯氟氰菊酯、功夫菊酯。

【药剂特性】纯品为白色固体，黄色至棕色黏稠油状液体（工业品），杀虫谱广，活性较高，药效迅速的拟除虫菊酯类杀虫、杀螨剂；以触杀和胃毒作用为主，无内吸作用。抑制昆虫神经轴突部位的传导，对昆虫具有驱避、击倒及毒杀作用，喷施后耐雨水冲刷，但长期使用易对其产生抗性，对刺吸式口器的害虫及害螨有一定防效，作用机理与20%氰戊菊酯乳油、氟氰菊酯相同。不同的是它对螨虫有较好的抑制作用，在螨类发生初期使用，可抑制螨类数量上升，当螨类已大量发生时，就控制不住其数量，只能用于抑螨兼治，不能用作专用杀螨剂。

【防治对象】鳞翅目、鞘翅目和半翅目等多种害虫和其他害虫，在虫、螨并发时可以兼治，可防治尺蠖类、蚜虫类、叶螨类、螟类、桃小食心虫及梨小食心虫等，也可用来防治多种地表和公共卫生害虫。

【常见剂型剂量】2.5%乳油，2.5%水乳剂，2.5%微胶囊剂，5%微乳剂，0.6%增效乳油，10%可湿性粉剂等多种剂型剂量。

【使用方法】

(1) **蚜虫** 用2.5%乳油1 200~1 500倍液喷雾，雾滴均匀。

(2) **螨类** 10%可湿性粉剂2 500~3 000倍喷雾。

(3) **地下害虫** ①蛴螬和金针虫：可用5%微乳剂1 500~2 000倍液喷雾灌根。②地老虎：可用5%微乳剂2 000~2 500倍液喷雾防治，要求水量充分。③跳甲幼虫：可苗期灌根处理，也可用5%微乳剂800~1 000倍液喷雾防治，土壤干旱时不宜使用。

(4) **桃小食心虫** 在卵孵盛期，用2.5%乳油1 200~1 500倍液均匀喷雾。

(5) **潜叶蛾** 在卵盛期施药，用2.5%乳油1 200~1 500倍液喷雾。

(6) **矢尖蚧、吹绵蚧** 若虫发生期施药，用2.5%乳油1 000~1 500倍液喷雾。

(7) **尺蠖** 在2~3龄幼虫发生期，用2.5%乳油1 200~1 500倍液喷雾。

【注意事项】

(1) 本品为杀虫剂兼有抑制害螨作用，但不要作为杀螨剂专用于防治害螨。

(2) 在碱性及土壤中易分解，不宜与碱性物质混用以及做土壤处理使用。

(3) 对鱼、虾、蜜蜂、家蚕高毒，使用时不要污染鱼塘、河流、蜂场、桑园。

(4) 现配现用，加水稀释后不可久置。

6. 吡虫啉 Imidacloprid

【别名】扑虱蚜、吡虫灵、脒蚜胺、比丹。

【药剂特性】有微弱气味的烟碱类超高效杀虫剂；也是硝基亚甲基类内吸低毒的杀虫剂。杀虫谱广、高效、低毒、低残留，害虫不易产生抗性，对人、畜、植物和天敌安全等，并有触杀、胃毒和内吸多重药效。主要用于防治刺吸式口器害虫，害虫接触药剂后，中枢神经正常传导受阻，使其麻痹死亡。速效性好，药后1天即有较高的防效，残留期长达25天左右。药效和温度成正相关，温度越高，杀虫效果越好。

【防治对象】主要用于防治刺吸式口器害虫，如蚜虫、飞虱、粉虱、叶蝉、蓟马等；对鞘翅目、双翅目和鳞翅目的害虫，如象甲负泥虫、螟虫、潜叶蛾等也有效。但对线虫和叶螨类无效。可用于多种园林植物害虫，尤其是刺吸式口器的害虫。由于它的优良内吸性，特别适用于用种子处理和撒颗粒剂方式施药。

【常见剂型剂量】1.1%胶饵，2.5%、10%、25%、50%、70%可湿性粉剂，5%乳油，5%片剂，70%水分散粒剂，200g/L可溶液剂，350g/L悬浮剂，600g/L悬浮种衣剂，70%湿拌种剂等多种剂型剂量。

【使用方法】

(1) **喷雾或拌种** 植物育苗前，10kg种子可用25%可湿性粉剂12~15g；5%片剂60~100g；350g/L悬浮剂8~15mL；喷雾均匀后晾干播种。

(2) **绣线菊蚜、苹果瘤蚜、桃蚜、卷叶蛾、粉虱、斑潜蝇** 可用10%可湿性粉剂1 000~1 500倍液喷雾，或200g/L可溶液剂1 500~2 000倍液。

(3) **梨木虱、小绿叶蝉** 可用50%可湿性粉剂6 000~8 000倍液喷雾。

【注意事项】

(1) 本品不可与碱性农药混用。不宜在强阳光下喷雾，以免降低药效。

(2) 使用过程中不可污染养蜂、养蚕场所及相关水源。

(3) 适期用药，果实收获前2周禁止用药。

7. 灭幼脲 Chlorbenzuron、mieyouniao

【别名】灭幼脲Ⅲ号、苏脲Ⅰ号、一氯苯隆。

【药剂特性】属低毒具有胃毒兼触杀作用的杀虫剂。灭幼脲属苯甲酰脲类昆虫几丁质合成抑制剂,为昆虫激素类农药。通过抑制昆虫表皮几丁质合成酶和尿核苷辅酶的活性,来抑制昆虫几丁质合成,从而导致昆虫不能正常蜕皮而死亡。影响卵的呼吸代谢及胚胎发育过程中的DNA和蛋白质代谢,使卵内幼虫缺乏几丁质而不能孵化或孵化后随即死亡;在幼虫期施用,使害虫新表皮形成受阻,延缓发育,或缺乏硬度,不能正常蜕皮而导致死亡或形成畸形蛹死亡。幼虫接触后,并不立即死亡,表现拒食、身体缩小,待发育到蜕皮阶段才致死,一般需经过2天后开始死亡,3~4天达到死亡高峰。对变态昆虫,成虫接触药液后,产卵减少,或不产卵,或所产卵不能孵化。残效期长达20天。主要是对鳞翅目幼虫表现出很好的杀虫活性。对益虫和蜜蜂等膜翅目昆虫和森林鸟类几乎无害。但对赤眼蜂有影响。

【防治对象】对鳞翅目和双翅目昆虫幼虫有特效。用于防治桃树潜叶蛾、茶黑毒蛾、茶尺蠖、甘蓝夜蛾等鳞翅目害虫。

【常见剂型剂量】15%烟雾剂、25%可湿性粉剂、20%悬浮剂、25%悬浮剂、50%悬浮剂等多种剂型剂量。

【使用方法】

(1) **食叶类害虫** 防治松毛虫、舞毒蛾、舟蛾、天幕毛虫等害虫用25%悬浮剂1 500~2 000倍液均匀喷雾防治,或20%悬浮剂1 200~1 500倍液均匀喷雾防治。

(2) **甘蓝夜蛾** 用25%悬浮剂1 500~2 000倍液,或20%悬浮剂1 200~1 500倍液均匀喷雾防治。

(3) **茶尺蠖** 用25%悬浮剂1 500~2 000倍液均匀喷雾。

(4) **舞毒蛾、刺蛾、苹果舟蛾、卷叶蛾** 可在害虫卵孵化盛期和低龄幼虫期,喷施25%悬浮剂1 200~1 500倍液。

(5) **桃小食心虫、梨小食心虫** 可在成虫产卵初期,幼虫蛀果前,喷施25%悬浮剂800~1 000倍液。

【注意事项】

(1) 本品在2龄前幼虫期进行防治效果最好,虫龄越大,防效越差。

(2) 本药于施药3~5天后药效才明显,7天左右出现死亡高峰;忌与速效性杀虫剂混配。

(3) 灭幼脲悬浮剂有沉淀现象,使用时要先摇匀后加少量水稀释,再加水至合适的浓度,搅匀后喷用。在喷药时一定要均匀。

(4) 灭幼脲类药剂不能与碱性物质混用,以免降低药效;和一般酸性或中性的药剂混用,药效不会降低。

8. 联苯菊酯 Bifenthrin

【别名】天王星、虫螨灵、毕芬宁。

【药剂特性】属拟除虫菊酯类杀虫、杀螨剂。具有击倒作用强、谱广、高效、快速、长残效等特点;以触杀作用和胃毒作用为主,无内吸作用熏蒸活性。该药剂在土壤中具有很高的亲和作用,且其水溶性低,实际影响较小。本剂对蜜蜂毒性中等,对家蚕高毒。

【防治对象】防治园林植物中常见的食叶类害虫和刺吸式口器害虫;对鞘翅目、双翅目、半翅目、鳞翅目和直翅目的害虫,如尺蠖、叶螨类、蚜虫、梨小食心虫、网蝽、叶蝉类、粉虱类均有良好的防治效果。

【常见剂型剂量】2.5%、25g/L、100g/L 乳油,2%、7%悬浮剂,2.5%、4.5%、10%、20%、100g/L 水乳剂等。

【使用方法】

(1) **毒蛾和潜叶蛾等害虫** 在卵孵或盛孵期,成虫、若虫发生期,用 100g/L 乳油 3 000~3 500 倍液喷雾防治。

(2) **蚜虫** 成蚜、若蚜发生期,用 100g/L 乳油 2 500~3 000 倍液喷雾。

(3) **尺蠖、小绿叶蝉、毛虫** 在 2~3 龄幼、若虫发生期,用 100g/L 乳油 3 000~4 000 倍液喷雾。

(4) **桃小食心虫、梨小食心虫** 100g/L 乳油 3 000~3 500 倍液喷雾。

(5) **叶螨类** 成螨、若螨发生期施药 100g/L 乳油 2 000~2 500 倍液喷雾防治。

(6) **粉虱** 在粉虱发生盛期,虫口密度大时,用 100g/L 乳油 3 500~4 000 倍液喷雾防治。

【注意事项】

(1) 该产品对鱼、虾、蜜蜂有较大毒性。使用时,要远离养蜂区,不要将残留药液倒入河塘鱼池。

(2) 菊酯类农药频繁使用会使害虫产生抗药性,因此宜同其他农药交替使用,以延缓抗药产生。

9. 啶虫脒 Acetamiprid

【别名】乙虫脒。

【药剂特性】属氯化烟碱类化合物,是一种新型杀虫剂。作用于昆虫神经系统突触部位的烟碱乙酰胆碱受体,干扰昆虫神经系统的刺激传导,引起神经系统通路阻塞,造成神经递质乙酰胆碱在突触部位的积累,从而导致昆虫麻痹,最终死亡。具有触杀、胃毒和较强的渗透作用,杀虫速效,用量少、活性高、杀虫谱广、持效期长,对环境相容性好。由于其作用机理与常规杀虫剂不同,所以对有机磷、氨基甲酸酯类及拟除虫菊酯类产生抗性的害虫有特效。对人畜低毒,对天敌杀伤力小,对鱼毒性较低,对蜜蜂影响小,适用于防治果树、多种园林植物作物上的半翅目害虫;用颗粒剂做土壤处理,可防治地下害虫。

【防治对象】对蚜虫、叶蝉、粉虱、介壳虫等半翅目刺吸式口器的害虫高效;小菜蛾、潜蛾、小食心虫、纵卷叶螟等鳞翅目高效;还有天牛鞘翅目类害虫;以及蓟马缨翅目类害虫均有效。由于啶虫脒作用机制与目前常用杀虫剂不同,所以对有机磷类、氨基甲酸酯类及拟除虫菊酯类有抗性的害虫有特效。

【常见剂型剂量】3%、5%、10%乳油,1.8%、2%高渗乳油,3%、5%、10%、20%可湿性粉剂,10%、20%可溶性液剂,2%颗粒剂、3%微乳剂等。

【使用方法】
(1) **蚜虫** 用3%乳油1 000~1 500倍液，或10%乳油3 500~4 000倍液喷雾防治，可达到消除蚜虫的效果。

(2) **木虱** 防治适期各次新梢抽出嫩芽期用药，尤其是对5—6月抽出的夏梢，用3%乳油1 000倍液，或者20%可湿性粉剂6 000~7 000倍液喷施树冠。

(3) **白粉虱** 由于该虫世代重叠，各虫态同时存在，一次用药不能兼杀所有虫态，需连续防治若干次，于种群发生初期，虫口密度尚低时，用3%乳油1 000~1 500倍液，或5%乳油1 500~2 000倍液喷雾防治。

(4) **潜叶蛾** 当新芽展叶时开始防治，可用40%水分散粒剂12 000~15 000倍液，或50%水分散粒剂18 000~20 000倍液喷雾防治，连续喷施2~3次。

(5) **叶蝉、木虱等** 用3%乳油1 000~1 500倍液喷雾，或10%乳油3 000~4 000倍液喷雾，或20%可湿性粉剂6 000~7 000倍液喷雾防治。

(6) **光肩星天牛、桃红颈天牛等蛀干害虫** 可按受害树木每胸径1cm注0.8~1mL 3%乳油药液5倍液进行注干防治。

(7) **蓟马** 防治期一般在清明节前后的谢花期，5、6月份各用药1次。用3%乳油1 000倍液，或70%水分散粒剂18 000~20 000倍液，均匀喷雾。

(8) **地老虎、蛴螬** 用2%颗粒剂灭杀防治地下害虫。

【注意事项】
(1) 不可与强碱性药液混用，以免分解失效。

(2) 本品为低毒杀虫剂，但对人、畜、桑蚕有毒性应加以注意；避免污染桑蚕和鱼塘区。

(3) 本品应贮存在阴凉干燥的地方，禁止与食品混贮。

10. 烯啶·吡蚜酮 Alkidine pyridone

【药剂特性】烯啶·吡蚜酮由吡蚜酮和烯啶虫胺两种作用机理不同的杀虫剂复配而成；烯啶虫胺属烟酰亚胺类杀虫剂，具有内吸和渗透作用，作用机制为抑制昆虫乙酰胆碱酯酶活性，对昆虫的神经轴突受体具有神经阻断作用；吡蚜酮是一种专门作用于刺吸式口器害虫，为吡啶杂环类杀虫剂。吡蚜酮具有强烈的内吸性和传导性，能穿透植物的薄皮组织进入植物体，可通过韧皮部和木质部同时上下传导，向上传导至顶端、向下传导至根部，从而对植物产生保护作用。吡蚜酮也可以快速阻断害虫神经传导。刺吸式口器害虫接触药剂即产生口针阻塞效应，停止取食，丧失对植物的为害能力，并最终饥饿致死。吡蚜酮杀虫速度慢，持效期长，烯啶虫胺对害虫击倒速度快，持效期相比较短。二者结合，是目前防治飞虱类、蚜虫类等刺吸式口器害虫的常用药剂，杀虫也更彻底。

【防治对象】防治园林植物中刺吸式口器害虫，对有机磷和氨基甲酸酯类、普通烟碱类杀虫剂已产生抗性的飞虱类、蚧类、蚜虫类、网蝽类、粉虱类、叶蝉类等多种害虫。

【常见剂型剂量】80%烯啶·吡蚜酮可湿性粉剂（烯啶虫胺20%+吡蚜酮60%）、60%烯啶·吡蚜酮可湿性粉剂（烯啶虫胺24%+吡蚜酮36%）、80%烯啶·吡蚜酮水分散粒剂（烯啶虫胺50%+吡蚜酮30%）、60%烯啶·吡蚜酮水分散粒剂（烯啶虫胺15%+吡蚜酮45%）、80%烯啶·吡蚜酮水分散粒剂（烯啶虫胺30%+吡蚜酮50%）等多种剂型剂量。

【使用方法】

（1）**蚜虫类**　在蚜虫发生盛期可用80%烯啶·吡蚜酮水分散粒剂（烯啶虫胺20%+吡蚜酮60%）3 000~4 000倍液，均匀喷雾防治，在蚜虫高峰期前选择晴天喷施均匀。

（2）**叶蝉类**　在叶蝉若虫期用80%烯啶·吡蚜酮可湿性粉剂（烯啶虫胺20%+吡蚜酮60%）3 000~3 500倍液喷雾防治。

（3）**木虱**　若虫初孵期、成虫出蛰盛期可用60%烯啶·吡蚜酮水分散粒剂（烯啶虫胺15%+吡蚜酮45%）2 000~2 500倍液喷雾防治。

（4）**网蝽类**　成、若虫发生期，可用80%烯啶·吡蚜酮水分散粒剂（烯啶虫胺30%+吡蚜酮50%）2 500~3 000倍液喷雾防治，喷雾时要均匀周到，尤其对目标害虫的为害部位。

（5）**介壳虫类**　可用80%烯啶·吡蚜酮水分散粒剂（烯啶虫胺20%+吡蚜酮60%）2 500~3 000倍液，或用60%烯啶·吡蚜酮水分散粒剂（烯啶虫胺15%+吡蚜酮45%）2 000~2 500倍液对叶面及枝干进行喷雾防治。

【注意事项】

（1）建议与其他作用机制不同的杀虫剂轮换使用。

（2）不得与碱性农药等物质混用。

（3）本品对桑蚕、蜜蜂高毒，禁止在养蜂地区及开花植物花期使用。

11. 螺虫乙酯 Spirotetramat

【别名】亩旺特。

【药剂特性】螺虫乙酯具有双向内吸传导性能；毒性为低毒，是一种高效、持效期长、广谱、内吸且双向传导的全新化合物；螺虫乙酯为脂质生物合成抑制剂，通过抑制害虫体内脂肪合成过程中乙酰辅酶A羧化酶（ACCase）的活性，破坏脂质的合成，阻断害虫正常的能量代谢，导致其死亡。对于成虫、若虫，螺虫乙酯必须先被植物叶片吸收，再分布，然后被害虫吸入体内起效，所以螺虫乙酯的吸收成为前提；该化合物可以在整个植物体内向上向下移动，抵达叶面和树皮，从而防治植物叶片上及树干皮层的害虫。对其产卵的影响，即使产出，药物通过沾染卵壳而抑制卵不能正常发育；这种独特的内吸性能可保护新生茎、叶和根部，抑制害虫的卵和幼虫生长发育。

【防治对象】防治各种刺吸式口器害虫，并对一些害螨具有抑制作用。

【常见剂型剂量】22.4%悬浮剂，30%、40%、50%悬浮剂，50%水分散粉剂。

【使用方法】

（1）**介壳虫类**　在若虫分散转移期，分泌蜡粉未形成介壳之前，可使用22.4%悬浮剂2 500~4 000倍液喷雾防治，可用含油量0.3%~0.5%柴油乳剂或黏土柴油乳剂混用，提高防效。

（2）**叶螨类、粉虱类**　可用22.4%悬浮剂4 000~5 000倍液喷雾防治。

（3）**木虱类**　可用22.4%悬浮剂3 500~4 000倍液喷雾防治。

（4）**蚜虫**　刚发生时，用22.4%悬浮剂4 000倍液喷雾；发生盛期用22.4%悬浮剂 3 000 倍液进行喷雾防治。

【注意事项】

（1）不可与碱性或者强酸性物质混用。

（2）施用时应使植物叶片和树干、枝条等充分着药，施用的药物在植株上应分布均匀。

（3）为了避免和延缓抗性的产生，建议与其他不同作用机制的杀虫剂轮用，同时应确保无不良影响。

（4）开花植物花期禁用，桑园蚕室禁用；对鱼有毒，因此在使用时应防止污染鱼塘、河流。

12. 哒螨酮 Pyridaben

【别名】哒螨灵、哒螨净、螨必死、螨净、灭螨灵、速慢酮、牵牛星、扫螨净。

【药剂特性】纯品哒螨酮为白色结晶，属哒嗪酮类杀虫、杀螨剂，无内吸性，具有触杀和胃毒作用。哒螨酮为广谱、触杀性杀螨剂，持效期长达 30~60 天，对螨的不同发育阶段均有效。本品不受温度变化的影响。

【防治对象】防治园林植物各类叶螨。

【常见剂型剂量】15%乳油，15%、20%哒螨酮可湿性粉剂。

【使用方法】

防治叶螨：用 15%乳油 50~67mg/kg 兑水均匀喷雾，或用 20%可湿性粉剂 50~67mg/kg 兑水均匀喷雾。

【注意事项】

（1）不能与碱性物质混合使用。

（2）对光不稳定，需避光，阴凉处保存。

（3）应贮存于阴凉、通风的库房，远离火种、热源，防止阳光直射，保持容器密封。应与氧化剂、碱类分开存放，切忌混贮。

13. 苏云金杆菌 Bacillus thuringiensis

【别名】苏云金芽孢杆菌、Bt。

【药剂特性】该菌可产生两大类毒素，即内毒素和外毒素，害虫取食后，在肠道碱性消化液作用下，菌体释放毒素，害虫中毒并停止取食，最后害虫因饥饿和血液及神经中毒死亡。该杆菌可做微生物源低毒杀虫剂，以胃毒作用为主。而外毒素作用缓慢，在蜕皮和变态时作用明显，这两个时期是 RNA 合成的高峰期，外毒素能抑制依赖于 DNA 的 RNA 聚合酶。该药作用缓慢，害虫取食后 2 天左右才能见效，持效期约 1 天，因此使用时应比常规化学药剂提前 2~3 天，且在害虫低龄期使用效果较好。

【防治对象】苏云金杆菌适用对象非常广泛，可应用于多种园林植物害虫，主要用于防治鳞翅目害虫幼虫，如蛾类、松毛虫、茶毛虫、国槐尺蠖、斜纹夜蛾、甘蓝夜蛾等多种害虫。

【常见剂型剂量】2 000IU/μL、4 000IU/μL、6 000IU/μL、8 000IU/μL 悬浮剂，4 000IU/mg、16 000IU/mg 粉剂，8 000IU/mg、16 000IU/mg、32 000IU/mg、100 亿活芽孢/g 可湿性粉剂，0.2%颗粒剂等，15 000IU/mg、16 000IU/mg 水分散粒剂等多种剂

型剂量。

【使用方法】

(1) **茶毛虫、尺蠖** 可用 8 000IU/μL 悬浮剂 100～200 倍液喷雾防治。

(2) **松毛虫、黄刺蛾** 可用 8 000IU/μL 悬浮剂 150～200 倍液喷雾防治。

(3) **防治草坪害虫** 用 16 000IU/mg 可湿性粉剂 600～800 倍液喷施，或用 0.2% 颗粒剂撒入草坪草根部。

(4) **蚜虫类** 可用 15 000IU/mg 水分散粒剂 400～600 倍液喷雾防治。

【注意事项】

(1) 施用期一般比使用化学农药提前 2～3 天，对害虫的低龄幼虫效果好，30℃ 以上施药效果最好。

(2) 不能与内吸性有机磷杀虫剂或杀菌剂混合使用。

(3) 苏云金杆菌可湿性粉剂应保存在低于 25℃ 的干燥阴凉仓库中，防止暴晒和潮湿，以免变质。

(4) 不能与碱性药物混用。

(5) 对鱼类、蜜蜂相对安全、家蚕高毒；应避免在其周围使用。

(6) 与其他作用机制不同的杀虫剂轮换使用，以延缓抗性产生。

14. 苦参碱 Matrine

【别名】母菊碱、苦甘草、苦参草、苦豆根、西豆根、苦平子、野槐根、山槐根、螨虫素、齐螨素。

【药剂特性】苦参碱是由中草药苦参的根、茎、叶、果实经乙醇等有机溶剂提取制成的生物碱。一般为苦参总碱，成分主要有苦参碱、氧化苦参碱、槐果碱、氧化槐果碱、槐定碱等，以苦参碱、氧化苦参碱的含量最高。苦参碱是一种低毒的天然植物杀虫剂；害虫一旦触及本药，即麻痹神经中枢，继而使虫体蛋白质凝固，堵死虫体气孔，使害虫窒息而死，该杀虫剂对害虫具有触杀和胃毒作用，杀虫谱广，本品对人畜低毒。对于园林植物上的蚜虫类、叶螨类防治效果较好。

【防治对象】可防治刺吸式口器的蚜虫、鳞翅目的毛虫、蛾类，以及小绿叶蝉、白粉虱等多种害虫；另外对霜霉、疫病、炭疽病也有很好的防效。

【常见剂型剂量】0.3%、0.5%、0.8%、2%苦参碱水剂，1%、1.1%苦参碱溶液，0.38%、1%苦参碱可溶性液剂，1.1%苦参碱粉剂，0.3%、0.38%、2.5%乳油等多种剂型剂量。

【使用方法】

(1) **食叶害虫** 毛虫、杨树舟蛾、美国白蛾在 2～3 龄幼虫发生期，用 1%可溶性液剂 1 200～1 500 倍液均匀喷雾。

(2) **梨星毛虫、蛾类** 用 1%可溶性液剂 1 000～1 200 倍液均匀喷雾。

(3) **螨类** 用 2%水剂 100～300 倍液喷雾，以整株树叶喷湿为宜。

(4) **蚜虫类** 在蚜虫发生期施药，用 1%可溶性液剂 1 500～1 600 倍液叶背、叶面均匀喷雾，着重喷叶背。

(5) **尺蠖类** 在 3 龄以前的幼虫期，1.1%粉剂稀释成 1 000～1 500 倍液喷雾。

(6) **地下害虫** 每亩用1.1%粉剂2~2.5kg撒施、条施或拌种。拌种处理时，种子先用水润湿，每10kg种子用1.1%粉剂0.4~0.5kg搅拌均匀，堆放2~4小时后播种。

【注意事项】
(1) 不能与碱性农药混用。
(2) 本品速效性差，应搞好虫情测报，在害虫低龄期施药防治。由于药效缓慢，可适当提早1~2天施药。
(3) 不能作为单一杀菌剂使用。
(4) 喷施处水质偏碱则加入适量食醋为宜。
(5) 使用本产品前请务必用力摇匀再加水喷施。
(6) 喷药后6小时内不能遇雨或浇水，会降低药效。
(7) 在避光、冷凉处，可存放两年。
(8) 夏季应在上午或下午傍晚施药。

15. 白僵菌 Beauveria

【药剂特性】白僵菌菌落为白色粉状物，产品为白色或灰白色粉状物。常见白僵菌共有3种：球孢白僵菌、小球孢白僵菌、布氏白僵菌。菌体遇到较高温度自然死亡而失效。其杀虫有效物质是白僵菌的活孢子。通过昆虫表皮接触感染，其次也可经消化道和呼吸道感染。在适宜的温度条件下萌发，生长菌丝侵入虫体内，产生大量菌丝和分泌物，使害虫生病，经4~5天后死亡。死亡的虫体白色僵硬，体表长满菌丝及白色粉状孢子。孢子可借风、昆虫等继续扩散，侵染其他害虫。侵染的途径因昆虫的种类、虫态、环境条件等诸多因素的不同而异。

【防治对象】可防治地下害虫、介壳虫、白粉虱、烟粉虱、蚜虫、蓟马、蝗虫、蚱蜢、蟋蟀、盲蝽象、天牛、松毛虫、蝗虫、白蚁、茶小绿叶蝉、桃小食心虫、斜纹夜蛾等100多种害虫。

【常见剂型剂量】2亿孢子/cm^2、150亿孢子/g、300亿孢子/g、400亿孢子/g可湿性粉剂，50亿孢子/g、150亿孢子/g悬浮剂，100亿孢子/g、200亿孢子/g、300亿孢子/g可分散油悬浮剂，400亿孢子/g水分散粒剂，150亿孢子/g颗粒剂，500亿孢子/g母液等。

【使用方法】
主要有喷菌法、喷粉法、活虫传病法、撒原菌粉法。

(1) **松毛虫** 用孢子150~180亿/g，可直接兑水喷雾。也可将菌粉与防治松毛虫的化学杀虫剂的粉剂如敌百虫混合，使含孢1亿/g，用混合粉22.5~30kg/hm^2。也可采集发病死亡虫尸，放到松林中，扩大染病面积。

(2) **松褐天牛、光肩星天牛** 用2亿孢子/cm^2白僵菌制成挂条，2~3条/15株，或用400亿孢子/g白僵菌可湿性粉剂1 500~2 500倍液喷雾（防治成虫），产卵孔（排泄孔）注射（防治幼虫）。

(3) **美国白蛾、杨小舟蛾** 用400亿孢子/g球孢白僵菌可湿性粉剂1 500~2 500倍液均匀喷雾。

(4) **叶蝉类** 用 400 亿孢子/g 白僵菌可湿性粉剂 375~450g/hm² 兑水均匀喷雾。

(5) **竹蝗** 用 400 亿孢子/g 白僵菌可湿性粉剂 1 500~2 500 倍液均匀喷雾。

(6) **地下害虫** 用 150 亿孢子/g 白僵菌可湿性粉剂 3 750~4 500 g/hm² 拌毒土撒施。

【注意事项】

(1) 养蚕区不宜使用。

(2) 菌液配好后宜于 2 小时内用完,以免过早挥发而失去侵染能力,颗粒剂也应随用随拌。

(3) 贮存在阴凉干燥处。

(4) 人体接触过多,有时会产生过敏性反应,如低烧、皮肤刺痒等,施用时注意皮肤的防护。

(5) 不能与化学杀菌剂混用。

16. 阿维菌素 Abamectin

【别名】螨虫素、齐螨素、害极灭、杀虫丁。

【药剂特性】是一种高效、广谱的抗生素类杀虫杀螨剂。由一组大环内酯类化合物组成,对昆虫和螨类具有触杀和胃毒作用并有微弱的熏蒸作用,无内吸作用。但它对叶片有很强的渗透作用,可杀死表皮下的害虫,且残效期长。它不杀卵,对线虫、昆虫和螨虫均有驱杀作用,用于治疗畜禽的线虫病、螨和寄生性昆虫病。

【防治对象】叶螨类、蚜虫类、潜叶蛾、梨木锈壁虱、梨小食心、根结线虫病等。

【常见剂型剂量】0.5%、0.6%、1.0%、1.8%、2%、3.2%、5%乳油,0.1%饵剂,0.5%、1%、1.8%可湿性粉剂,5%水乳剂,0.5%高渗微乳油等。

【使用方法】

(1) **夜蛾类** 用 1.8%乳油 1 000~1 500 倍液,药后 7~10 天防效仍达 90%以上。

(2) **叶螨类、蚜虫类** 用 1.8%乳油 2 000~2 500 倍液喷雾。

(3) **根结线虫病** 按每亩用 1.8%乳油 500mL,防效达 80%~90%。

【注意事项】

(1) 施药时要有防护措施,戴好口罩等。储存本产品应远离高温和火源。

(2) 对鱼高毒,应避免污染水源和池塘等。

(3) 不能与碱性农药混用。

(4) 对蚕高毒,桑叶喷药后 40 天还有明显毒杀蚕作用。

(5) 对蜜蜂有毒,不能在开花期施用。该药无内吸作用,喷药时应注意喷施均匀、细致周密。

(6) 最后 1 次施药距果实收获期 20 天。夏季中午时间不宜喷药。原药高毒,在土壤中降解迅速。制剂低毒,对人无影响,对鱼、蜜蜂高毒,喷雾地点应远离河流。

第二节 杀菌剂

一、杀菌剂的种类

(1) **按化学结构分** 有机杀菌剂、无机杀菌剂。
(2) **按化学成分不同分** 无机类杀菌剂、有机类杀菌剂、生物类杀菌剂、农用抗生素杀菌剂、植物源杀菌剂。
(3) **按化学结构类型不同分** 氨基甲酸衍生物类杀菌剂、酰胺类杀菌剂、六元杂环类杀菌剂、五元杂环类杀菌剂、有机磷和甲氧基丙烯酸酯类杀菌剂、铜类杀菌剂、无机硫类杀菌剂、有机砷类杀菌剂、其他类杀菌剂。
(4) **按杀菌剂的原料来源分** 无机类杀菌剂、有机硫杀菌剂、有机磷有机砷杀菌剂、取代苯类杀菌剂、唑类杀菌剂、铜类杀菌剂、抗生素类杀菌剂、复配杀菌剂、其他杀菌剂。
(5) **按杀菌剂的使用方式分** 保护剂、治疗剂、铲除剂、内吸剂、防腐剂。
(6) **按照作用专化性分** 多位点杀菌剂、单一位点杀菌剂。
(7) **按作用方式不同分** 保护性杀菌剂、内吸性杀菌剂。
(8) **按使用方法不同分** 土壤处理剂、茎叶处理剂、种子处理剂。
(9) **按传导特性分** 内吸性杀菌剂、非内吸性杀菌剂。

二、杀菌剂的剂型

(1) **粉剂** 由农药原药和惰性填料按一定比例混合、粉碎后过筛而成的粉状物。生产上一般用于喷粉。
(2) **可湿性粉剂** 由农药原药、填充物和一定量的助剂,按比例经充分混合和粉碎,达到一定细度的粉末。可供喷雾使用。
(3) **颗粒剂** 用土粒、煤渣、砖渣、沙子吸附一定量的药剂制成。通常将填料和农药一起粉碎成一定细度的粉末,加水和辅助剂制成颗粒剂。可用于撒施或埋施。
(4) **乳油** 又称乳剂。由农药原药按照一定比例溶解在有机溶剂和乳化剂中,呈透明的油状液体。可供喷雾使用。乳剂容易渗透昆虫表皮,比可湿性粉剂效果好。
(5) **水剂** 有些农药易溶于水,不需要助剂即可加水使用。如晶体石硫合剂等。
(6) **胶悬剂** 指不溶或微溶于水的固体农药原粉加表面活性剂,以水为介质,利用湿法进行超微粉碎制成的黏稠可流动的悬浮液。

（7）**熏蒸剂** 利用固体药剂同硫酸、水等物质起反应产生有毒气体，或利用低沸点液体药剂挥发出有毒气体，在密闭等特定环境下熏蒸杀害虫和病菌的一种制剂。

（8）**气雾剂** 是液体或固体农药的油溶液，使用时利用热力或机械力，把药液分散成持久悬浮在空气中的微小雾滴，成为气溶液。

（9）**烟剂** 按一定比例配制成的粉状或片状制剂。使用时引燃烟剂，药物受热挥发到空气中，遇冷气凝集成细小类似烟状的颗粒，成为悬浮在空气中的气溶液。

三、常用杀菌剂

1. 烯唑醇 Diniconazole

【别名】速保利、特普唑、特灭唑、达克利、灭黑灵、禾果利、特效灵、特普灵、力克菌。

【药剂特性】属广谱内吸性杀菌剂，具有保护、治疗和铲除作用。抑制菌体麦角甾醇的生物合成，导致真菌细胞膜不正常，使病菌死亡。

【防治对象】可防治子囊菌、担子菌和无性态真菌引起的许多真菌。对子囊菌和担子菌有特效，适用于防治黑斑病、白粉病、锈病等病害。

【常见剂型剂量】12.5%可湿性粉剂，5%微乳剂，10%、12.5%、25%乳油等。

【使用方法】

（1）**叶斑病、炭疽病** 用12.5%乳油1 200~1 500倍液喷雾，隔10~15天，施药3次。

（2）**白粉病** 感病初期用12.5%可湿性粉剂3 000~4 000倍液喷雾。

（3）**梨黑星病** 用12.5%可湿性粉剂3 000~4 000倍液喷雾。

【注意事项】

（1）不能与强碱性药剂混用。

（2）不宜进行地面喷施。

（3）不能与多效唑混合使用。

2. 三唑酮 Triadimefon

【别名】百菌酮、粉锈宁、唑菌酮、三唑二甲酮、百理通。

【药剂特性】是一种高效、低毒、低残留、持效期长、内吸性强的三唑类杀菌剂。主要抑制菌体麦角甾醇的生物合成，抑制或干扰菌体附着孢及吸器的发育，菌丝的生长和孢子的形成。三唑酮被植物的各部分吸收后，能在植物体内传导。对锈病和白粉病具有预防、铲除、熏蒸、治疗等作用。在酸、碱介质中较稳定，对人黏膜和皮肤均无刺激性。

【防治对象】可防治子囊菌、担子菌和无性态真菌类等多种病原菌，如对锈病、白粉病、根腐、叶枯、枯梢等均有一定的治疗作用，有喷雾、拌种和土壤处理等多种施用方式。

【常见剂型剂量】5%、10%、15%、25%可湿性粉剂，10%、15%、20%、25%、

乳油，20%糊剂，25%胶悬剂，0.5%、1%、10%粉剂，15%烟雾剂等多种剂型剂量。

【使用方法】

（1）**白粉病、炭疽病、锈病**　用15%可湿性粉剂1 200~1 500倍液喷雾，间隔15天1次，连喷3~4次。

（2）**白绢病**　用25%可湿性粉剂2 000~2 500倍液浇灌根部，每隔10~15天灌1次，连灌2次。

（3）**根腐病**　可先用消过毒的小刀切除病患部位，涂抹波尔多液保护伤口，再用25%胶悬剂2 000倍液灌根，连灌2~3次。

（4）**叶枯病、枯梢病**　用25%可湿性粉剂2 000~2 500倍液喷雾防治。

【注意事项】

（1）三唑酮持效期长，应在收获果实前15~20天停止使用。

（2）不能与强碱性药剂混用；可与酸性和微碱性药剂混用，以提高防治效果。

（3）使用浓度不能随意增大，以免发生药害；出现药害后常表现植株生长缓慢、叶片变小、颜色深绿或生长停滞等，出现药害症状要停止用药，并加强肥水管理。

（4）三唑酮可以与许多杀菌剂、杀虫剂、除草剂等现混现用。

3. 腐霉·福美双 Procymidone thiram

【药剂特性】保护性和治疗性杀菌剂，具有外部保护和内吸治疗活性，能向新叶传导，可抑制菌体内丙酮酸的氧化，破坏病菌的细胞酶质，切断病菌生物链、阻断裂殖生长过程、激活植物多种酶的活性，使病菌在植物体内无法存活，从而达到杀菌目的，对灰霉病菌具有铲除和杀灭作用。对侵入植株体内的病菌有控制效果，且耐雨水冲刷，持效期长。

【防治对象】可防治园林植物的白粉病、锈病、炭疽病、叶斑病、灰霉病等由真菌（如无性态真菌、子囊菌）引起的病害。

【常见剂型剂量】50%腐霉·福美双（福美双40%+腐霉利10%）可湿性粉剂、25%腐霉·福美双（福美双20%+腐霉利5%）可湿性粉剂。

【使用方法】

（1）**炭疽病**　在发病前或发病初期，用50%腐霉·福美双可湿性粉剂600~800倍液进行叶面喷雾，每次用药间隔10天左右。病害较重时，要适当加大用药量。

（2）**白粉病**　可用25%腐霉·福美双可湿性粉剂300~400倍液，在发病前或发病初期，进行叶面喷雾，每次用药间隔10天左右。

（3）**霜霉病**　可用50%腐霉·福美双可湿性粉剂500~600倍液喷雾防治，每次用药间隔10天左右，连续喷施2~3次。

（4）**叶斑病**　可用25%腐霉·福美双可湿性粉剂250~350倍液进行喷雾防治。

【注意事项】

（1）不能与铜、汞制剂及碱性农药混用，不宜与有机磷农药混配，可与其他不同作用机制的杀菌剂轮换使用，以延缓抗药性的发生。

（2）对鱼有毒，远离水产养殖区施药，禁止在河塘等水体中清洗施药用具；避免药液污染水源。

（3）本品应贮存在干燥、阴凉、通风、防雨处，远离火源或热源。

4. 嘧菌酯 Azoxystrobin

【**别名**】腈密菌酯、阿米西达、安灭达。

【**药剂特性**】内吸性防治真菌的药剂，药效持续期长，低毒。有保护、治疗和铲除病菌的功能。属甲氧基丙烯酸酯类杀菌农药，通过抑制线粒体呼吸作用来破坏病菌的能量合成，由于缺乏能量供应，病菌孢子萌发、菌丝生长和孢子的形成都受到抑制，从而控制病害的生长，阻止病斑发展蔓延。

【**防治对象**】对假菌界的卵菌、真菌界的子囊菌、担子菌和无性态真菌类病害，如白粉病、锈病、叶枯、根腐、炭疽病、叶斑病、霜霉病等均有良好的活性，对草坪的枯萎病和褐斑病均有效。可用于茎叶喷雾、种子处理，也可进行土壤处理。

【**常见剂型剂量**】25%悬浮剂、25%乳油、50%水分散粒剂等多种剂型剂量。

【**使用方法**】

（1）**霜霉病** 可用50%水分散粒剂1 800~2 200倍液喷雾防治，连续喷施2~3次，每次间隔10~15天。

（2）**叶斑病、白粉病** 可用50%水分散粒剂1 500~2 000倍液喷雾防治。

（3）**锈病** 可用25%悬浮剂800~1 000倍液喷雾防治。

【**注意事项**】

（1）不能和有机磷混用，不能和有机硅混用；避免和乳油混用，也不能和微乳剂混用。

（2）本产品使用时建议单独喷施，不宜在园林植物上的一个生长期连续使用，建议与其他杀菌剂轮换使用。

（3）本品对鱼类等水生生物有中等毒性。应远离水产养殖区施药；赤眼蜂等天敌放飞区域禁用。

5. 烯肟菌酯 Enestroburin

【**药剂特性**】甲氧基丙烯酸酯类杀菌剂；杀菌谱广、活性高、毒性低，具有预防及治疗作用。对由假菌界的卵菌、真菌界的子囊菌、担子菌及无性态真菌引起的多种植物病害有良好的防治效果。该药为真菌线粒体的呼吸抑制剂，起到杀菌作用。对环境具有良好的相容性，与现有的杀菌剂无交互抗性。

【**防治对象**】对多种园林植物的霜霉病、白粉病等有良好的防治效果。同时还对炭疽病、叶斑病等具有非常好的治疗效果。

【**常见剂型剂量**】20%乳剂、25%乳油、25%可湿性粉剂等。

【**使用方法**】

（1）**霜霉病** 发病初期可用25%烯肟菌酯乳油800~1 200倍液喷雾防治，7~10天喷施1次，与不同类型的杀菌药剂交替使用。

（2）**白粉病** 可用25%烯肟菌酯乳油1 000~2 000倍液喷雾防治。

【**注意事项**】

（1）不能与碱性药剂混合使用。喷药要均匀、细致，使叶片正反两面均要着药。

（2）对鱼高毒，使用时应远离鱼塘、河流、湖泊等地方。对鸟、蜜蜂、蚕均为低毒。

(3) 建议与其他作用机制不同的杀菌剂轮换使用,以延缓抗性产生。

6. 咪鲜胺 Prochloraz

【别名】扑克拉、扑霉灵、施保克。

【药剂特性】属咪唑类广谱杀菌剂,对多种园林植物由子囊菌和无性态真菌引起的病害具有明显的防效,它通过抑制麦角甾醇生物合成而起作用;咪鲜胺不具有内吸作用,但有一定的传导性能,也可以与大多数杀菌剂、杀虫剂、除草剂混用,均有较好的防治效果。对草坪及多种观赏植物上的多种病害具有治疗和铲除作用。

【防治对象】防治多种园林植物的炭疽病、叶斑病、叶枯病、草坪枯萎病等多种病害。

【常见剂型剂量】25%、45%乳油,45%水乳剂,0.05%水剂等多种剂型剂量。

【使用方法】

(1) **炭疽病** 可用25%乳油500~600倍液,喷雾防治,10~15天喷施1次,连续喷药2~3次。

(2) **枯梢病、叶枯病** 可用45%水乳剂1 000~1 200倍液叶面喷雾防治,使植物充分着药又不滴液为宜,间隔10~15天,连喷3次。

(3) **褐斑病、黑斑病等多种叶斑病** 可用45%乳油1 200~1 500倍液叶面喷雾防治。

(4) **草坪枯萎病** 可用25%乳油500~600倍液灌根或喷雾防治。

【注意事项】

(1) 可与多种农药混用,但不宜与强酸、强碱性农药混用。

(2) 本品对鱼有毒,施药时不可污染鱼塘、河道、水沟。

(3) 该产品属于易燃液体,注意贮运和使用安全。

7. 苯醚甲环唑 Difenoconazole

【别名】恶醚唑、敌萎丹、世高。

【药剂特性】属广谱内吸性杀菌剂,具有预防、治疗作用和内吸活性。甾醇脱甲基化抑制剂,抑制细胞壁甾醇的生物合成,阻止真菌生长。

【防治对象】可防治白粉病、根腐病、叶枯病、锈病,以及苹果黑星病、葡萄黑痘病、柑橘疮痂病等。

【常见剂型剂量】3%悬浮种衣剂、10%水分散粒剂、25%乳油、30%悬浮剂、37%水分散粒剂、10%可湿性粉剂。

【使用方法】

(1) **土壤消毒** 用10%水分散粒剂1 500倍液进行灌根。

(2) **梨黑星病** 在发病初期用10%水分散粒剂1 500~2 500倍液,或10%微乳剂1 500~2 000倍液喷雾,发病严重时可提高浓度,建议用1 000~1 500倍液喷雾,间隔7~14天,连续喷药2~3次。

(3) **斑点落叶病** 发病初期用10%水分散粒剂2 500~3 000倍液,间隔7~14天,连续喷药2~3次。

（4）**轮纹病** 用10%水分散粒剂2 000~2 500倍液喷雾。

（5）**炭疽病、黑痘病** 用10%水分散粒剂1 000~1 500倍液喷雾。

（6）**白粉病** 用10%水分散粒剂1 500~2 000倍液喷雾。

（7）**叶斑病** 用25%乳油2 000~3 000倍液喷雾。

【注意事项】

（1）苯醚甲环唑不宜与铜制剂混用。如需要与铜制剂混用，需要加大苯醚甲环唑10%以上的药量。为了确保防治效果，在喷雾时用水量一定要充足。

（2）苯醚甲环唑施药时间宜早不宜迟，应在发病初期进行喷药效果最佳。

8. 恶霉灵 Hymexazol

【别名】土菌消、立枯灵、克霉灵、杀纹宁、绿亨一号、土菌克、绿佳宝。

【药剂特性】属广谱内吸性高效低毒环保杀菌剂，具有治疗、内吸和传导作用。作为土壤消毒剂，恶霉灵与土壤中的铁、铝离子结合，抑制孢子的萌发。能被植物的根吸收并在根系内迅速移动。在植株内代谢产生两种糖苷，提高植物活性，能促进植株的生长、根的分蘖、根毛的增加，提高根的活性。吸附土壤的能力极强，在垂直和水平方向的移动性很小，对多种病原真菌引起的病害有较好的防治效果。

【防治对象】用于防治假菌界、真菌界的子囊菌、担子菌、无性态真菌类的腐霉菌、镰刀菌、丝核菌、根壳菌，都有很好的效果。作为土壤消毒剂，对腐霉菌、镰刀菌等引起的土传病害，如猝倒病、立枯病、枯萎病、菌核病、圆斑根腐病、根朽病、紫纹羽病、白绢病等有较好的预防效果。

【常见剂型剂量】8%、15%、30%水剂，15%、70%、95%、96%、99%可湿性粉剂，20%乳油，70%种子处理干粉剂。

【使用方法】

（1）**圆斑根腐病** 先挖开土壤将烂根去掉，然后用70%可湿性粉剂2 000倍液灌根。

（2）**立枯病** 用70%可湿性粉剂2 000倍液灌溉土壤2~3次。

（3）**植物猝倒病、立枯病** 用15%水剂450倍液灌树穴。

（4）**苗床消毒** 在播种前用0.1%颗粒剂2.5kg/667m^3处理苗床土壤，或用96%可湿性粉剂4 000倍液细致喷施苗床土壤。

【注意事项】

（1）该药用于拌种时宜干拌，湿拌和闷种易出现药害。

（2）严格控制用药量，施药时注意防护，避免接触皮肤和眼睛。存放在干燥阴凉处。

（3）本品可与一般农药混用，并相互增效。

9. 多抗霉素 Polyoxin

【别名】多氧霉素、宝丽安、多效霉素、多氧清、保亮、保利霉素。

【药剂特性】属农用抗生素类杀菌剂，具有保护和治疗作用。多抗霉素主要干扰病菌的细胞内壁几丁质的合成，抑制病菌产生孢子和扩大病斑，病菌芽管与菌丝接触药剂后局部膨大、破裂而不能正常发育，导致死亡。杀菌谱广，具有良好的内吸传导性，低毒无残留。

【防治对象】可防治多种园林植物的黑斑病、灰霉病、褐斑病、白粉病、腐烂病等。

【常见剂型剂量】2%、3%、5%、10%可湿性粉剂，1%、3%水剂等多种剂型剂量。

【使用方法】

(1) **苹果轮纹病** 用10%可湿性粉剂1 000~1 500倍液喷雾。发病初期也可用30%多菌灵·多抗霉素可湿性粉剂800~1 000倍液喷雾，间隔10天。

(2) **斑点落叶病** 发病初期用10%可湿性粉剂1 000~1 500倍液喷雾，在春梢生长初期喷药，每隔1周喷1次，与波尔多液交替使用，效果更好。用多抗霉素喷施不超过3次。

(3) **灰斑病、黑斑病** 发病初期用3%可湿性粉剂100~200倍液喷雾。

(4) **白粉病、霜霉病** 发病初期用3%可湿性粉剂150~200倍液喷雾。

(5) **茶树茶饼病** 发病初期用3%可湿性粉剂100倍液喷雾。

【注意事项】

(1) 不能与酸、碱农药混用。

(2) 全年用药次数不超过3次，避免耐药性产生。

(3) 密封放置阴凉处。

10. 波尔多液 Bordeaux mixture

【药剂特性】波尔多液是一种无机铜保护性杀菌剂，有效成分为碱式硫酸铜，是由硫酸铜、生石灰、水根据一定的比例配制成的蓝色悬浮液。波尔多液本身并没有杀菌作用，当它喷施在植物表面时，由于其黏着性而被吸附在植物表面；而植物在新陈代谢过程中会分泌出酸性液体，加上细菌在入侵植物细胞时分泌的酸性物质，使波尔多液中少量的碱式硫酸铜转化为可溶的硫酸铜，从而产生少量铜离子，铜离子进入病菌细胞后，使细胞中的蛋白质凝固。同时铜离子还能破坏其细胞中某种酶，因而使细菌体中代谢作用不能正常进行。在这两种作用的影响下，能使细菌中毒死亡而起到杀菌作用。制剂具有杀菌谱广、持效期长、病菌不会产生抗性、对人和畜低毒等特点。

【防治对象】波尔多液是保护性杀菌剂，喷施在植物表面形成一层保护膜，防止病菌侵害，它的杀菌谱较广，能够防治多种病害，可预防苹果、梨、李等多种果树的早期落叶病、多种园林植物的炭疽病、轮纹病、穿孔病、叶枯病、霜霉病、锈病等多种真菌、细菌性病害。

【常见剂型剂量】自配时可按这四种比例进行配比：波尔多液石灰等量式（硫酸铜∶生石灰=1∶1）、倍量式（1∶2）、半量式（1∶0.5）和多量式[1∶(3~5)]。目前成品药有80%可湿性粉剂。

【使用方法】

(1) **叶枯病、炭疽病、轮纹病** 可用石灰倍量式波尔多液200~250倍液，或80%波尔多液可湿性粉剂400~500倍液喷雾防治。每15天喷1次，可喷3~4次。

(2) **黑斑、褐斑、赤枯、轮纹病** 可在病害发生前喷施1∶2∶200倍的波尔多液，或用80%波尔多液可湿性粉剂600~800倍液喷雾防治。

（3）**细菌性穿孔病** 在早春芽萌动时喷施等量式200倍波尔多液，发病盛期喷施1次等量式200倍波尔多液进行预防。或在发病盛期喷施80%波尔多液可湿性粉剂600~800倍液喷雾防治。每10~15天喷施1次，共喷施2~4次。

（4）**苹果早期落叶病、炭疽病、轮纹病** 可于苹果落花后开始喷石灰倍量式波尔多液200~240倍液，或80%波尔多液可湿性粉剂400~500倍液喷雾防治；每15天喷施1次，喷2~3次，采果前25天停用。

（5）**苹果霉心病** 应在苹果显蕾期开始喷石灰倍量式波尔多液200倍液。

（6）**苹果、梨锈病** 可在苹果园周围的桧柏上，喷施石灰等量式波尔多液160倍液。

注意：桃、李、梅等核果类果树对波尔多液过于敏感，一般生长季节不使用，若确需使用时，需配制300倍以上的多量式波尔多液。用1:3:15倍波尔多液浆涂抹刮治后的病部，也可防治枣、梨等果树腐烂病。

【注意事项】

（1）**注意原料选择** 应选用纯净、优质、白色生石灰块和纯蓝色的硫酸铜。因配制波尔多液必须在碱性条件下进行反应，倒药液时，不可搞错次序，必须把硫酸铜水溶液倒入石灰水溶液中，不能把石灰水溶液倒入硫酸铜水溶液内，否则配制的药液会随即沉淀，失去药效。

（2）**药剂合理使用** 注意波尔多液要随配随用，当天配的药液宜当天用完，不能先配成浓缩的波尔多液再加水稀释。一次配成的波尔多液是胶悬体，相对比较稳定，若再加水则会形成沉淀或结晶而影响质量，易造成药害。不宜久存，更不得过夜。配制波尔多液不宜用金属器具，尤其不能用铁器，以防发生化学反应降低药效。

波尔多液呈碱性，有效成分有钙和铜，不能与石硫合剂、多菌灵、甲基硫菌灵、代森锰锌等杀菌剂、杀虫剂混用。波尔多液与杀菌剂、杀虫剂分别使用时必须间隔10~15天。

波尔多液是植物保护剂，在各种病害发病前或发病初期喷施，效果较好。适时安全喷药，使用波尔多液应避开高温、高湿天气，如在炎热的中午或有露水的早晨喷波尔多液，易引起石灰和铜离子迅速骤增，致使叶片、果实灼伤。一般应在上午或傍晚喷药较为安全。

（3）**不同作物对波尔多液的反应不同** 使用时要注意硫酸铜和石灰对园林植物尤其是果树的安全性。如桃、李、杏、樱桃等核果类果树等长期使用波尔多液易发生药害而导致落叶，使用时间和浓度，应通过小面积试验后，再大面积推广使用。果树采收果实前20天停止使用本品。

11. 石硫合剂 Lime sulfur

【别名】石灰硫黄合剂、基得、达克快宁、可隆。

【药剂特性】石硫合剂是一种具有杀虫、杀螨和杀菌作用的无机硫制剂农药，有效成分为多硫化钙。是由生石灰、硫磺加水熬制而成的，三者最佳的比例是1:2:10。能通过渗透和侵蚀病菌或害虫体壁来杀死害虫、虫卵及杀灭病菌，喷施于植物表面遇空气发生一系列化学反应，形成微细的单体硫和少量硫化氢而发挥药效。该农药呈碱性，具有腐蚀昆虫表皮蜡质层的作用,对具有较厚蜡质层的介壳虫和一些螨类的卵具有很好的杀灭效果。以保护、防治病害为主,对人、畜毒性中等。在冬、春两季节使用石硫合剂,不仅能有效杀灭各种真菌、细菌、病毒、越冬害虫和虫卵,减少翌年或全年病虫基数,而且还能提高树体抗病性,喷施石硫合剂要周到均匀,使树体表面形成一定保护膜,增强树体对冻害、霜害和病菌侵染的抗性,保护果树、花卉、园林植物安全越冬。

【防治对象】可用于苹果、梨、桃、枣等果树的保护剂,也可防治园林植物及花卉的白粉病、炭疽病、锈病、褐腐病、褐斑病、流胶病、轮纹病等多种病害,也可封杀叶螨类、介壳虫、蚜虫、梨小食心虫、小绿叶蝉、尺蠖、木虱、蛊蛾等越冬病菌、害虫及虫卵。是一种既能杀菌又能杀虫、杀螨的无机硫制剂。

【常见剂型剂量】50%悬浮剂、45%结晶粉、29%水剂等。

【使用方法】

对多种园林植物及果树的多种病害及害虫都适用的方法如下。

(1) **涂干法**　休眠期树木修剪后,使用29%水剂200~400倍液,涂刷紫薇、桂花、紫薇、柿树、香樟等多种园林植物的树干或主枝枝条,可封杀或减少介壳虫的虫卵。

(2) **喷雾法**　在温度适宜时(5~20℃),对园林植物喷施50%悬浮剂400~600倍液,10天喷施1次,冬春两季喷施2~3次,预防树木、花卉上的叶螨类、锈病、溃疡病等。

(3) **灌根法**　对发生草履蚧的植物,如红叶李、桂花、白蜡等根部土壤用50%悬浮剂300~400倍液,每10天灌根1次,防治2~3次。

(4) **白粉病**　先进行修剪保持通风,再用50%悬浮剂300~400倍液,进行喷施。

(5) **伤口处理**　用29%水剂原液涂抹伤口,可最大程度减少有害病菌的侵染,防止腐烂病、溃疡病的发生。

(6) **涂白剂**　石硫合剂0.4kg、生石灰5kg、食盐0.5kg(可不加)、水40kg配制树木涂白剂,在冬春两季对树干进行涂白可封杀虫卵,还可防冻防日灼。

【注意事项】

(1) **药剂合理使用**　要随配随用,配制石硫合剂的水温应低于30℃,热水会降低效力。气温高于28℃或低于4℃均不能使用。气温适宜,药效好。气温达到30℃以上时慎用,稀释倍数应加大至1 000倍以上。安全使用间隔期为7天。

(2) **禁忌条件**　忌与波尔多液、铜制剂、机械乳油剂、松脂合剂及在碱性条件下易分解的农药混用。与波尔多液前后间隔使用时,必须有充足的间隔期。先喷石硫合剂间隔15天后才能喷施波尔多液。先喷波尔多液则要间隔20天后才可喷施石硫合剂。

忌盲目施用。桃、李、梅花、梨等蔷薇科植物和紫荆、合欢等豆科植物对石硫合剂敏感,在生长季、开花时应慎用。可降低浓度或在休眠期用药以免产生药害,掌握好使用时机。树木休眠期和早春萌芽前,是使用石硫合剂的最佳时期。在发生叶螨类的植株中,当叶片受害严重时,不宜再喷石硫合剂,以免引起叶片加速干枯,脱落。

(3) **使用浓度**　石硫合剂的使用浓度随气候条件及防治时期确定。冬季气温低,植株处于休眠状态,使用浓度可高些;夏季气温高,植株处于旺盛生长时期,使用浓度宜低。浓度过大或温度过高易产生药害。树木、花卉休眠期(早春或冬季)喷施浓度高,生长季节浓度低。一般情况下,石硫合剂的使用浓度,在落叶果树休眠期为3~5°Bé;在旺盛生长期以0.1~0.2°Bé为宜。

(4) 保护措施 配药及施药时应穿戴保护性衣服,喷药后应清洗全身。清洗喷雾器时,勿让废水污染水源。药液溅到皮肤上,可用大量清水冲洗,以防皮肤灼伤。施用石硫合剂后的喷雾器,必须充分洗涤,以免腐蚀损坏。

(5) 合理保存 已经开封使用的石硫合剂,尽量在短期内用完,剩余部分应密封保存,以免与空气接触。贮存不当,表面会硬壳,底部则产生沉淀,杀菌力降低。

已经用水配制好的药液。夏季要在3天内用完,冬季7天内用完。

石硫合剂贮存时,不能用铜、铝容器,可用铁质或瓷容器。

要求存放场所干燥、低温、避免阳光直接照射。不得与粮食及其他农作物混放。

(6) 合理交替用药 长期单一使用石硫合剂,会使病虫害产生抗药性,宜与其他农药交替使用,以免使病虫害产生抗药性。

参考文献

迟德富，严善春，2001. 城市绿地植物虫害及其防治［M］. 北京：中国林业出版社.
郭书普，2003. 木本花卉病虫害防治原色图鉴［M］. 合肥：安徽科学技术出版社.
黄少彬，2006. 园林植物病虫害防治［M］. 北京：高等教育出版社.
林焕章，张能唐，1999. 花卉病虫害防治手册［M］. 北京：中国林业出版社.
林晓安，2005. 河南林业有害生物防治技术［M］. 郑州：黄河水利出版社.
刘开律，2003. 草本花卉病虫害防治原色图鉴［M］. 合肥：安徽科学技术出版社.
刘开律，2003. 观叶植物病虫害防治原色图鉴［M］. 合肥：安徽科学技术出版社.
吕佩珂，段半锁，苏慧兰，等，2001. 中国花卉病虫原色图鉴［M］. 北京：蓝天出版社.
孙家隆，齐军山，2015. 现代农药应用技术丛书［M］. 北京：化学工业出版社.
萧刚柔，1992. 中国森林昆虫［M］. 2版. 北京：中国林业出版社.
杨子琦，曹华国，2002. 园林植物病虫害防治图鉴［M］. 北京：中国林业出版社.
袁嗣令，1997. 中国乔灌木病害［M］. 北京：科学出版社.
郑桂玲，2014. 现代农药应用技术丛书［M］. 北京：化学工业出版社.
中国科学院动物研究所，浙江农业大学，1978. 天敌昆虫图册［M］. 北京：科学出版社.
祝长清，朱东明，尹新明，1999. 河南昆虫志：鞘翅目［M］. 北京：河南科学技术出版社.